妙趣横生的通识读本

# 科学中的艺术与政治

## THE ART AND POLITICS OF SCIENCE

哈罗德·瓦穆斯（Harold Varmus）著

章俊　徐志东　焦俊芳　译

中国人民大学出版社

·北京·

# 前言 Preface

拙著的问世在很大程度上归因于琼·斯特劳斯（Jean Strouse）。

2003 年年底，被任命为纽约公立图书馆卡尔曼学者和作家中心（The New York Public Library's Cullman Center of Scholars and Writers）主任的琼，新官上任不久就请求我在第二年的秋天作一个包含有三次讲演内容的系列报告会。这是一个由 W. W. 诺顿公司赞助的年度活动。她希望我谈一些有关科学与人文之间关系的问题。她的这个想法部分受到她的远景目标的鼓舞，即她想利用她的新职位，在她的人文学科的同事们当中提升对于科学的兴趣和了解。之所以来请求我，是因为她知道我早年学过文学，之后又在我从事的科学领域之外继续进行着广泛的阅读。

一开始，她建议我重温一下两种文化的概念，这通常要追溯到 1959 年由斯诺（C. P. Snow）所作的里德讲座（Rede Lecture）[①]。斯诺既是一位声誉卓著的科学家，又是一位小说家，也是一位政府官员。斯诺描述的两种文化，即艺术和科学，被语言与思想的鸿沟所分隔，在当时既赢得了衷心的赞誉也迎来了尖锐的批评，随之而起的辩论引起人们的极大关注。（我记得在 1960 年的时候，我在阿默斯特学院（Amherst College）里还是一个本科生，有整整一个晚上，在男生联谊会里就此议题进行了一场美式辩论会。）

---

① 译者注：里德讲座是罗伯特-里德爵士（16 世纪公共请愿大法官）在英国剑桥大学举办的年度公共讲座。

但是在重读斯诺的原始讲座和斯诺本人对他的批评者的答复之后，我发现（琼也同样发现了），有关两种文化的想法现在看来似乎过于单纯化了，不论它是如何得精确，让我很难再去进行一个漫长的复审。所以，经过多次的午餐和电子邮件交流，我们一致同意，我将尽力解释成为一名科学家的含义是什么，以及不管从哪个角度，成为一名科学家对我自己意味着什么。看来这是一个能够达成目标的方式，至少有部分也符合她的初始目的，因为我是由人文学科的教育进入到科学领域的，而且，科学家的职业生涯已经使我相当多地涉猎到了政治、行政管理、出版和国际问题等领域。通过这样的方式，我确定了我的目标，我希望能使一位科学家的生活和思想的某些方面变得让人们易于理解与感到有兴趣，即使是对于那些属于“其他”文化的最顽固的成员。

为此，我打算利用这三次讲座，来描述三件事情：首先，我要讲一下我是如何成为一名科学家的；然后，是有关我和我的同事所做的研究工作，以及我们的研究对于癌症控制的意义；最后，我要举例说明我在政府和政策制定方面的经验，向人们展示一位科学家对于包括政治和艺术在内的更大的世界所持的观点。我原先想要讲述一些有关我的职业生涯的情形，它是如何的蜿蜒曲折和出人意料等等。由于现在这样的安排，我有可能去思考比我原先预想的更多的东西。由于课程的更改和机缘的巧合，这个主题在整个讲座中占据了主导地位，在本书当中则更是如此。

不过，“两种文化”仍然是一个反复出现的主题。在第一次讲座中，我描述了自己在寻求职业生涯的过程中，从一种文化突然转到另一种文化。在第二次讲座中，在看似很短的一个小时之内，我作了很大的努力，想让我的科学工作更容易被那些习惯于听人文讲座的听众所理解。在最后一次讲座中，主题是关于科学和政治如何交错影响，我回忆了斯诺讲座的真正目的：他是要提问我们文化中的何种元素最有可能帮助那些正在与贫困作斗争的国家。

为了进行这次诺顿讲座，我还必须同意把这个讲座的内容整理成一本书。诺顿讲座的赞助单位将乐于将其出版，并且让它的总裁德雷克·麦克菲利（Drake McFeely）作为本书的编辑。我也利用对我这本书的格式少有的限制，比在第二次讲座时更为详细地描述我的科学工作，并进一步扩展我在最后一次讲座中涉及的有关政治和社会的主题。

尽管加入了更多的材料，但这本书肯定离一本完整的自传还很远；它也不是一本流水账，用来记录我作为一位实验室中的科学家或是作为一个参与政治的科学家的所有工作。我试图对我的科学工作的某些方面和对我作为许多研究机构的负责人的生活的某些方面作出一些取舍，以便让一般读者感兴趣，而不用去考虑它的完整性。然而，作取舍的过程是困难的，它引发了我内心的焦虑。在叙述我从事的科学工作时，我仅选取了我的研究小组科学研究的一小部分。在做这样的选择时，我遗漏了在我作为科学家的职业生涯中起过核心作用的一些主题和很多人（这个尤为令人不安）。与此同时，为了更加条理清楚地表达有关现代癌症研究领域里的故事，以及希望说明科学如何为我们提供经验和智力支持，我遗漏了我们领域中的一些重要方面和许多工作极为出色的人员。幸运的是，在癌症研究里更具包容性的最新的治疗方法可以在其他地方找到，有些则已被引用在本书的参考文献中。我希望那些觉得自己受到了冷落或觉得一些关键主题被忽略了的人能同情我的困境并且对我的目标产生一些共鸣。

说到诺顿讲座或者本书，我的写作过程一直是令人困扰和缓慢的。在2004年7月，离我的讲座还有几个月的时间，我刚好在巴黎，当时在卢森堡宫内有一个广受欢迎的题为“自我!”（Moi!）的展览活动——收集了许多20世纪的画家和摄影师的自画像作品。这种肖像不难找到；艺术家们似乎乐于自我欣赏而成为作品的主体。但是出自科学家自己的画像却不多见。极为罕见的几幅作品，比如像弗朗索瓦·雅各布（François Jacob）的《内在的雕像》（*The Statue Within*），带有强烈的个人性格和情感裸露。但是大多数的作品则倾向于强调一个科学家工作的客观结论，而不是这位科学家的主观经历。反观艺术家的自我作品总体上也是如此，它们表现出来的至高无上的东西往往是情感方面的内容。有一个明显的例外则是一幅美国画家诺曼·罗克韦尔（Norman Rockwell）的自画像（这幅作品碰巧就是海报广告“自我”的画像），它的焦点在于表现画家的绘画技巧和他致力于客观实在的努力。事实上罗克韦尔把自己描绘成一个科学家，能够使用一种工艺装置、一面镜子去观察和测量，从而帮助他把自己的肖像用油墨在画布上记录下来。我希望我在本书中也能够效仿他的做法把自己记录下来。

# 目录
# Contents

## 第三部　政治学家



## 第四部　持续着的争议

# 绪 论

本书的第一部分将会展示，我是在经历了文学和临床医学的“漫游”后，方才慢慢地开始了我的科学生涯。然而，在我三十好几，决定献身于实验室生涯时，我有幸结识了一位志趣相投的科学伙伴——迈克尔·毕晓普（J. Michael Bishop）①，来共同揭示一个最具挑战性的医学问题的奥秘，即癌症的起源。

正如本书的第二部分所详尽描述的，通过此项工作，我们令癌症研究有了根本性的变化。在此项工作之前，遗传损伤（genetic damage）② 被认为只是导致癌症的几个可能因素之一。而之后，特别是经由其他科学家对我们发现的拓展，癌症研究团体基本上达成了这样一个共识，即一些细胞的基因，如我们发现的基因，现被称为原癌基因（proto-oncogene）③ 的突变，尽管不是全部，却在绝大多数情况下是促进肿瘤生长的主要原因。这些，连同其他的进展，正让癌症这一导致全世界最多死亡率的疾病的诊断和治疗发生着革命性的巨变。

因为我们的成功所带来的荣誉（特别是获得 1989 年的诺贝尔医学奖）以及荣誉所带来的知名度，我开始活跃于科学决策的领域。几年后，在 1993 年，比尔·克林顿（Bill Clinton）总统邀请我来运营美国

---

① 译者注：曾任加利福尼亚大学旧金山分校（UCSF）校长，与原作者共获 1989 年诺贝尔生理学或医学奖。

② 译者注：包括基因突变、基因异常表达、染色体的质和量的改变等所引起的遗传物质的损伤。

③ 译者注：原癌基因在遭受遗传损伤后成为癌基因（oncogene），而在这之前却在细胞的正常功能中发挥着重要的、不可或缺的作用。

国家卫生研究院（NIH）这个全世界最大的生物医学研究机构。这个国家卫生研究院的领导职务，正如本书第三部分所讨论的，被证明远超过一个管理职务。这一职务也成为一个平台，让我得以参与我们当代最有意思的几个议题，包括我特意在本书最后几章里谈到的胚胎和干细胞研究、全球健康以及科学的普及实践。从 2000 年起担任纪念斯隆—凯特琳癌症中心（Memorial Sloan-Kettering Cancer Center）的主席后，我在领导实验室和这个全世界著名的癌症中心的同时，尚能继续从事这些领域的研究。

此书展示了我曾经有过非常好的几张“牌”——生活和科学里堪称典范的合作伙伴，富有才干的学徒和同事，以及知名的院校和从事科学工作的黄金时代。这些好运使我拥有了迷人的和令人激动的科学生涯。然而，我写此书的时候，却是科学与联邦政府关系紧张，经费支持削减，并且科学家在许多在校学生心目中作为职业吸引力减退的时候。此外，科学的其他方面，包括进化论和干细胞研究，正受到目前让白宫颇感困扰的所谓宗教权利的攻击。

本书是在开办讲座四年后完成的，我希望把自己在科学和科学决策上的经验传达给 2008 年大选后的掌权者。但是，我更持久地被另一种想法激励着，那就是把我对科学生涯的热忱传递给准备接替我们这一代的科学工作者。为了成为科学生涯的有效倡导者，我解释了为什么我选择了科学而非文学作为事业，为什么科学工作吸引了我那么多年，以及为什么科学决策既有趣又重要。为了有说服力，我必须有针对性。因为这个原因，我讲述了我所受教育的相关部分，并在同等程度上讲述了在实验室和决策领域中我自己工作里的一些重要方面。

本书主要叙述了科学工作是如何指引原癌基因的发现的。这个发现，从另外一种意义上来看，对我的科学生涯至关重要。这个工作通过给予参与者无上的满足，也足以让我选择科学作为我的事业。其间合作的努力——包括与迈克尔·毕晓普的长期共事，我们两个实验室诸多人员的参与，以及与西海岸研究组的交流——证明了科学中合作的优势，以及科学家之间交流的重要性。并且因为获得诸多奖项的荣耀，使我进入政府和决策领域成为可能。

正如我在关于我们的科研的讨论中强调的，原癌基因以及那些激活它们的突变的发现，创造了这样一个平台，使得日新月异的关于癌症的思路能够影响到病人处理的各个方面。当迈克尔·毕晓普和我在1970年刚刚一起工作时，癌症研究因极其缺乏有效的技术而陷入窘境。在长达几十年的时间里，人们曾经尝试过各种实验方法，包括将肿瘤接种到动物身上，观察带瘤的动物，或者在培养皿里培植肿瘤细胞，这些都未对癌症的理解或治疗的改善有重大影响。大多数主要的新进展来源于流行病学，比如说发现吸烟和肺癌的关系，或者用经验性的治疗方法，比如手术、X射线和具有很大毒性的化学药物。而此时医学的其他分支似乎凭借生理学或生物化学而有了长足的进步：譬如激素的发现改变了内分泌和代谢性疾病的治疗；关于电解质平衡的研究改变了对于肾脏疾病的处理；对于电节律的分析成为心脏病学的基石。但是肿瘤学在当时似乎是一门原始粗暴而又效果极差的学科，没有处理的方案和仔细的观测。

当时作为一名刚刚受训完的医生以及与癌症抗争的家庭中的一员，我完全明白癌症在为人类敲响丧钟，并觉得有必要令这个疾病的攻克有所进展。现在，癌症已被列为影响全美国和全世界人类的所有疾患中发病率最高也最骇人的病种之一。在美国，大约一半的男人和超过三分之一的女人在他们生命的某一刻会得到癌症的诊断，而除了常见的皮肤癌之外，其中一半的患者会最终死亡。尽管癌症在很多时候可以被手术去除，但癌症诊断的影响却是终生的：每一个有此诊断的病人都必须与癌症抗争，并且在癌症复发的阴影中不安地度过余生。当去除肿瘤的努力不能成功，并且癌症扩散到其他部位时，病人就得与疾病作持久的战斗。这种战斗并非易事，患者经常需要接受多次手术、多次化疗，或接受极不舒服甚至因为副作用而使身体变得更为羸弱的药物治疗（化疗）。所有这些意味着我们在研究癌症时要有具体的目标，比如：预防癌症；在早期更易治疗的阶段发现癌症；更有效地治疗癌症及其症状，甚至治愈癌症。

在过去的30年里，尽管癌症所致的总的死亡率仅有稍许的下降，我们关于癌症的观念却有了显著的改变。先前，癌症是一种无法形容的疾病。我们仅仅知道我们的某些细胞神秘地获得了可以持续生长的能力，并因此而毁灭了我们。[①] 如今，癌症虽然依旧可怕，却变得可以理解，并因为我们知道癌细胞具有特定基因的突变而能解释它们的乖戾行为。这意味着我们可以用非常具体的方式来思考癌症和导致癌症的基因。这丝毫无异于我们思考传染性疾病的方式——那些导致它们的病毒、细菌及寄生虫，以及我们现在用来预防和治疗它们的特异的疫苗和药物。这些改变正影响着我们如何从实验角度思考癌症，我们如何诊断和治疗癌症，甚至当医生必须向患者及其家属解释诊断时谈话的方式。

这些改变的程度可以用我记得的两个相隔50年的电话来阐述。大约在1950年我10岁那年，我记得我的父亲——一位在纽约弗里波特（Freeport）工作的医生，在电话里接到了一个令人崩溃的消息：我母亲最喜爱的一个表兄弟——一个健壮的中年男子被确诊为白血病[②]。当然，我当时对白血病所知甚少，但我立即从我父母的表情里以及几天后我母亲表兄弟的死讯里得知，这个疾病是名副其实的恶疾。

大约在半个世纪后，1999年初，在我任国家卫生研究院主任的最后一年，我先从里克·克劳斯纳（Rick Klausner）[③]，继而从国家癌症研究所（National Cancer Institute）主任那里接到电话说，一种新药在早期临床实

---

① 译者注：正常情况下，身体内的各种细胞在生长、分化和死亡等各方面都被精细地调控着。当某些细胞的生长失控时，其持续的生长便形成了肿瘤。简单地来说，肿瘤这个概念包含良性和恶性肿瘤，而癌症通常指恶性肿瘤。

② 译者注：俗称“血癌”，是一种发生在血液系统的恶性肿瘤。

③ 译者注：曾为比尔和梅林达·盖茨基金会全球卫生执行主任，美国国家癌症研究所负责人。现负责管理“The Column Group”的风险投资。

验中几乎让五十多位某一类型的白血病患者的病情全部得到了显著的缓解。这种药物，就是目前广为人知的格列卫（Gleevec）[①]，因为在近年被发现能抑制白血病某致癌基因的突变所致的异常酶活性而被用于上述的某一类白血病，即慢性髓细胞性白血病的测试。这个基因就可以归类于我们在25年前发现的癌基因。在发现癌基因的25年前，当我父亲听到我母亲表兄弟的白血病时，生物学家还不能确定基因来自DNA[②]，不知道遗传信息可以被写入基因里，当然也就无从知道癌症为基因突变所导致。

这50年革新中所蕴涵的变化，靠的是生物学和医学里特殊范围内的新知识。尽管详尽地描述这些革命性的进展不是我的初衷，我仍希望能够提供我个人在科学非常时期的“奥德赛之旅”[③]，与颇有意思的同事进行科研工作的感受，对社会和政治力量影响科学之如何转归，以及我们作为一个群体如何来加强这种良性影响的一些见证。

---

① 译者注：格列卫，诺华药厂制造。用于治疗慢性髓细胞性白血病。在此疾患中，因为体内白细胞中的染色体重组，将两个基因融合为一个癌基因，因而生产出受损的酪氨酸激酶受体蛋白 BCR-ABL 。该蛋白可在没有生长因子的情况下，向细胞传递生长信号而使细胞持续生长，最终导致幼稚白细胞生成过多。

② 译者注：脱氧核糖核酸，由互相配对的碱基组成螺旋式双链，包含生物的遗传信息。基因来自DNA片段。

③ 译者注：奥德赛，源于荷马的史诗。比喻长期的漂泊和冒险旅行，或思想探索变化等的漫长历程。

# 第一部

## 成为一名科学家

# 第1章　起源与开端

我大体上认为我的童年并无特异之处：它缺乏家庭中诸如不快或者离婚的戏剧性变化，贫困或者不舒适生活的经历，以及因赴异国旅游或探险而有的狂喜。然而，我的家庭依然代表了独特的美国现象。

在我出生前的不到50年里，我所有的祖父母都在欧洲为生计奔波——我爷爷奶奶住在波兰的一个不知名的小镇，我外公外婆则住在奥地利靠近林茨（Linz）的一个农场里。埃利斯岛（Ellis Island）基金的电脑文件最近给我提供了专门关于我祖父们的信息，尽管它们无法证实我祖母们为人所知甚少的历史。我外公，赫希奇·巴拉希（Hersch Barasch），后被称作哈里（Harry），在他17岁时，经由鹿特丹（Rotterdam）的航船抵达纽约的伊达姆（Edam）；我爷爷，雅各布·瓦穆斯（Jakob Warmus[①]）则在25岁时从不来梅（Bremen）于1904年10月26日抵达内克（Neckar）。尽管家族传说认为他曾经住在现已荒无人烟的华沙郊区，资料则显示他曾居住在一个靠近克拉科夫（Cracow）的一个他称作路普斯纳（Lopuszna）的美丽村庄。这是他在波兰的最后一个住处。路普斯纳现在是自行车手和鳟鱼猎捕者的旅游目的地。

就像他们阶层的大多数人欧洲犹太人一样，祖父母们先在埃里斯岛定居下来，然后在纽约市周围寻到了工作。社会阶层的转变，从他们这一代到之后的一代可谓巨大。在1932年，这个曾经吸引了我祖父母的富裕国家却陷入了经济大萧条的低谷。彼时，我父亲弗兰克（Frank）就读于

① 译者注：英语里，Warmus为Varmus的异体。

哈佛大学，毕业于塔夫茨医学院（Tufts Medical School）；我母亲比阿特丽斯·巴拉希（Beatrice Barasch）毕业于韦尔斯利学院（Wellesley College），并成为纽约社会工作学院（New York School of Social Work）的校长——这些对已经居住在这个国家几个世纪的家族顺理成章的成就，对新移民家庭的孩子来说却是颇为令人咋舌的。

在我的成长过程中，我依旧认为这些成就虽然不平庸，但仍属普通。我知道我父亲过去曾有段艰难时光。他的母亲以斯帖（Esther）在他 11 岁的时候死于 1918 年的流感暴发，这使他一辈子厌恶宗教。大多数情况下，这种厌恶表现为对与犹太教堂相关的社会活动的缺乏兴趣，或者对犹太教布道的风趣幽默的讽刺。然而在 1971 年我们跟随我母亲的灵车去墓地时，他坦率地告诉我他从来都不能信仰一位任由一个 11 岁男孩的母亲去世的上帝。他的父亲雅各布（Jacob，Jakob 的美语写法）从来没有学会说英文，并且从来没有比纽堡（Newburgh）附近的小农场主或者纽瓦克（Newark）市内的帽子制造厂的工人挣得更多。但是，尽管注定是个相对拮据的家庭，弗兰克却成为纽瓦克中学的学术明星（关于这些，我从菲利普·罗斯（Philip Roth）的小说里比从父亲的自述里了解得更多）。之后，哈佛给了他足够待在大学里两年的奖学金。肯定是因为觉得离纽瓦克太远，在那里他玩起了曲棍球，并和来自贵族家族的同学们（其中至少一位来自索顿斯托尔家族[①]）打成了一片。之后，他在波士顿做了一年的服务员，以攒足医学院的必需费用。

我母亲则选择了一条较为简单的道路——对此我更易描绘，因为我在她成长的纽约弗里波特市度过了我年轻时代的大部分时光。她的父母，哈里和瑞吉那（Regina）来美时已有亲戚在长岛南岸拥有了成功的小生意。因此我母亲，如同我，成长于一个郊区社区的大房子里，一个体面而受尊

① 译者注：索顿斯托尔（Saltonstall）是美国麻省波士顿的一个家族。因为每年有一位家庭成员进入哈佛大学而闻名。

敬的家庭里。她的父亲哈里（我就因他而得名[①]）是市镇里最早的保守犹太教的创始人之一，是巴拉希店（Barasch's）的主人。巴拉希店是一个拥有女童军服专营权的颇受欢迎的童装店。它提供了家中几乎所有人的就业机会，包括我母亲的两个兄弟和之后在学校假期里的我。当我那聪慧而受欢迎的母亲在1928年赴韦尔斯利学院攻读心理学和艰深的新英格兰大学传统教义时，她并未得到相应的欢送会；而当她以精神科社会工作者的身份毕业回到家乡时，她的家庭方才认为她这样一个年轻而有才干的女性作出了看似寻常却颇为明智的决定。

其时，我父亲已是纽约布鲁克林金斯郡立医院（Kings County Hospital）的住院医生。一位受训医师把他介绍给了我的母亲。此举导致了“一连串的事件”并成就了几年后我的存在，包括：求婚，1936年夏天在乔治湖的蜜月，以及安家落户——居住在一幢温馨的灰色房子里，并建立了家庭医生的工作环境，以及拥有了第一个孩子（我，1939年末）——在弗里波特。

## /童年/

我最具新奇色彩的童年是在亚热带佛罗里达郊区的温特帕克（Winter Park）度过的。它距离父亲作为一名医生和官员的奥兰多空军基地不远。那里可让人们在附近有鳄鱼出没的湖里黄昏垂钓。只是这种生活刚刚持续两年，美国便加入了世界大战。但自1946年始，我们重又回到了弗里波特，并和一名新的家庭成员——我的妹妹埃伦（Ellen）住在一个大而别致的维多利亚构造的房子里。房子附带有麦田和一英亩的土地可以用来栽种蔬菜和鲜花，并和三个重要的“据点”——我外婆家、学校和公立图书馆之间仅有短暂的步行距离。

在我孩提时，这些舒适的生活对我来说真是微不足道！当时，一个家

---

① 译者注：英语里，Harry是Harold的昵称。

庭在经历了两代人之后，从一个世界里的挣扎和贫穷变为另一个世界里体面阶层的富足，似乎是如此的顺理成章。家里几乎没有一个人讨论过这种转变的必然性或者是其他的结局（比如浩劫）。埃伦和我或多或少地理所当然地享受着我们的舒适，在一种优越感和对未来颇有自信的状态中成长着。这种自我感觉尽管毫无根据，却在日后被证明颇有价值。

在 20 世纪 40—50 年代的中小城镇里（譬如弗里波特），人们对于青年人的期望颇高，并且与父母的地位牢牢相关。（现在看起来已颇有不同：一系列开车扫射事件构成了如今弗里波特在《纽约时报》上的不良形象。）因为父亲是医生，并且他的大多数朋友是医生、牙医和商人，再加上我的聪慧和勤勉，这使得我选择医学作为事业似乎是顺理成章的事。我所有的记忆以及中学年鉴里的记载，都表明我当时未能抵制这个给我设定的未来。

然而也有一些迹象隐含着我可能并不会从事与科学相关或者和父亲相似的职业。我当时并不具备像奥利佛·萨克斯（Oliver Sacks）在其新书《钨大叔》（*Uncle Tungsten*）中描述的那种对于化学的浪漫之情。如果说有什么亲戚曾经给过我类似的感受，那么当属哈维·拉特纳（Harvey Rattner），我在附近南岸村落的第二个表兄弟。是他在我十几岁的时候让我得以“见识”卡夫卡（Kafka）、欧洲的其他作家以及存在主义（existentialism）。科学在我中学时代从来都不是我最喜爱的学科，我也从未渴望从事并希冀在科学界能有所建树。

如果我觉得自己曾是个独特的中学生的话，那是因为我家庭在我二年级之后将我送到佛蒙特州普特尼学校（The Putney School in Vermont）的暑期工作营的缘故。那是在经历了多年在一个叫做挝兀帕克斯（Wauwepx，位于靠近长岛的朗康科马湖）的童子军营地的不愉快之后。我从普特尼学校回来后，曾试图写些小故事，并渴望和来自曼哈顿以及长岛北岸的新识而世故的朋友们共度周末。然而，因为我对于自己能力的不自信，以及对于弗里波特伙伴们的忠诚，我最终没有在中学的最后两年转学到普特尼——尽管我父母认为我应当这么做。在这接下来的两个夏季，为了竭力效仿普特尼学校的高姿态，我最终说服了来自附近霍夫斯特拉大学（Hofstra University）的一位名叫威廉·赫尔（William Hull）的年轻教授来为我的中学伙伴每周一晚讲述詹姆斯·乔伊斯（James Joyce）的小说。威廉·赫尔证明是位生动的老师和严谨的学者。我至今仍珍藏着《尤利西斯》(*Ulysses*)，记有来自他课堂上的旁注。

## /阿默斯特学院/

当我考虑选择大学时，虽然留意了之后被医学院录取的成功率[①]，但是我并没有思考太多在我中意的大学里会接受到怎样的科学训练。我当时想找寻的大学是：能够保证我广泛地接触到艺术和科学，并且学校要足够小，使得我有足够的机会结识教员。很大程度上是因为这些原因，我选择了阿默斯特学院，而非哈佛大学。从父亲对他自己的哈佛经历的不满意，以及对我在他所描绘的竞争、自立环境里生存能力的怀疑，我可以感受到父亲对我这一决定的热衷。我希望我的感觉是错误的，但我从来没问过。

在20世纪50年代，阿默斯特因为对当时所谓“新教程”的坚持，而在美国一流本科院校中颇为独特。它的250位新生，清一色男性，因为学习相同课程的共同经历而结成了坚实的“纽带”。这些课程包括：微积分，物理学，欧洲历史，古典文学阅读，以及声名昭著的被称为“英语1—2”的说明文写作（我们都曾为同样的写作任务而挣扎）。记得1957年秋季的第一个作业是让我们描述我们的信念，为什么会有，以及它们如何被我们的教师们所改变。我们中的大多数发现（我目前还在寻找）：其实直到我们把它们写下来之前，我们都没有真正清楚我们有怎样的想法，我们的信念是什么。我们所思考的和信仰的，用通俗的语句表达出来竟是如此的困难——那么，我们是否真的有所信仰？当我们试图用他人能够理解的字句

---

① 译者注：美国医学院入学要求先获得学士学位。通常来说，跟生物及自然科学相关的本科教育能够增加医学院录取的机会。

来阐述我们的想法时，我们发现其实我们比了解的自己远为复杂。

科学课程同样以它们模棱两可的知识让我们难堪。我特别记得我们一年级物理学教授达德利·汤（Dudley Towne）展示给我们的一幅漫画：一个坐在墙一边的科学家试图测量和推断出来自墙的另一边的离奇古怪的人们所发出的声音。这幅画的寓意非常明显：科学受制于两个方面：其一是我们所拥有的测量自然现象的工具；其二是我们用来解释这些测量结果的想象力。这和"英语 1—2"不相伯仲。

接触众多的领域，正如阿默斯特后来的课程所要求的，对于一个充满好奇心的学生来说，既令人振奋又让人分心。在我大学的最初年头里，我在主修哲学（太抽象）、物理学（太艰深）和英国文学（最终选择了）之间游移不定。我依旧忠实地想要完成医学预科的必修课程，但我从未严肃地考虑过我要主修生物。我当时真不明白我的一些好友（其中一些现已是著名的科学家）怎么就能在实验室里泡上长长的下午和晚上，而不是坐在图书馆舒软的椅子上阅读，或是在阿默斯特翠绿的小丘上吟诗。因为我看起来很明显地想以文学作为我的事业，我曾经被一位有机化学教授罗伯特·惠特尼（Robert Whitney，我在他的医学预科必修课里不及格）要求停止修习他的课程并放弃进入医学院的志向。因为我怀疑惠特尼对我或者我该做的所知甚多，我终于从温馨、热闹的兄弟会会所搬到了一间单独的寝室，并最终把成绩提升到了体面的 C[①]。这一成绩之后被证明至少对于一所医学院来说是足够了。

我课外的迷恋则是校报《阿默斯特学子》（*Amherst Student*）。一年的主席和主编经历是我本科生涯中最为陶醉的经历。校报的其他成员是我认为在阿默斯特学院里最有趣的学友，很多后来成为学者、艺术家、记者和编辑。我们评阅了很多书籍、讲义、刊物、音乐会和电影，其中一些被登载在文学杂志上。此外，我们的社论涉及了当时许多具有争议性的话题，

① 译者注：在美国学校学分制中，C 相当于 70 来分。

包括学生的政治激进主义（主要是支持南部的种族平等）、大学体育的费用（我们想用减少大学间的竞赛的办法来增加大学内部体育运动的努力在一些学生团体里很不受欢迎）、慈善基金对教育方针的影响（同样地在政府官员中不受欢迎）以及1960年的总统大选（支持肯尼迪而非尼克松）。这些观点经常是如此的不受欢迎，以致一些本科生试图提醒我们要"全民投票"——而这正是我们努力在做的。有一小部分争议让我颇为不爽，却同时让我觉得带劲。看来从事新闻工作也是一个很值得考虑的职业。

然而英国文学终究是我的最爱。阿默斯特英文系有过长足的进步，特别是在鲁本·布劳尔（Reuben Brower）的影响下。布劳尔是在我来到阿默斯特不久前离开去了哈佛当教授的。他是一位著名的被称为"新批判主义"（New Criticism）文学运动的倡导者。这个"新批判主义"认为，文学评论已被历史和传记过多地影响，因而有必要重新回到对作品字句直接研读和分析的原始体验上来。

我特别记得第一次接触理查兹（I. A. Richards）的作品。理查兹是最早预言"新批判主义"的人物之一。他坚持读者仔细地阅读原文字句和作者想要明确阐述的观点，而非一开始就从关于作者的传记、他人撰写的学术或批评作品或者历史背景中寻求帮助。我对这种接触文字的方式的热情，在现在看来，与我日后培养起来的对待科学原始数据的态度并无多大的差别。正如那些数据能让科学家们揭秘自然，那些原始字句使得文学评论者能够洞悉原作者的精神。然而，我对于"新批判主义"的执著很可能推迟了我的这样一种感受：文字和生活塑造了文化，而同时又为文化所塑型。我现在发现这种阅读感受同时具有启发性和趣味性——并被称为"新历史主义"（New Historicism）的新一场文学运动所支持。

我同时深受阿默斯特学院几个不同寻常的教师的影响。他们是：本杰明·狄莫特（Benjamin DeMott）——一个全国闻名的讲授米尔顿（Milton）和18、19世纪小说的多产散文家；西奥多·巴瑞德（Theodore Baired）——发表作品不多但却自省的独特教师，著名的"英语1—2"课程的鼻祖，并讲授莎士比亚（Shakespeare）；罗杰·塞尔（Roger Sale）——热情洋溢的健谈者和游戏搭档，热爱斯宾塞（Spenser）；卡特·勒瓦尔（Carter Revard）——一位年轻而富有想象力的学者，讲授乔叟（Chaucer）的作品。

在计划写高年级论文时，我咨询了狄莫特。他在言谈中鼓励我应该去研究大作家，诸如萧伯纳（Shaw）、狄更斯（Dickens）或者莎士比亚。但他同时又令人失望地告诉我，作为论文导师他已被超额配置。最后，我被安排给了威廉·普理查德（William Pritchard）[1] ——一个阿默斯特的新近毕业生，刚从哈佛过来，曾在鲁本·布劳尔那里攻读博士学位。当我们发现彼此被配置在一起时，我对他所知甚少。普理查德当时看起来非常年轻，并且显得有些许不安。然而，成为这个富有才华和生机的年轻人的第一个论文学生，最终被证明是受益匪浅。作为他的第一个论文学生，我自然得到了他的关注，并且我认为还有一些呵护。我们非常乐于观察彼此在之后近 50 年里的成长。

我当时想把 1960 年的夏季专门用来给论文定题。因为纯粹的裙带关系，父亲为我在琼斯海滩国家公园（Jones Beach State Park）找了一份他羽翼下的工作。他在那里做了超过 30 年的兼职医生。琼斯海滩，这个拥有沙滩、大海和康乐设施的有名处所，乃是在 20 世纪 20—30 年代由罗伯特·摩西（Robert Moses）所造。它距离弗里波特仅数英里之隔。在我童年没有工作的夏天，我经常会在午后冲浪或在海滩上读书。其时，父亲会帮助粗心的渔夫把扎在他们手上的鱼钩取出，或者帮助光脚走在木板上的人除去嵌在脚里的木刺。但是给我的这个工作轻松得宛如无所事事，这使得我有足够的时间来思考论文课题。我工作的具体内容是确保那些停泊在泻湖上的彩车没有藤壶长在它们的驱动马达上。这个泻湖分隔开了一岸的观众和彼岸盖伊·隆巴多的琼斯海滩海洋剧场（Guy Lombardo's Jones

① 普理查德最终成为全美最有名的传记作家和评论家，一个敬业并受景仰的教师。他继续他的全程课程直到年逾七旬而无丝毫能量和热情的削减。

Beach Marine Theater）的舞台。这意味着我的工作是每周一次在扎克湾（Zach's Bay）短暂地游一次泳，擦拭清洁螺旋桨，然后在一周的其他时间消失在监管和赴海滩者的视野之外。

我在浮板一头保护马达的棚里找到了一个舒适的姿势，然后开始了狄莫特建议我的阅读工作的重头戏——特别是萧伯纳和易卜生（Ibsen）的戏剧，尚未翻阅的莎士比亚的作品，以及狄更斯的一些小说。我曾经说服了弗里波特中学的一小群学生来允许我给他们讲授短期文学课程——专注于雄心勃勃的小说，比如《鸽之翼》（*The Wings of the Dove*）①，这是我最近刚刚在阿默斯特的某一课程里读过的小说。就这样，在我的马达们旁边赋闲之时，我也准备了那些晚间课程。

秋季回到阿默斯特，普理查德和我很快锁定了把狄更斯作为要研究的"大作家"。这个决定意味着我们要努力挖掘出新颖的东西来评述他的冗长而众所周知的小说。在同时阅读了几本关于狄更斯的传记之后，我开始看到了他小说中的一种模式。我觉得如果把狄更斯对于他的家庭和朋友的家长式态度与其小说中的情节关联起来似乎合情合理。在他的小说情节中，那些苍白善良的人物最终总是神秘地占了光鲜而邪恶的人物的上风。在随后的论文中，我认为狄更斯作为一个叙述者，总是保护着他小说里的脆弱而善良的角色，正如同他在生活中竭力保护他有伤病的嫂子和其他的家人及朋友。在他的书信和生活中，他似乎非常清楚他自己巨大的人格力量和对不公的愤慨；在他的小说里，他则用这种力量和愤慨来叙述，以对抗社会弊端并摧垮邪恶的人们。我将这种叙述手法称作"扼杀邪恶"。

我知道我对于狄更斯的评论并非具有革命性。但是，我依然觉得对于这个伟大的作家及其一生，我作出了一种连贯而有创意的评述。当然，我因此而背离了纯粹的"新批判主义"，因为我对于他文字的理解在很大程度上受到了我关于作者生平和年代之了解的影响。从作者的小说和他的生

① 译者注：美国著名作家亨利·詹姆士的小说。又被译成《鸽翼》。

平中寻找支持我论文的证据，被证明比我想象的要更为有趣和令人满足。在普理查德和英文系其他人的鼓励下，我开始考虑将文学作为我的事业，而非简单的通向医学院途中的本科经历。

但是，距离事业最后的决定依然差得很远。我的困惑可以用我在寝室里制造的“事业抉择悬挂体”从形象上进行表述——在天花板夹具上悬挂着我的多种申请书：一些英国文学的研究生院和三个医学院的入学；赴挪威学习易卜生和萧伯纳的富布赖特奖学金（Fulbright Fellowship）；一所日本大学的访问研究金；新闻业的几个工作。

对于这些申请选择，我的成功率并非很高。但是有好邮件，当然也包括坏消息。我非常高兴被信件告知我已被哈佛大学英文系研究生院录取，并被授予伍德鲁·威尔逊奖学金（Woodrow Wilson Fellowship）来支付我其间的费用。而在另一方面，我也收到了哈佛大学医学院的拒信——今天我可以把它看成是一枚荣誉勋章，而在当时却是对我是否适合医学的苛刻判决。当时，我其他奖学金和工作的申请也是自讨没趣。于是我决定在我本科毕业的几个月后，即 1961 年秋季准备攻读哈佛大学的英国文学博士学位。

## /1961 年夏：现代科学的惊鸿一瞥/

那个夏天，在阿默斯特的毕业典礼后，我开始了在欧洲的第一次历险，并着手为我的研究生院生涯作准备。我非常渴望去参观那些伟大的英文作家所居住、行走和生活过的地方，并不畏旅途的遥远或艰难。我曾在伦敦因为看到以狄更斯小说里的名字而命名的街头标志而兴奋，也因为在罗马看到济慈（Keats）和雪莱（Shelly）或是在博斯普鲁斯（Bosphorus）看到拜伦（Lord Byron）经常出没的地方而狂喜。

从我的文学旅游绕道苏联，自斯德哥尔摩（Stockholm）至伊斯坦布尔（Istanbul）的路程提供给我一个意想不到的契机来一窥科学的新进展。我的一个同班同学阿特·兰迪（Arthur Landy）——现已是布朗大学的知名分子生物学家，当时因为获得了阿默斯特生物学奖而使他能够参加当年在莫斯科召开的国际生物化学会议。他邀请我一同前往。

我是在几年后才意识到那次会议的巨大政治影响。斯大林（Stalin）统治时期，在西方诸如查尔斯·达尔文（Charles Darwin）、格雷戈尔·孟德尔（Gregor Mendel）和托马斯·摩尔根（Thomas Hunt Morgan）等人观念里的关于遗传和进化的科学，被嘲笑是资产阶级思想。当时苏联的科学计划由李森科（T. D. Lysenko）来管辖。李森科是把后天获得性遗传学说与政治紧密联系在一起的倡导者。他的这一现在被拆穿的学说通常被归因于18世纪后期生物学家让·巴提斯·拉马克（Jean-Baptiste Lamarck）的思想——认为生物个体在后天被附加或通过学习而获得的特征可以被传递给下一代。正如之后开明的苏联历史学家若列斯·梅德韦杰夫（Zhores Medvedev）所描绘的，李森科几乎应该为至少到20世纪60年代初苏联科学界不能将现代遗传学应用于农业和医学科学负全责。此次莫斯科举办国际生物化学会议，或许是李森科在苏联生物科学界的破坏性统治走向末路的第一个公开标志，因为较为温和的尼基塔·赫鲁晓夫（Nikita Khrushchev）开始在1953年斯大林去世后柔化政府对于外部世界的态度。

这次莫斯科生物化学会议还因为另一个并最终认为更重要的事件而被铭记。马歇尔·尼伦伯格（Marshall Nirenberg），一位来自美国国家卫生研究院的年轻科学家宣布：他已经成功地破解了遗传密码。这是在分子生物学历史上至关重要的事件。尽管我在当时不能理解它的意义和重要性，但我从未忘记当时包围着我的那种兴奋。最终，尼伦伯格的发现影响了每个人思考生物学的方式，并指导着所有其他生物学家自那以后的工作。

8年前，吉姆·沃森（Jim Watson）和弗朗西斯·克里克（Francis Crick）宣布了DNA双螺旋的结构——这或许是20世纪生物学最至关重要的发现。之前在洛克菲勒研究院（Rockefeller Institute）和冷泉港实验室

(Cold Spring Harbor Laboratory) 的研究提示，DNA，这个在近一个世纪前发现的巨大分子，正是基因的化学形式。如果是这样，DNA 必须携带有遗传信息来负责细胞和机体的内容、表象和功能。

DNA 是遗传信息库这样一个概念只是勉强地被接受了，因为没人知道这样一个看似简单的由四种称作核苷酸 (nucleotides) 的化学组件形成的长链，怎么可能编码那么多的信息。此外，DNA 如何能精确地将遗传信息在细胞分裂时传递给子细胞，或者如何以特定的信息指令细胞合成某种成分，比如说蛋白质，都无从知晓。这正如有人宣称有一张纸包含了如何制作餐桌的信息，但是无法解释三个重要的事情，即：这张纸上的记号如何变成有意思的文字，这张纸如何被复制来为他人所用（比如用复印机），以及纸上的指示如何被执行（比如用木头、钉子和工具）来制作一张真正的桌子。

大概在 10 年的时间里，也就是分子生物学的黄金时代，所有这些疑虑都消失了。* 当沃森和克里克揭示他们美妙的对现在来说是传说中的双螺旋时，有些东西马上就显而易见了。首先，DNA 螺旋的两条单链以一种很巧妙的方式组合在一起。这个双链螺旋仿佛螺旋楼梯，有两条极长的互相盘绕的链，每条链则由几千个这四种核苷酸组成。在这个"楼梯"里，让两条链连在一切的"台阶"是得以让这四种核苷酸互为不同的那部分。那些不同的部分被称为碱基 (bases) ——它们以互补或配对的方式将 DNA 的两条链结合在一起。这四种碱基——用它们的缩写表示就是 A、C、G 和 T——A 只与 T 配对，反之亦然；同样地，C 只与 G 配对，反之亦然（见图 1—1）。①

假设碱基的顺序携带了信息，那么当 DNA 在产生子细胞过程中复制时，碱基配对的机制就提供了这样一个让信息永存的线索。当 DNA 的两

---

* 这个时代在霍勒·弗里兰·贾德森 (Horace Freeland Judson) 的《创世纪第八天》(*Eighth Day of Creation*) 里有优美的描述。

① 译者注：A (adenine)，指的是腺嘌呤；C (cytosine)，指的是胞嘧啶；G (guanine)，指的是鸟嘌呤；T (thymine)，指的是胸腺嘧啶。

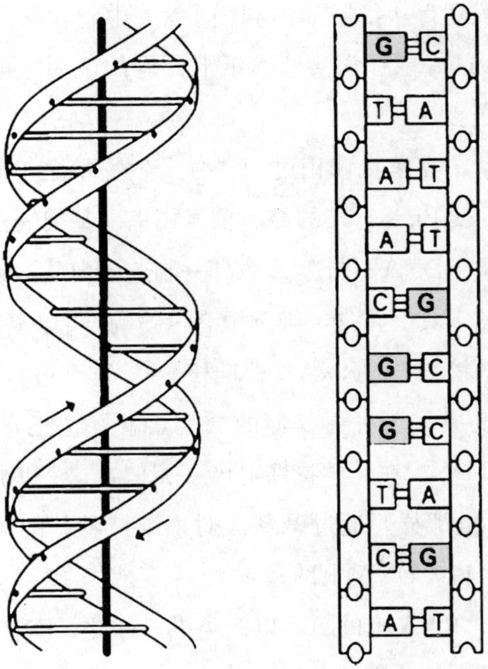


**图 1—1**

奥黛尔·克里克（Odile Crick），弗朗西斯·克里克的妻子，是第一个描绘这个美妙的 DNA 双螺旋（图左）的人。右边的示意图则显示碱基是如何配对的：A 与 T 匹配，而 C 则与 G 配对。

条链复制时，碱基的顺序就会被传递，因为每条链都是新的相反链的模板。新链上的成分与模板链配对——一个碱基匹配一个碱基，因而这种顺序就得以保存。换句话说，每条新链都与它的模板“互补”。在他们 1953 年那篇文章的结论部分，沃森和克里克就极好地意识到了这种可能——他们写道：“无法忽视的是，我们所假设的特异性配对原则马上提供了一种可能存在的遗传物质的复制机制。”

这或许可以解释核苷酸的顺序如何能在 DNA 复制时得到保留。但是这个顺序又是如何来记录遗传信息的呢？还有，细胞又是如何利用这些信息来制造诸如蛋白质这样的成分的呢？这第一个问题提出如何破译遗传密码，即弄清楚 DNA 说了什么。第二个问题则是关于如何表达基因来制造蛋白质，即如何来利用这些信息。为了理解这些问题是如何在那段黄金岁月里被解决的，我觉得从细胞如何利用DNA中隐含的信息来制造蛋白质谈起最为简单。（这好像在学会读懂纸上详尽的说明之前，先找出哪些工具可用来制造桌子。）

在被弗朗西斯·克里克修正过的“分子生物学之中心法则”（Central Dogma of Molecular Biology）的最简单模式里，基因表达有两步——常常被归纳为像发电报：DNA—制造RNA①—制造蛋白质。说得更浅显些，细胞里有两套重要的工具。首先，细胞里有生物酶②可以复制DNA上的信息来合成密切相关的核酸——RNA（核糖核酸）。这个过程称为“转录”，类似于把一种文字变成另一种更易懂的文字，就好像把草书重新写成印刷体。因为RNA和DNA在化学特性上极其相似，这一步可以像DNA链复制出更多的DNA链那样，通过碱基配对来维持碱基的顺序——自然还有那些信息。具体来说，DNA上的每一个G变成了RNA上的C，DNA上的每一个T变成了RNA上的A，以此类推。如此，DNA上的信息就被精准无误地传递给了更易读懂的RNA。

第二套工具是细胞内被称为“核糖体”（ribosome）的机器。它能将RNA链翻译成蛋白质链，宛如把法语变成英文。这个机器一边阅读RNA上的信息，一边按照指令从20种可能的氨基酸里选择一种，加到不断增长的蛋白质链上（见图1—2）。*

到1961年，中心法则以及DNA上的信息以碱基序列的方式固有存在的想法已经开始被广泛接受。但是如何阅读DNA的法则仍离显而易见相差甚远。正如一种基于字母书写的语言，如果我们不知道词的长度和它们的意思，这种语言就无从被理解。几乎同样困难的是，除非遗传信息中相

① 译者注：RNA（Ribonucleic acid），核糖核酸，包括多个种类。在经典的中心法则中，RNA负责翻译DNA上所携带的信息，并利用这些信息合成蛋白质。

② 译者注：一种蛋白质，起催化作用。

* 基因表达的一个重要特征是能够被“调节”。也就是说，在不同的细胞内，或在不同的情形下（譬如是否及如何有效地被转录到RNA），每一个基因都能以不同的程度被“读出”（即表达）或完全“沉默”。关于研究基因调控的努力，在下面几章里会被反复提及。

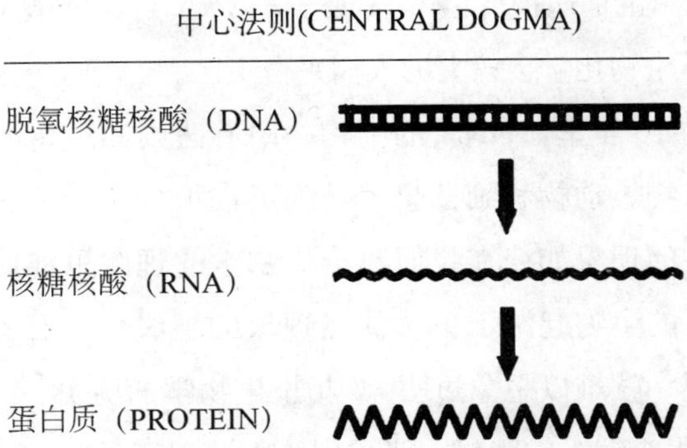


**图 1—2**

DNA，这个双链遗传信息库（示意图中显示为有碱基配对的双线），被转录为单链 RNA（一种相似的核酸，以波浪线表示），然后 RNA 被翻译成蛋白质（锯齿线）——一大串氨基酸。氨基酸由蛋白质合成机器通过读取遗传密码所获得的指令而制造。

似的规律被解释出来，否则就难以理解 DNA 说了什么，或是细胞怎么来理解的。对于 DNA 编码蛋白质（这个在细胞里可谓是最重要和最多样化成分的由氨基酸组成的长链），碱基的顺序想必应该决定了蛋白质上的这 20 种氨基酸的顺序。但这又是如何做到的呢？既然我们有 4 种类型的碱基，那么应该有 64 种 3 个碱基的组合，这足以编码所有的氨基酸。[①] 但是什么样的碱基顺序表示什么样的氨基酸呢？

这就是尼伦伯格（还有塞韦罗·奥乔亚（Severo Ochoa）和他在纽约大学的同事）在莫斯科描述的，通过非常巧妙的实验方法来回答的问题。在 20 世纪 60 年代早期，人们已经能够在试管里制造 RNA——“可被阅读”的核酸，同时检测它能否指导蛋白质合成机器来合成特定的氨基酸。用简单的例子来说，如果 RNA 只由一种核苷酸组成（譬如只有 A），那么就只能有一种三个碱基的组合（譬如 AAA）。通过识别加在蛋白质上的针对这种 RNA 的氨基酸，64 个氨基酸密码子的其中一个就可以被破解了（在这个例子里是赖

① 译者注：每种氨基酸由三个碱基来编码。这种三个碱基的编码按照排列组合定律共有 4×4×4＝64 种。

氨酸针对 AAA)。正是这种实验和发现——AAA 是赖氨酸的遗传密码，让 1961 年在莫斯科生物化学会议上的人们兴奋不已。*

在接下来的 10 年里，DNA 的结构、中心法则和遗传密码被认为普遍存在于所有的植物、动物和细菌里——除了在很少的物种里仅有微小的偏差。这种根本性的现象如今在我们对于生物学的理解里如此根深蒂固，并且对地球上所有的生物起源于单一偶然现象的想法如此有支持力——以至于没有这些发现，就难以想象过去 50 年里生物学的历史。

在 1953 年我八年级的时候，尚可以理解我对于沃森和克里克的发现毫不知情，并将这种无知保持了几乎 10 年之久。但当遗传密码的字眼在那次生物化学会议初露端倪之际，我虽是大学毕业生，却依旧对科学熟视无睹——试想我乘坐在莫斯科传说中的华丽地铁里，并畅游着俄罗斯艺术画廊，而非坐在听众席上。在任何情况下，我都不可能感受到尼伦伯格实验的能量。如果我当时能多一些知识，并能认识到那种挑战是关于如何学会阅读和翻译遗传指令的，那么这些问题对我这样一个语言及文学系的学生来说就会变得诱人得多。但即便如此，在那天结束坐在莫斯科国立大学（Moscow State University）里听取兰迪激动人心的报告时，我开始意识到一些具有根本性意义的事情正悄然发生，并且感觉到一颗职业嫉妒的种子被埋植了下来。科学家看起来是在发现这个世界新的、深奥的和有用的东西，而其他科学家会因为这些发现受到鼓舞，并渴望在此之上有新的建树。但这一切对于文学评论家和教师们也是如此吗？

---

* 尼伦伯格、奥乔亚和罗伯特·霍利（Robert Holley）因为确定了细胞如何通过阅读遗传密码来制造蛋白质，在 1968 年获得了诺贝尔生理学或医学奖。

# 第 2 章　从文学到医学，再到科学

［斯瑞尔女士（Mrs. Thrale）］[①] 觉得认为科学家没有文学品味是奇怪的误解："我知道有许多相反的例子。"

——雪莉·哈泽德（Shirley Hazzard）

《金星凌日》(*The Transit of Venus*)（1980 年）

尽管在表面上看来我选择了研习和讲授文学，但在哈佛开始我的研究生生涯不久，我就从内心深处进一步怀疑起我放弃医学的正确。英国文学的课程并非特别繁重，但让我觉得像是本科内容的延续。我的很多课程同时在哈佛和拉德克利夫（Radcliffe）本科生间讲授。第一年的博士研究生很少被认为是将来的学者。给我们讲授的是并不在意我们的高年级研究生和哈佛大学的一些知名教授——除了美妙的剧作家兼诗人威廉·阿尔弗雷德（William Alfred）。在这种环境下，想要对文学事业作出承诺并非易事。

我与阿默斯特的同班同学兼好友彼得·贝雷克（Peter Berek）同住一室。他当时也是哈佛英文系的第一年博士生——现为蒙特霍利约克学院（Mount Holyoke College）的伊丽莎白（Elizabethan）学者和教授。彼得是生来就适合文学的人，所以看不出与他的长期方向有何冲突。但即便是他也发觉早起太困难，以致经常缺课。我的出勤则主要是义务性的，而较少出于对这个事业的承诺。

① 译者注：即皮奥契（Hester Lynch Piozzi），1741—1821 年，英国作家。

## /对医学重燃兴趣/

偶尔在周六早晨，我会穿过查尔斯河（Charles River）去与就读于哈佛大学医学院的原阿默斯特的同班同学聚会。其时，他们会坐在麻省总医院（Massachusetts General Hospital）的乙醚楼（Ether Dome）①，着迷于每周临床病例会议上的疑难诊断。这些病例远比我读到的故事要有趣得多，而且我的医学院朋友也表现出对他们工作的由衷的兴奋。他们看起来也像一群学者，共享着对于人体和疾病的兴趣，以及他们即将对这些疾病可以有所作为的共同期盼。

这些周六的交游或许是我某夜一个颇有影响力的梦的成因——有关我持续的犹豫不决。在这个梦境中，我未来的文学院学生因为我没来上课而如释重负，但我未来的病人则因为我未能出现而失望。看起来，我希望“被需要”。

从研究生院布置的晦涩难解的文字里分心消遣时，我开始阅读西格蒙德·弗洛伊德（Sigmund Freud）② 的著作，尤其是病例，关于梦的理论，以及试图以精神分析学的术语来解释历史和文学的努力。虽然并非总是被弗洛伊德的解释所说服，我依然为他的风格和深度，他出色的叙事手段，他对理解思想的独创性努力，以及他对与更广袤的世界所作出的联系而深深着迷。读弗洛伊德的书让我觉得如果我因为神经病学或是精神病学而去医学院的话，我在文学和评论学上的训练似乎会有用武之地。

一个叫做布什的人可能对我重新定位于医学院作用最大。道格拉斯·布什（Douglas Bush），一个在哈佛英文系颇为知名的学者，他在课堂里是谨慎而学究的。我没有任何理由来怀疑他对文学的热爱，但我也没有从他过分挑剔的著作和他关于丁尼生（Tennyson）、布朗宁（Browning）和阿诺德（Arnold）的平淡无奇的讲课中看到他的热情。他有敬畏，但很少有显而易见的

① 译者注：乙醚楼是托马斯·莫顿（Thomas W. G. Morton）宣布使用乙醚麻醉的地方。
② 译者注：精神科医生，也是现代精神分析学大师。

激情。他的陈述是安静而得体的——并非我在阿默斯特所熟悉的那样，亦非我在哈佛其他人身上所能见到的，特别是威廉·阿尔弗雷德讲授《贝奥武夫》（*Beowulf*）、理查德·普瓦里埃（Richard Poirier）讲述亨利·詹姆斯（Henry James）和哈里·列文（Harry Levin）讲解莎士比亚。

尽管如此，布什依然通过他在几年前出版的文史书——《十七世纪早期的英国文学》（*English Literature in the Earlier Seventeenth Century*）而对我影响深远。这本书并不比他的讲演更有魄力，抑或更为大胆，其手法也是枯燥的包罗万象，即为每一位生活在 17 世纪早期的作者写上那么一段。但是确有一些东西捕获了我的想象力，那就是传记脚注。几乎每一位布什所述及的作者都有他们在现实世界里的角色——律师、医生、朝臣、牧师、行政官员或者商人。这意味着写作是他们的副业。极少数作家专职写作，而那些能够这么做的人很可能有遗产或者房地产。17 世纪的文学，包括其间米尔顿（Milton）、多恩（Donne）、赫里克（Herrick）、沃恩（Vaughn）和马维尔（Marvell）的诗歌，是最吸引我的一段文学时光，因而布什的那本书和它的脚注鼓励了我的这样一个想法：我可以拥有一个让我更贴近我实际生活的职业，而同时保留对于文学的兴趣。

我决定通过重新申请医学院来试探我的命运。* 哈佛医学院首先拒绝了我。我依然记得骑车到冰封的查尔斯河的对岸，递上我在最后时刻草草准备的申请资料的情景。我当时很快得到了一个面试机会——与众所周知的、颇不客气的招生院长佩里·卡尔弗（Perry Culver）面谈。他很快地以家长式的口吻清楚地告诉我，他因为我在抉择上的无常和不成熟而无法录取我。然后他给了我父母从不会给予的建议：去军队获取让自己成熟的经历。在我当年组装“事业抉择器”时，奔赴军队可是比我想到的任何事

* 令我惊讶的是，我的父母因为我的动摇颇为不安。我起初以为他们会因为我重返多年来每一个弗里波特人为我设想的道路而释然，却不料在那一年的圣诞节，我们在厨房间谈话时，他们竟然喜欢我偏离社区里人们对我的期望，而支持我不就读医学院、不进入他们传统的事业领域。看来，我的“回归”正如我不负责任地从一个领域跳到另一个领域，已令他们深感不安。

情都缺乏吸引力。

相比较之下，哥伦比亚大学医学院（被称作内外科医生学院，College of Physicians and Surgeons，P&S）则对我的重新申请表示欢迎。哥伦比亚的面试者，一位名叫大卫·西格尔（David Seegal）的颇有名望的医生和人类学家让我翻译盎格鲁—撒克逊语“*Ich ne wat*”。这很简单，意为“我不知道”。西格尔用这一短语讨论了为什么医生可能犯错。较之卡尔弗关于服兵役的好处，我显然更为享受这一次交谈。因为某些人对我在两种文化里能力的夸大赞赏，第一次而非最后一次帮助了我，使我在1962年的秋季得以幸福地被哥伦比亚大学医学院录取。

## /医学院以及更多的转变/

在哥伦比亚大学医学院，我对于医学生涯的规划逐渐地从成为一个有文学爱好的精神科医生变成了有科学倾向的学院派内科医生。在第一年，通过阅读弗洛伊德，我得到了充足的自学并赢得了精神病学的论文奖。然而把精神分析作为终极目标的想法很快被证明是短暂的。我通过弗洛伊德进入精神病学的途径，而离开了精神病学——关于大脑的科学。令我惊奇的是，在第一年里最有力地吸引我的想象力的学科——神经解剖学，很可能是最少具有文学性的。当许多同班同学认为这门功课是关于神经束和神经节的一连串繁琐联系时，对于我来说，这门功课则因为由此而有理解运动、感觉和思想的可能而变得颇为生动。我为约翰内斯·叟卜塔（Johannes Sobotta）的三本古籍中关于神经系统的美妙绘画和弗兰克·内特（Frank Netter）的较新书本中的图解示例而深深吸引，并且平生第一次开始阅读原始科研论文。我发现自己对于物质的脑比对难以捉摸的精神更感兴趣，对于神经细胞的生物化学和电冲动较之假设由它们产生的思想和行为更为钟情。

我与精神病学的分道扬镳也因为和一个精神病人独处的一小时而加剧——证明要比阅读一小时弗洛伊德的著作艰难和乏味得多。这个与我年龄相仿的极其聪明的年轻女病人，拒绝以有意义的方式来回答任何问题，并且对被一个医学生而非她通常的医生来面谈的想法充满敌意。她令我感到无能（我那时确实如此）和屈辱。当然，我不应为我的感受所左右。但是一个我可能不会有这种耐性和毅力与精神病人独处大量时间的想法，让我质疑自己能把精神病学作为将来的事业。此外，在当时想把基于神经解剖学和神经化学的对于大脑的理解与实际的精神疾病联系起来似乎前景渺茫。

但是内科学却有许多魅力。同精神病学一样，病历是“个人传记”。但是诊断过程如同猜谜游戏，可以通过 X 射线、血液检查和心电图的客观与量化的数据以及系统的思考来找到答案。正确的治疗方案可以给患者带来好处和更加令人愉悦的结局。肾衰病人似乎比精神病人对解决他们问题的进程更为配合；而分子生物学家则许诺在不久的将来能够揭示一些常见疾病的起源。

获得成功的迹象似乎在以下领域里最为明显：关于血液的疾病（血液病学）、传染病（微生物学）和免疫系统的疾患（免疫学）——所有这三个领域都极其充分地代表了当时的哥大医学院。保罗·马克斯（Paul Marks）——多年后成为纪念斯隆—凯特琳癌症中心的我的前任主席，在当时以他关于贫血的课程而给了我特殊的印象，特别是关于一些遗传决定的贫血，譬如镰刀形细胞和地中海贫血症。在这些疾患里，病人与生俱来的基因不能指导合成正常数量或形态的血红蛋白——一种红细胞内的蛋白，用来将肺部的氧气运输到其他组织。

遗传密码的本质，正如尼伦伯格、奥乔亚和他们的同事在 60 年代早期所揭示的，解释了 DNA 核苷酸序列上简单的变化如何能够改变蛋白质（包括血红蛋白）的组成，并因此而影响其功能。一个单一碱基上的变异可以改变 DNA 上的三碱基编码，从而有可能改变一种重要蛋白质上的一个至关重要的氨基酸。[①] 马克斯在讲课中清晰地指出，这样的改变（突变）如果影响了生理上重要的蛋白质就会导致疾病。有了这样的认识，那么基

① 译者注：还记得作者在前文中提到一个氨基酸是由三个碱基来编码的吗？而蛋白质又是由多个氨基酸组成的三级结构。

于基因和蛋白质的根本属性而对疾病作出的分类、诊断和治疗就会变得合理。较为微妙但颇为厉害的是，有些 DNA 序列上的改变可以不影响蛋白质的氨基酸序列，却可以影响蛋白质的产量，从而导致疾病。举例来说，这种类型的突变可以破坏 DNA 上通常用来控制基因表达，控制 RNA 和蛋白质合成的时间、位置和效率的信号。如此，生物学上的基本法则就可以告诉临床医生如何最终来理解一些最复杂和古老的疾病——譬如镰刀形细胞贫血，此病中红细胞被折叠成镰刀状；或者地中海贫血（thalassemia），此病中血液如海水般稀薄（*thalassa* 这一词根乃是我在读文学院博士生时接触希腊文字所习得）。[①] DNA、蛋白质化学、医学遗传学、基因表达以及血液病学并非是毫不相关的学科。它们综合在一起，就给了我们对于生物体和细胞的一个全面的认识，并激发出如何诊治疾病的新思路。

一个稍远的前景则更加令人振奋：那些通过研究血红蛋白疾病所得的真知，或许同样适用于其他更棘手的疾病。血红蛋白因为极其丰富而率先在它的生化特性、生理功能和三维结构上被系统地研究过。任何一种具有重要功能的蛋白质——诸如负责诠释激素的信号、收缩肌肉和促进细胞分裂——都可以经由变动 DNA 序列而被改变，并因此而分别导致内分泌疾病、肌肉疾病或者癌症。通过这些认识，医学就会变得更为分子化、基因化，而疾病也能被更好地理解和控制。那些医学院里的讲课已经播下了重要的种子。

在接下来的四年里——有两年作为哥大医学院的医学生，接下来的两年作为内科见习医生——我把精力投入到了医学的临床而非它的分子生物学方面。我看起来已经准备好在一个学术医疗中心开始我内科医师的生涯。尽管我在医学背后的科学上颇有学识，但主要会作为一名对临床研究有兴趣的行医者和教师，而非实验室里的科学家。

我也因为听过寄生虫学的精彩课程和参加了哥大的国际研究员计划

① 译者注：地中海贫血的英文 thalassemia 中的词根 thalassa 在希腊文中意为海、湖；emia 指的是血症。

(International Fellows Program) 而对热带医学 (tropical medicine) 短暂钟情过。为了更加严格地考验我对于热带疾病的兴趣，我在北印度的一个省城——巴雷利 (Bareilly) 的一个教会医院度过了我作为医学生的最后几个月。正如在第 14 章中会有更详尽的叙述，这次经历让我放弃了在发展中国家常有的艰难环境中行医的念头。但也因为这次旅行所带来的经历，在加尔各答 (Calcutta) 的一家老鼠出没的宾馆盥洗室里打开邮件的时候，我就意识到我已被哥伦比亚长老会医学中心 (Columbia-Presbyterian Medical Center) 接受进行住院医生的培训了。* 几个月后，我把由一名克什米尔 (Kashmiri) 向导陪同着骑马翻越戈勒霍伊山冰川 (Kolahoi glacier)，作为我从医学院毕业的庆祝方式。

## /寻找不效力越南战争的替代途径/

在医学院考虑职业选择的时候，我并没有充分考虑过越南战争的潜在影响。因为对战争的强烈反对，我下定决心不为之效力。尽管医学生也面临被征兵的可能，我们却可以选择在公共卫生机构里服务两年。这些机构包括：CDC (当时被称作传染病疾病中心——The Communicable Disease Center，现被叫做疾病控制中心——The Centers for Disease Control)，IHS (印第安卫生服务——The Indian Health Service)，或者 NIH (美国国家卫生研究院)。CDC 因培训流行病学家和医学科学家而著名。他们研究疾病在人群中的趋势，并追查新的流行性传染病的来源。IHS 则遣派医生到全国的印第安部落居留地行医。这项任务虽然可能有文化上的趣味性，但不大可能增加我对学院派医学的兴趣。对大多数像我一样在学术上有志向的同班同学来说，NIH 应是最佳的选择。作为全世界最大的生物医学研究院，NIH 为学习任何一门生物医学科学提供了无与伦比的良机——从生物物理学到临床试验。之后，许多 NIH 的受训者成

* 又一次我被哈佛大学医学院拒之门外。尽管麻省总医院是我的第一选择，但我面试时表现不佳。

为著名医学院校各个系里的教员。

因此，尽管严重缺乏在实验室工作的资历，我还是为NIH里令人垂涎的位置参与了竞争。那些被选中面试的申请者要求在同一天赴会——其时我刚好从医学院毕业，但距离参加公共卫生服务尚有两年之遥。（几乎每一位候选人都被要求在NIH正式开始工作前要在一些大医院完成两年的实习和住院医培训。）

我希望能够在NIH锁定一个研究位置，以便让我专注于最有可能被分子生物学和遗传学上的进展影响的临床学科——免疫学、传染病学、血液病学和内分泌学。我当时并未太多地思考癌症（肿瘤学），或许是因为癌症实在是顽疾，亦或许是我对使用只具有几个基因的病毒在动物身上研究癌症的最新动向不够熟知——不过稍后会有详述。

我在漫长的面试那天，遇到了几位颇有名气的实验室主管——大多数都没有对我进行特别的鼓励。但是有一位颇有同情心的资深科学家，内分泌学家杰克·罗宾斯（Jack Robbins），看到我有限的经历很有可能导致我落选，就建议我去和艾拉·帕斯坦（Ira Pastan）谈谈。艾拉是一名年轻的NIH研究员，刚刚建立起他的实验室来研究由甲状腺合成的激素。

这个建议被证明是明智且具决定意义的。看来我在文学里的修习似乎比我对内分泌学的兴趣更为重要。艾拉的妻子，一位诗人，经常抱怨艾拉的同事里少有人谈论书籍，因此，艾拉作为一名热情的读者，觉得实验室里有个像我这样有文学背景的人可能会大有帮助。当录取结果宣布时，我被告知我将成为艾拉的第一个临床助手，战胜了比我资历高的申请者。啊，实在没有比这更幸运的结局了。

## /为帕斯坦实验室准备就绪/

在动身前往贝塞斯达（Bethesda）和NIH前，我必须先完成内科的两年临床培训。1967年的一天，时值我培训年限的中期，当我正在长老会医院的内科病房照料病人时收到了一个来自艾拉的令人震惊的电话。他告诉我他正在削减关于甲状腺的工作量——我要求的内分泌方面的科研，因为他和他的同事罗伯特·帕尔曼（Robert Perlman）在细菌的基因调控方面有了惊人的发现。他好像是这么说的："我们发现，环磷酸腺苷（cAMP）[①]可以逆转受分解产物阻遏的大肠杆菌乳糖操纵子（Lac operon）。"我当时真是一头雾水。我不知道这个发现是否重要或是有趣。我当然也不愿意承担看起来属于深奥领域里的课题。但是，我因为实在忙于照料病人，而无法继续和他的交谈。

当晚，我来到专门为医院培训人员建立的小图书馆，第一次阅读起贾克·莫诺（Jacques Monod）和弗朗索瓦·雅各布在巴黎的巴斯德研究院所做出的令他们获得诺贝尔奖的工作成果。莫诺和雅各布是最先在分子生物学的一个重要领域——基因调控方面收获颇丰的。这个中心问题可以这样来简单地设想：细胞有成百上千的基因，每一个基因都凭借着指令来制造不同的蛋白质。但是，为了让细胞有不同的行为，并非所有的基因在所有的时刻都有同样水平的表达。如果基因以某一种方式被调控——这似乎符合细胞的经济学，那么是何种信号或者情形控制着表达呢？这种表达又是如何被控制的呢？细胞是通过管辖 RNA——这个克里克中心法则里遗传信息的信使的合成或销毁来实现的呢，还是通过控制被编码蛋白质的合成和破坏的速度来完成使命的呢？

莫诺、雅各布及其同事通过聚焦于大肠杆菌仅有的一小套基因来解决基因调控的问题。大肠杆菌是简单而被广泛研究的常见肠道细菌，也是微生物学里的经典主力。这一小套基因（三个）因为帮助大肠杆菌的"饮食"而被发现，即它们让这一生物的一种食物，叫做乳糖的糖类，进入细胞并被代谢掉。因为这个原因，这些基因就组成了一个有动听名字的"乳糖操纵子"。通过加减乳糖或者其他的糖类而导致的大肠杆菌生存环境的

① 译者注：在一个简单化的模式里，cAMP，即环磷酸腺苷负责把细胞所接受的外界刺激（譬如激素的刺激）转化成细胞内成员可以理解的信息，以最终调节细胞的反应。所以，如果外界刺激如激素可以被称为第一信使的话，cAMP 则充当着第二信使的角色。

改变，就会导致乳糖操纵子所编码的蛋白质水平的改变，并以此来调节细菌获取糖类作为食物。举个例子来说，在细菌培养基里加入乳糖（或者类似于乳糖的东西）就会增加乳糖操纵子的三种蛋白质的含量；而当乳糖被去除时，它们的含量也会相应地降低。

通过一系列实验（我最后终于能够欣赏到其美妙之处），莫诺和雅各布提供了充足的证据，来支持一个简单但却伟大的想法。他们设想：除非有乳糖（或者它的等效物）的存在，否则细菌的细胞将会有一种机制来关闭或者说阻遏乳糖操纵子的表达。因此，当乳糖被加入到培养基时，乳糖操纵子就会开启——乳糖诱导了或者说去阻遏化了操纵子。就目前公认的看法，当操纵子的表达被关闭时，一个叫做阻遏物的蛋白质就会结合到操纵子的某一部位，因而妨碍了乳糖操纵子 RNA 的合成。但是乳糖可以逆转这一过程——通过与阻遏蛋白的结合并使之失活，而使得乳糖操纵子得以表达。换种说法，细菌的食物（乳糖）可以诱导“食用”它的“机器”里乳糖操纵子的开启。

这个构想并非仅是美妙，它同时为理解许多种基因的调控迈出了关键的一步。基因调控同时存在于细菌和更复杂的植物与动物细胞内，并根据不同的信号而开闭。但是莫诺的另一个早期发现却未能被很好地解释：葡萄糖——一种有别于乳糖的糖类，却阻止而非诱导了乳糖操纵子的表达。这又是如何发生的呢？

艾拉是在 NIH 聆听了来自范德比尔大学（Vanderbilt University）的埃尔·萨瑟兰（Earl Sutherland）的访问演讲中提及的这个有趣的发现而想到这个问题的——这显然在他研究的哺乳动物甲状腺的激素释放的课题之外。萨瑟兰是因为发现一种叫做环磷酸腺苷的小分子（cAMP，由动物细胞被某些激素刺激后所产生），而在几年前获得诺贝尔奖的。环磷酸腺苷因为能够影响某种酶的活性并深刻地影响细胞的行为而被称作第二信使，即把细胞外由激素所触发的信号传递到动物的细胞内。

没有人深思过环磷酸腺苷有可能在简单的如细菌的生物上也起着作

用，并且和在动物细胞内所建立的功用相仿。但是萨瑟兰曾经在细胞培养时观测到过环磷酸腺苷。于是，艾拉和他的同事罗伯特·帕尔曼开始考虑环磷酸腺苷究竟在细胞里做些什么。他们早期的一个解决方案得到了回报：向生长在葡萄糖里的大肠杆菌添加环磷酸腺苷竟诱导了乳糖操纵子的表达！换句话说，环磷酸腺苷逆转了葡萄糖对于乳糖操纵子的阻遏。这意味着给予乳糖并非是开启乳糖操纵子的唯一方法。如果乳糖是通过拦截阻遏子（repressor）来实现，那么环磷酸腺苷可能使用了完全不同的途径。为了证实这些想法，需要知道更多关于环磷酸腺苷如何影响乳糖操纵子的基因表达的调控。这些问题的解答将部分地落在我身上。

# 第 3 章　初尝科学成就

来自帕尔曼和帕斯坦的关于环磷酸腺苷和乳糖操纵子的振奋人心的结果催生了许多悬而未决的问题，但也给像我这样的新手提供了诸多的启发。首先，它令大胆的尝试深受鼓舞：受过医学训练的科学家，如帕尔曼和帕斯坦，可以逾越他们对于甲状腺研究的界限，而在另外一个完全不同的领域里作出惊人的发现，并因此解答了一个长时间存在的谜题。更重要的是，这个发现显示了科学构想和实验结果如何可以从多个渠道——诸如从雅各布和莫诺在大肠杆菌上的工作，从萨瑟兰在动物细胞上关于环磷酸腺苷的研究，从帕尔曼和帕斯坦对激素作用的兴趣——突然汇聚在一起，而产生出一个新的场景，并从中孕育出更多有趣的问题。同等重要的是，通过展示环磷酸腺苷在细菌中就像在动物细胞中一样传递着重要的信号，这样的新发现重申了生物学中的“普遍性”——这个显而易见的主题贯穿于遗传密码、中心法则、蛋白质合成的机制以及基因调控的元素。在我作为科学家的初期，这种观点塑造了我的这样一个信念，即简单的、易于实验研究的生物体，譬如细菌，可以用来揭示如哺乳动物那样远为复杂的生物体的相应特征。贾克·莫诺曾预言：“源于大肠杆菌的真理同样适用于大象。”在过去的 40 年里，生物学里所发生的一切都证实了他的预言充满智慧。我们从酵母、蠕虫、果蝇和老鼠上所学到的人体生物学，和从人体细胞中学到的一样多。

### /在 NIH 学习科学研究/

当我在 1968 年 7 月抵达 NIH 时，我不断增长的理解科学的能力被证明与我可以进行科学研究的能力颇为不同。我在实验室里的早些时间可谓“灾难深重”。第一天，我就因为放射性过滤器的泄漏而污染了水槽，还破坏了实验。不久，我问艾拉“Tris”的意思——“Tris”是几乎每个生化学家都用到的试剂的名称，它被用来防止溶液变得过碱性或者过酸性。① 艾拉抬起头，带着痛苦的表情，半开玩笑地说：“现在提醒我，我是因为什么原因而把你带到实验室来的。”

但是情形终于开始好转。几个月后的一天，当机器洋洋洒洒地打出我的一个实验结果时，我第一次感受到了当科学家的乐趣。尽管我还没有发现什么，但是我意识到我已经建立起一种可靠的方法来观测我所想要测量的。科学很大部分由测量组成。当想象中的量尺——我们称之为分析——一旦被掌握在手，结果和快乐通常也随之而来。

我接受的任务从一个直截了当的问题开始：环磷酸腺苷是不是通过增加来自乳糖操纵子 DNA 的 RNA 的产量来提高乳糖操纵子的表达的呢？从理论上讲，这应该是解释当环磷酸腺苷加到生长在葡萄糖中的细菌后，其代谢乳糖的蛋白质明显增多的最简单的答案。尽管问题直截了当，回答却并非如此。测量来自单一基因的 RNA 含量因为细胞内包含的多种其他基因和 RNA 而变得复杂。那么，有没有一种测量工具和分析方法可以特定地测量出乳糖操纵子 RNA 的浓度？如果有，又该怎样来测量呢？

结果表明我在此项工作中所采用的策略非常重要。它的功用完全超出了我在 1968 年帕斯坦实验室进行试验的所需之外。这个策略要求研习两个主题：病毒学和分子杂交——二者在我后面章节里将要描述的癌基因的研究上被证明是至关重要的。

病毒学——关于病毒的学科——让我见识到简单的遗传物质的重要

---

① 译者注：Tris，全称 Tris（hydroxymethyl）aminomethane，中文名“三羟甲基氨基甲烷”。因为弱碱性，故常在生物化学和分子生物学等实验中被作为缓冲液，并被广泛用作核酸和蛋白质的溶剂。

性。像我同时代的许多人一样，我也曾在对于病毒传染的恐惧中成长。我知道天花所致的灾难性历史，我的祖母死于1918年的流感疫情，而在我年幼时，就被叮嘱要避免在公共游泳池里游泳等类似的夏季运动，因为被认为会感染小儿麻痹症。* 在我成为医学生时，我还学到了一些常见的可以被疫苗防疫的病毒疾病。

但是病毒并不只因为是致病物而值得科学上的关注。它们同样是生物研究中各种课题的重要研究工具。这是我在帕斯坦实验室的头几天，当学到噬菌体（bacteriophage，一种可以传染细菌细胞的病毒）的用处之后就意识到了的。因为某些噬菌体可以摧毁它们所感染的细菌，科学家和小说家们都曾考虑把它们作为治疗细菌性疾病，诸如瘟疫和肺炎的潜在工具。另一些噬菌体可以从它们感染的细胞上获取单一的细菌基因，并携带着这个基因去感染其他的细胞。用这种方式，病毒就可以提供实验者梦寐以求的东西：不为细胞的其他基因所混杂的单一基因。**

病毒是微小而简单的。在本质上，它们是包裹着单个拷贝的几个病毒基因（可以DNA或RNA的方式存在）的蛋白质小袋。当病毒从被感染的细胞拿取一个基因时，这个基因就从细胞的其他许许多多的基因中分离出来。这个病毒的其他基因，即病毒基因，为病毒复制所必需，并通常与任何细胞基因毫无关联。在艾拉和我想做的实验里，我们需要能提供单独的乳糖操纵子DNA的来源。非常偶然的，一部分乳糖操纵子被发现已融合于生长在大肠杆菌里的噬菌体内。这样，一旦我们获取那些病毒并懂得如何培养它们，我们就可以得到不为大肠杆菌的其他基因所混杂的、带有乳

---

* 在1996年哈佛大学的毕业典礼上，我谈到了早年对于脊髓灰质炎的恐惧，以及对于这方面科学家的崇敬，特别是诺贝尔奖得主约翰·富兰克林·恩德斯（John Franklin Enders）。他利用病理学最基本的方法培养了脊髓灰质炎病毒，而令这一领域有了长足的进展，并使两个更有名的科学家索尔克（Salk）和萨宾（Sabin）创制了他们的疫苗。

** 自20世纪70年代开创的DNA重组技术，大大减轻了分子生物学家对类似于所描绘的噬菌体的偶然现象的依赖。这种技术允许DNA的特异片段通过基因工程以DNA克隆的方式存在。噬菌体依然作为重要的载体来产生DNA克隆。

糖操纵子基因的噬菌体DNA。

有了这个乳糖操纵子DNA的来源，我们就希冀能够测量出细菌细胞生长在各种不同环境下的乳糖操纵子RNA的水平——譬如，有或者没有环磷酸腺苷，或者给予不同的糖类。测量核酸——DNA或RNA的含量，用的是一种叫做“分子杂交”（或“核酸杂交”）的自20世纪60年代发展起来的技术。这个技术利用了我早已强调的核酸的重要特征：碱基配对。当DNA双链被分解为单链后——譬如DNA被加热——那些单链DNA仍能在特定条件下重新组合成双链，譬如DNA被冷却，并当一条单链有次序正确的好几个碱基可以和另一单链上的互补顺序配对的时候（A和T，C和G配对），正如图3—1中顶部的示意图。

我们当时致力于测量从乳糖操纵子DNA拷贝而来的RNA的含量。还记得RNA上碱基的次序与DNA上的相同吗？所以，如果信使RNA加到分开的DNA单链中，碱基配对就会允许RNA形成RNA-DNA杂交体——由RNA和一条或两条DNA链结合而成。但是我们所关心的杂合体怎样才能被探查和测量呢？我们应用了一个几年前由叟尔·斯皮格曼——一个因为我结伴旅行而在莫斯科那个著名会议上遇到的很有个性的分子生物学家所发展起来的方法。阿特·兰迪在进入伊利诺斯大学研究生院的时候想要追随他。这个方法的基本特征是，斯皮格曼和他的同事们学会了把分开的DNA单链粘在一张滤纸上。一旦粘附在滤纸上，那些单链就无法形成DNA-DNA双链了，但是它们仍能与添加在溶液中的序列匹配的RNA进行配对。正如图3—1中右下角的图例所示的，虽然DNA已被固定于滤纸上，但仍能与由其拷贝而出的RNA匹配杂交。

但是，如果我们要用这个方法来测量乳糖操纵子的RNA含量，我们如何知道这个RNA已和滤纸上的乳糖操纵子DNA碱基配对了呢？我们把具有放射性的RNA组件添加到了大肠杆菌的培养基里，这样细菌细胞里的RNA就被同位素标记了。之后，任何与滤纸上的乳糖操纵子DNA杂交的RNA就可以在清洗后通过滤纸上的放射性存留物，用一种类似盖革

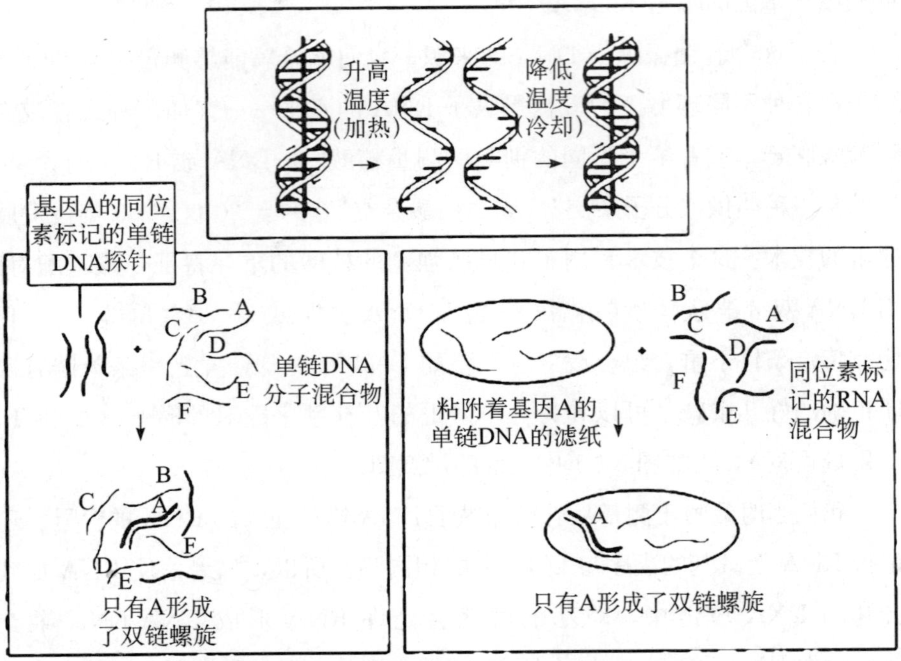


**图 3—1**

这些画展示了三种分子杂交。在顶部的图例中，分离的双链 DNA（比如说经过加热）可以与原先的碱基进行配对而重新组合，或者说“杂交”（比如冷却后）。这个碱基配对的原则可以被用来寻求更富信息量的杂交方法，如底部的图例所示。左图，被同位素标记（深色）的基因 A 的单链可以找到混杂在众多其他基因的未被标记的 DNA 中的互补链。右图，基因 A 的单链被固定于滤纸上。当在滤纸上添加一大堆具有同位素活性的 RNA 混杂物时，只有能与基因 A 的 DNA 形成碱基配对的 RNA 才会在滤纸上被保留。[①]因为碱基配对的特异性，分子杂交可以用来测量一个特定基因的 DNA 或者 RNA 的含量。

(Geiger) 计数器的仪器而被检测出来。用这种方法，艾拉和我就可以知道有多少乳糖操纵子 RNA 在细菌的不同生长条件下被制造出来。相比没有

① 译者注：杂交后会有一个洗膜的步骤，以清洗那些随机粘附上去的探针。清洗液的配方、强度和时间保证了那些形成配对杂交的探针依然附着（配对形成氢键），而那些随机粘附的则被去除。另外，实际操作中，核酸被粘附在带有正电荷的膜（membrane）上，而非滤纸（filter）上。

用环磷酸腺苷处理过的细胞，如果粘附有乳糖操纵子 DNA 的滤纸结合了更多来自处理过的细胞的放射性 RNA，我们就可以得出结论说：环磷酸腺苷增加了乳糖操纵子 RNA 的合成。这正是我观察到的结果！

为了建立起我们的分子杂交分析法，艾拉和我紧密合作——他尽管在酶和激素方面有着丰富的经验，也需要学习分子生物学和细菌遗传学。我们四处选购具有乳糖操纵子 DNA 的最好的噬菌体株，通过反复试验来学会如何培养它们和优化提取 DNA，然后尝试了各种条件，以寻找在茫茫无关的分子中特异性地测量乳糖操纵子 RNA 的最优方法。我们也利用去除了乳糖操纵子 DNA 的大肠杆菌变异株——这些缺失变异株（deletion mutants）提供了额外的“对照”而使得我们的结果更有说服力。

这些关于乳糖操纵子的实验被证明与几年后发现第一个原癌基因的实验有许多相似之处。正如我在之后的章节里将会描述的，在那个发现中，携带细胞基因的病毒、分子杂交和缺失变异株都像在我们这个乳糖操纵子的研究里一样重要。

艾拉和我建立起来的杂交技术让我享受了人生中第一次的尤里卡时刻[①]。我因此能够精确地测量细菌细胞内乳糖操纵子 RNA 的含量。这个测量方法让我可以阐明当环磷酸腺苷被加入到培养在葡萄糖里的大肠杆菌后，乳糖操纵子 RNA 的合成速率和浓度就会增加。这意味着环磷酸腺苷对葡萄糖阻遏乳糖操纵子的消除是通过改变转录（transcription）[②] 而造成的，即更为有效地从乳糖操纵子 DNA 拷贝到 RNA。其他的可能性，诸如乳糖操纵子 RNA 降解的减缓等最终都被排除了。当时，我们尚不明了乳糖操纵子的转录是如何被调节的。但是艾拉实验室的其他成员开始探索起这个调节机制——这些研究最后导致了一系列蛋白质的发现。它们和环磷

---

① 译者注：尤里卡（eureka），源于古希腊文 εύρηκα，原意为“我找到了”或者“我发现了”。可以用来形容发现者无比激动和灵光乍现的狂喜时刻。

② 译者注：还记得中心法则吗？转录（transcription）指的是从 DNA 到 RNA 的过程；而翻译（translation）则是从信使 RNA 到蛋白质的过程。

酸腺苷一起，提高了乳糖操纵子 RNA 的合成。

明确地观察到环磷酸腺苷如何调节细菌的基因后，我开始书写和讨论这些实验结果——这是我在成为科学家过程中的另一个重要时刻。闻名遐迩的生物学家冈瑟·斯坦特（Gunther Stent）曾经说过他决不会在沙漠孤岛上做科研，因为有太多的喜悦来自告诉别人自己的实验结果。当我学会了组织科研文章的格式——题目、摘要、简介、方法、结果和讨论——写作本身就是一种快乐。清晰的阐述，通顺的语法，再加上几个漂亮的转折短语以使文稿上个档次。对于这个过程，我无师自通。然后便是就这篇文章和匿名的却颇为犀利的审阅者之间很刺激的交流。从《生物化学杂志》（*Journal of Biological Chemistry*）的编辑处寄出的几页单行距的仔细评论，让我幸运地在我的生涯中早早地领教了什么叫建设性的同行审查标准。令人高兴的是，编辑们也为我们的回答和修改所信服。于是，我坦然享受了如下的乐趣：文章被接受，看到我的工作成果被刊登在很受推崇的杂志的蜡光纸上，并知道它将被邮寄给读者。

我第一次在讲台而非纸上对我们的发现所做的公开演讲是在一个重要的会议上——这是一个在长岛的冷泉港实验室专为乳糖操纵子召开的大会。冷泉港实验室，现代生物学的诞生地之一，因为一些重要的生物学会议在此召开而著名。我发现会议诱人的许多方面：来自世界各地风格各异的科学家；我第一次晤面吉姆·沃森和其他在分子生物学黄金年代里的先驱们；政治和社会活动人士；这个建立在盖茨比（Gatsby）祖国的著名实验室的设施；即便这主题——乳糖操纵子研讨会——亦听起来宛如出自《仲夏夜之梦》(*Midsummer Night's Dream*)[①]。

在这样的情形下，我非常感激艾拉把给予他的演讲时间慷慨地“瓜分”给了实验室的其他成员，但同时我也略感紧张——因为听众里有温和

① 译者注：这种感觉或许是因“乳糖操纵子”的英文 Lac Operon Symposium 才有的吧。《仲夏夜之梦》是门德尔松为莎士比亚的同名喜剧所写的音乐作品。

的贾克·莫诺：他坐在第二排，戴着领结，并且经常提一两个令人深思的问题。这样的时刻对一个年轻的科学家显得格外重要。让莫诺引起注意并提出问题，对艾拉来说也同样要紧，因为帕斯坦实验室是带着医学内分泌学的背景名不见经传地出现在大家眼前，并在关于乳糖操纵子的一个悬而未决的大问题上打开了一个缺口——这个领域被细菌遗传学家，特别是在巴斯德研究院工作和受训过的人认为专属他们所有。

## /重新评估研究方向：迈向癌病毒/

我在帕斯坦实验室的快乐和成功，让我从临床医学转向基础生物学研究。但是一年后，我发现我必须和疾病有更紧密的联系，方能让我在实验室里得到完全的满足。我同时觉得自己因为在细菌遗传学上缺乏正规的早期训练（正如语言，需要趁早学习）而不免经常陷于不利的境地。此外，我也想利用我的医学知识做一些有益于社会的事情。

1968 年夏季，在我抵达 NIH 不久发生了两件事，深刻地影响了我的生活和事业。首先，我与康妮·凯西（Connie Casey）相爱了。她不久就成了我的妻子（现在还是）。* 在我迷上康妮不到一个月后，我获知我母亲在她的乳腺上发现了一个肿块。在康妮和我开车回到弗里波特的同一天，我母亲就已经历了活检以及之后的乳房切除手术。在一家海鲜餐馆进晚餐的时候，父亲告诉我们母亲的肿瘤细胞已经扩散到多个淋巴结。结局不可避免，三年内我最亲爱的父母相继离世。**

我不愿意在我母亲的乳腺癌和我癌症研究的事业之间画一条直线，但之间的联系是毋庸置疑的。然而，这个经历并没有将我拉回临床医学，促使我在临床肿瘤学上深造，或让我有堂吉诃德式的追求去“攻克癌症”。相反地，我下定决心要用现代生物学搞清楚在正常细胞转变为肿瘤细胞时

---

* 康妮还是两个孩子雅各布（Jacob）和克里斯托弗（Christopher）的母亲。克里斯托弗是个颇有灵气的记者，敏锐的读者，不知疲倦的园丁，我最重要的编辑和评论家，而且看起来还很帅！

** 母亲的去世对父亲打击很大。不到一年，他因冠心病在 65 岁时辞世。

发生了什么，以希望对今后的病人有所帮助。

在1968年我母亲的癌症被发现时，我对癌症研究所知甚少。所幸的是，在那个越战年代，NIH“收容”了许多像我一样的年轻人（几乎是清一色的男性，有我们的照片为证）——我们都曾是出色的医学生，却对科学所知甚少。在NIH，由资深科学家上的课程几乎涵盖了现代生物学和医学的各个方面。这些课程不是为了让我们拿学位，而是为我们在实验室的学术生涯做准备。这些课程暴露和弥补了我在基础研究中的诸多不足，并且将我引入到了两个令人振奋的话题：动物病毒和癌症。

因为动物中的致癌病毒（癌病毒），而使我对它和癌症之间颇有挑战性的联系深深着迷。正如后续的章节里会描述的，当时已有一些理由让我们思考突变（DNA上的变化）可能是癌症的来源。但是把基因的改变作为解释癌症的想法尚远未成熟，特别是因为没有直接、简单而特异的证据，譬如在人类癌症里发现突变基因的例子。很显然，这样的证据并不容易得到——因为动物细胞要比细菌或病毒远为复杂。它们仿佛是由成百上千的部件——基因、RNA分子和蛋白质——所组成的有无数功能的复杂机器。

我自己和他人在细菌细胞上的工作经验表明：意欲了解细胞如何工作，基因是不可或缺的切入点。但是，困难在于，正如通过筛查数千个机器部件以发现机器的故障一样，没有一个显而易见的方法可以用来搜查导致癌症发生的基因——特别是对于远比细菌细胞要难研究得多的动物和人类的细胞。然而，如果有相对较小的基因库的病毒——少则只有四五个基因，多则不超过一百个——能够将正常的动物细胞转化成癌细胞的话，那绝对是一个很好的开端，很显然要比从整部机器——动物细胞开始要好得多。

自20世纪初期，病毒可以在鸡和啮齿动物身上导致癌症的事实已被发现，并被时断时续地研究过。但是想要理解病毒如何导致肿瘤的努力却因有限的试验工具而受阻。最初的对于肿瘤病毒的研究无非是观察被感染动物身上肿瘤的生长。但是这种情形随着能够描述这些病毒对生长在实验室培养皿中细胞的影响而开始改变——这些进展我在后续的章节里将会详细讨论。现在，具有传染性并能改变细胞的病毒的数量可以被精确地测量，病毒对细胞的影响可以被仔细地观察，需要数月或者数年的实验也能在几周内完成，病毒可以被大批培养以明确它们的化学构造。当我在 NIH 学习课程的时候，肿瘤病毒就已经可以根据化学成分——由 DNA 或 RNA 组成它们的基因——而被分成两类：像细菌、植物和动物一样，DNA 肿瘤病毒以双链 DNA 的方式携带它们的基因；RNA 肿瘤病毒以单链 RNA 携带它们的基因。

在这两种类型中，我对 RNA 肿瘤病毒更有兴趣。约翰·贝德（John Bader）的病理学课程让我认识了这些病毒（后被称为逆转录病毒），它们成为我日后很大一部分科研工作的基础。即便在 20 世纪 60 年代，RNA 肿瘤病毒就已在鱼类、鸟类和多种哺乳类动物上被发现，并被意识到可以导致不同类型的癌症，包括白血病、淋巴瘤、骨骼和结缔组织的肉瘤及其他一些肿瘤。此外，RNA 肿瘤病毒还催生了这样一个特殊问题：如果它们能够长久地影响受感染细胞的行为，并令那些细胞永久性地肿瘤化，那么它们显然有办法让它们的基因在动物细胞内代代相传。但既然它们的基因由单链 RNA 而非双链 DNA 组成，我们就难以看到这一切是如何发生的。因为病毒 RNA——这一病毒的遗传物质，和动物细胞染色体（DNA）上的遗传物质非常不同，因此，病毒基因长期附着在细胞染色体上的想法实在难以令人信服。看来，是需要新的思路了。

贝德，一个长期在 NIH 内部供职的科研人员，是为数较少的依然对 RNA 肿瘤病毒的复杂性感兴趣的病理学家之一。霍华德·特明（Howard Temin），威斯康星大学的一个青年病毒学家（关于他，我会在下面的章节里有更详尽的叙述），因为在这方面的科学猜想而颇受注意和评判。他认为，如果病毒 RNA 的遗传信息先被转变为 DNA 的形式（他称之为前病毒），然后再与被传染动物细胞的染色体形成稳固关联的话，就可能解释上述的现象。贝德自己曾经发表过一些工作成果来支持这个想法，但是他的实验和特明的大部分早期结果都不够直接，因而对这些结果也可以有多种不同的解释。

但这项工作有两点令我兴奋：第一，RNA 癌病毒的基因可以 DNA 方式存在的想法非常新颖。这显然与克里克的中心法则相悖。在中心法则中，生物信息是由 DNA 到 RNA 再到蛋白质，而非从 RNA 到 DNA。* 第二，这个模式最显而易见的预测是，在每个被传染的细胞里至少有一个假说中病毒 DNA（前病毒）的拷贝，而这点似乎可以用我在研究细菌细胞乳糖操纵子表达时所改良的分子杂交技术来检测。我有可能解决这样一个重要且与癌症相关的问题。

由杰出肿瘤生物学家迈克·波特（Mike Potter）所授的另一门 NIH 课程，则调查了各种可能导致人类罹患癌症的原因，并研究它们的模型系统。从这些实验系统来的几乎每一个实验，不管是基于病毒还是化学物质，基于动物还是培养的细胞，都显示了基因的改变在癌症里非常重要。但是在癌症的发展过程中，究竟是什么基因发生了改变呢？这个问题在当时看起来几乎无法回答——无论是把致突变化学物放置在动物的皮肤或者细胞培养液里，还是用波特制造骨髓瘤（产生抗体细胞的肿瘤）的著名方法，即用矿物油或者其他化学物来刺激小鼠的腹腔。但是，如果癌基因存在于肿瘤病毒颗粒——那些由微小的蛋白质包裹的病毒核酸里，那么癌基因的分离、识别和研究或许就不是那么困难，即便在 DNA 重组技术让分子生物学成为一门强大的科学之前的当时。贝德的课程、波特的讲课让我体会到利用病毒的优势，并使我能结合之前在帕斯坦实验室所掌握的分子技术，来探究癌症的遗传基础。

## /找到迈克尔·毕晓普和 UCSF/

对这些有趣的可能性的反应是，我开始寻找能让我在癌病毒方面得到

---

* 克里克后来在前病毒（provirus）假说得到广泛支持后曾给予解释：从 RNA 到 DNA 是之前观察到的信息传递方式的一种可被接受的变异，而非违反他的法则。这一点在下一章里会有更详尽的叙述。

进一步科研训练的地点和人物。在探访旧金山湾区的朋友们和在内华达山脉（Sierra Nevada）学习飞钓之后不久，我就强烈地向往加州（康妮从未到过艾奥瓦以西，但是喜欢冒险）。然而当我写信给在拉霍亚（La Jolla）的索尔克研究所（Salk Institute）早已成名的病理学家雷纳托·杜尔贝科（Renato Dulbecco）要求一个博士后的位置时，我却被来自他的秘书的两封信给拒绝了。*

湾区的科学家们则给了我较多的欢迎，于是在1969年夏季我自费去拜访他们。在与加利福尼亚大学伯克利分校的兽医和劳氏肉瘤（Rous sarcoma）[①]的知名专家哈里·鲁宾（Harry Rubin）谈话时，我得知在当时新兴的位于旧金山的加利福尼亚大学医学院（UCSF）里有一个新的科研团体。他告诉我这个团体包括沃伦·莱文森（Warren Levinson），他以前的一个学生；莱昂·莱文棠（Leon Levintow），之前为NIH的资深病理学家；以及迈克尔·毕晓普，一名聪慧的青年病毒学家和医生，曾和莱昂一起以“黄色贝雷帽”的身份接受过训练，致力于研究脊髓灰质炎病毒，并在一两年前刚成为UCSF的教员。鲁宾自己则是RNA肿瘤病理学领域的创始人之一，并培育了这个领域的新星霍华德·特明，但是他对特明新想法的轻视直言不讳，而这些新想法正是我所要探究的。我需要拜访UCSF。

我以近乎唐突的随意方式去了那里，没有打一声招呼。我在UCSF的厅堂间穿越，直至找对地方，然后询问莱文棠、莱文森或者毕晓普是否在实验室。我被告知他们正在“金门室”进午餐——听起来颇有点罗曼蒂克，其实就是UCSF医院的自助餐馆。当他们回来后，我们即开始了一圈即兴谈话。令人高兴的是，他们并不拘泥于形式，并毫不掩饰有兴趣寻找新的科研伙伴。既然我们四个全受过医学训练（只有沃伦还有一个哲学博

---

* 现在，雷纳托和我是朋友。我很高兴我收藏了那些拒信。

① 译者注：劳氏肉瘤为逆转录病毒，也是第一个被描述的癌病毒。它由佩顿·劳斯（Peyton Rous）在1911年发现并以他的姓氏命名。此病毒可在鸡身上导致肉瘤。

士学位[①])，既然我们四人中的三位都曾在 NIH 工作过，既然我们都谈及病毒具有揭示生物学奥秘的威力，我自然受到了热烈的欢迎。这种欢迎还来自意识到我们早已是同一专业团体的一部分，并有着共同的观点。而友谊本身意味着我将在加州找到因共同努力而有的心智上的愉快和回报，正如我在 NIH 时那样。

尽管迈克尔和我出生于完全不同的环境——他的父亲是宾州乡村里路德教会的牧师——我们在认识几个月后就认为我们注定会在一起工作。我们有相似的本科经历（他在葛底斯堡学院（Gettysburg College）就读历史学），相似的医学训练（他在哈佛医学院和麻省总医院学习和工作过），相似的在 NIH 的实验室经验（他用分子杂交和其他技术来研究脊髓灰质炎病毒的复制）。更为重要的是，我们有同样的想法，即准备利用现代生物学和动物病毒来研究癌症，利用新方法（诸如分子杂交）和肿瘤病毒的遗传物质的简单性来理解正常细胞是如何转变成肿瘤细胞的。并且，我感觉从我们说话的语速、目的的强度和幽默的瞬间，我们早已意识到共有的特点会令我们合作愉快。很快地，我答应一旦在 NIH 完成我的公共卫生服务的要求，我就准备在 1970 年夏季赴旧金山工作。

我去旧金山和迈克尔·毕晓普一起研究癌病毒的决定被证明在我的事业上至关重要。在任何人的生命中达到这一点，环境、人脉和偶然性应该都起到了作用。但是，至少当我回顾往事时，我发现一个内在的逻辑也曾影响了我。经由了充满矛盾和犹豫不决的许许多多年——这个国度给予的，任我享用的漫长青春期——我似乎终于走向了一个清晰的目标，尽管既非向着医学，亦非朝向文学。

① 译者注：相比较而言，医学博士（M. D.）属于职业性学位，哲学博士（Ph. D.）是学术领域的最高学位。

# 第二部
# 从事科学

# 第 4 章　逆转录病毒和它们的复制周期

1970 年的夏天，若不是我新生命的开始，也是我一生中关键的转折点。其时我年满 30 岁。我正携着我的新婚妻子穿越整个北美大陆，前往加利福尼亚的一个崭新而充满浪漫情调的城市——旧金山，去迎接一个新的工作。之前在 NIH 的两年经历已为我意欲工作的新问题做了充分的准备。我在帕斯坦实验室做的乳糖操纵子的研究，让我接触到了一些当时日益增多的分子生物学方法；在 NIH 的课程则更是刺激了我对癌病毒的兴趣，也弥补了我当时在癌病毒方面所缺乏的知识。然而，我们这一个月的穿越北美大陆的旅行依旧只是一个象征性的、有形的过渡期。直至那时，我在文学、医学和科学上都已驻足徘徊。之后，至少有 20 年，我将要把我的注意力放到我选择要去研究的关于 RNA 病毒（依据病毒的分类）的两大问题上，即：这些病毒是如何增殖的？它们又是如何引起癌症的？

## /两个问题/

当我被第一个问题所吸引的时候，我正在 NIH 学习。当时霍华德·特明提出了他的非正统的假设：这些 RNA 病毒首先把它们携带在 RNA 病毒颗粒上的基因，转换成一段 DNA，然后再连接到宿主的染色体上去。很显然，这一假设和分子生物学的中心法则相背离，但这一假设真的有可能发生吗？若真是如此，病毒 DNA 又是如何产生并连接到宿主的染色体上去的呢？再有，病毒基因，一旦被嵌入到染色体中，又是如何被用来制造在每一个受感染的细胞中数以千计的新的病毒颗粒所需要的 RNA 和蛋白质的呢？

第二个问题，即 RNA 病毒是如何引起癌症的？这是一个经过进一步修订的更具普遍性的议题，也是最初引起我对 RNA 病毒感兴趣的议题。在当时，尽管有一些零星的证据显示，不正常的或者突变的基因可能是导致癌症发生的决定性因素，但是在缺乏许多直接证据支持的情况下，对突变的基因存在于癌症中并且特异性地导致癌症的形成这个观点，科学界中大多数人仍持怀疑态度。问题是，当有如此众多的、数以万计的基因存在于人类和动物的细胞中，我们又该如何去寻求答案呢？无论携带的基因是 DNA 还是 RNA，癌病毒都将简化这样一个复杂而难以对付的问题。基于大多数的癌病毒被认为仅携带为数不多的基因——少于 5 到 10 个基因，我们似乎可以弄清楚是否存在以及存在多少个这样的基因，能够在事实上导致癌症的形成。这样一种技巧甚至可能帮助我们找到细胞内相似的基因，而这些细胞基因或许与人类的癌症有着直接的关联。

事实上，我以后在 UCSF 的 23 年中作为科学家所完成的每一件事，皆能和我对这两个中心问题的好奇心相联系。RNA 病毒——其中一种特定的 RNA 病毒，劳氏肉瘤病毒（Rous sarcoma virus）——被证明是用来提问这两个广义以及许多比较狭义的问题的一个富有成效的切入点。这些问题吸引我们——我自己、我的学校同事和我们的受训人员，一起来探索现代生物学中最令人兴奋的一些领域，诸如：DNA 合成和重组，基因表达（RNA 和蛋白的合成与加工），生物进化过程中遗传物质的改变，能够让外来信号改变一个细胞生物表现的生物化学通路，以及能够影响疾病诊断和治疗的癌症的遗传学基础。

这些涉及肿瘤病毒学的诸多成果，可以用不同的指标诸如效率、洞察力、重要性甚或美学价值来衡量。当然，我并不企图在此细述工作的每个方面，而是聚焦于最重要的、让我们荣获诺贝尔奖的故事情节，即发现具有致癌潜能的基因。但即便这样的故事在严格意义上也不能平铺直叙。为了有任何层次的深入了解，我们有必要知道一些分子生物学及其方法，略懂一点 RNA 病毒是如何复制的，以及多了解一些在我们的重要发现之后并最终确立其重要性的后续工作。

那么，我们的发现究竟是什么呢？用一个简单的轮廓来说明是这样的：劳氏肉瘤病毒有一个基因称为 v-src（病毒型-src），这是一种完全能够引起癌症的病毒基因。我们在正常的鸡和许多其他动物的染色体上发现了一个非常相像的基因，称为 c-src（细胞型-src）。这个正常基因被劳氏肉瘤病毒的一些良性前体窃去并被改造成一个病毒型癌症基因（即病毒癌基因）——其中至少一部分原因是因为在其染色体上出现了相应的核酸顺序的改变（突变），这种突变改变了它所编码的蛋白质的性状。现在我们称 c-src 为原癌基因，是因为它具有通过被病毒俘获或者通过突变（包括没有病毒参与但可能影响其基因的突变）而变成一个致癌基因的潜力。诺贝尔委员会通过引用我们的“发现了 RNA 病毒癌基因的细胞起源”而总结了这项工作。

但是为什么 c-src 的发现被证明是值得获得诺贝尔奖的呢？其中至少有两个原因：第一，因为 c-src 正好是许多细胞型原癌基因中的第一个。其他三十多个原癌基因就是用多少与此相类似的方法加以发现的——即通过在细胞的 DNA 中发现一个与逆转录癌基因紧密有关的基因，以后通过其他的一些途径有更多的原癌基因被发现了。第二，因为许多原癌基因在医学上有重要性：当它们出现突变的时候，它们会帮助那些正常的细胞转变成癌细胞，包括人类的癌症。

这或许已经足以在 1989 年让诺贝尔委员会信服了。但故事并没有到此结束。近几年，在我们获奖之后，那些突变的原癌基因以及它们所编码的蛋白质，已成为尤关重要的工具，用于肿瘤的分类以及作为药物和抗体的颇有希望的靶点——这些治疗在一些场合已被证明对相当数量的癌症颇有疗效，包括白血病和淋巴瘤、肺癌、消化道癌症和肾癌以及乳腺癌。在本书的这一部分，我将会对其中的一些发展作出解释。

## /佩顿・劳斯和 RNA 癌病毒的起源/

我在 NIH 培训的两年期间，已经了解了一些我在 1970 年驱车赴加州而要去进入的那个科学领域的历史。但当时我还不知道发生在 60 年前的，在一个叫佩顿·劳斯的年轻医生新建立的实验室里所发生的具有开创性意义的事件。其时，劳斯刚加入位于纽约市的洛克菲勒研究所（现在是洛克菲勒大学）。他在那里工作，直至去世——恰好发生在我穿越美洲大陆的那一年。在 1909 年抵达纽约之后的相当短的时间里，劳斯便发现了这一足以令其名字不朽的病毒——劳氏肉瘤病毒，或称 RSV——它将在 RNA 癌病毒的研究中具有举足轻重的作用，并在我自己的实验室工作以及我最亲密的同事们的工作中占据一个核心的位置。

在当年劳斯获得重大发现时，人们对病毒所知甚少。对病毒的一个明确的定义就是它们的大小：它们小到可以通过能够阻止细菌通过的过滤器。而细菌则是较大的微生物，是当时最为深入研究的疾病感染源。另外，人们已经认识到病毒是寄生物，它们不能自己生长，因此它们必须依赖别的细胞——动物的、植物的或是细菌的，这取决于病毒的种类，以使它们能够增殖。为了找到能够引发癌症的病毒，并作为一种方法来质询癌症是否具有感染性，劳斯决定从动物的肿瘤做起。他假设，如果癌细胞正在生产导致癌症的病毒，那么他就能通过这样的方法来证明病毒的存在，即：把肿瘤碾碎，把提取物用过滤器去除掉动物细胞和细菌，然后把过滤得到的物质注入另外一个动物，来观察它能不能诱导出一个新的肿瘤。

令人惊讶的是，他成功了！在他职业生涯非常早期的阶段，劳斯作出了一个甚为杰出的发现。在 1910 年 4 月给研究所上级的报告中，31 岁的劳斯写道（在他罗列的几个研究项目中位列第四）："我已经将一种草鸡的梭子型细胞肉瘤*传递到第四代了［通过从一只鸡接种到另一种鸡］……这些肿瘤长得极快，它们浸润、转移并且持续不断。对它的实验还没有开始。"但是到了 1911 年 1 月份的时候，这项研究已经把所有其他的项目排除在外。他写道："通过不含有鸡细胞的过滤物接种，鸡的肿瘤已经被传

* 这是一种来源于结缔组织细胞的肿瘤，如纤维细胞或者肌细胞前体等。

了好几次了。”这些病毒，他解释道，“会穿透能够阻挡灵杆菌（Bacillus prodigiosis）* 的伯克菲（Berkefield）过滤器……现在研究工作已经在做自然状态的鸡肿瘤的接种，并试图找出这种病毒的特征。”

劳氏肉瘤病毒就这样被发现了，尽管当时还没有办法直接看到——在几十年之后的电子显微镜发明之前，病毒不能被肉眼观看到。不幸的是，因为手上没有现代生物学的方法，这项劳斯已经准备好要推动的工作并没能够超越发现病毒这件事。当时，劳斯可能早在 10 年之前就已经知道孟德尔的遗传定律被重新发现的事，以及有关基因的概念——这是一种神秘的、能够决定一种生物多样性状的东西。但是当他试着去做他的病毒的研究时，有关基因的组成以及基因、病毒基因或者细胞基因的复制和表达以产生蛋白质，都没有任何资料信息可以提供。非常简单地，当时根本没有可能去多加以思考病毒是如何复制的，或者它们是如何引起癌症的，就像他所描述的梭子型细胞肉瘤等问题。因此，他只能去探索癌症研究的其他方面，包括研究另外一种肿瘤病毒，即导致兔子生疣的 DNA 的肿瘤病毒。具有讽刺意味的是，对于他发现的病毒最终能够帮助他揭示癌症的遗传起源理论，他最后竟成了一位反对者，而不是一个支持者。

劳氏肉瘤病毒的发现，为后来的许多发现铺平了道路，包括病毒癌基因、原癌基因以及其他众多的一大类病毒如人体免疫缺陷病毒（HIV）、劳氏肉瘤病毒以及许多其他的逆转录病毒的复制战略的基本特征。但是即使在所有这些以后的发现之前，人们也没有把劳氏肉瘤病毒和佩顿·劳斯遗忘。在他关键的实验完成 55 年之后，劳氏肉瘤病毒终于在 1966 年为他赢得了诺贝尔奖。那年，他已经 87 岁。

## /RNA 肿瘤病毒在感染的细胞中永恒存在：反转录酶/

1969 年，我从 NIH 曾教过我病毒学的其中一位科学家约翰·贝德那

* 这是一种比动物细胞小很多的细菌。

里了解到在病毒学家中已经持续好几年，有关被霍华德·特明称为原病毒假设的激进理念的争辩。霍华德·特明的这种理念或许在原则上能够解决一个谜：病毒基因是如何能够永久地存在于受到 RNA 肿瘤病毒感染的细胞里的呢?

特明那时还只是威斯康星大学的一个年轻教员。在 20 世纪 50 年代后期，当他还在加州理工学院与哈里·鲁宾一起做博士后时就已经脱颖而出成为在肿瘤病毒学研究方面的一颗新星。尽管我直到 70 年代早期才和霍华德认识，但我几乎即刻可以想象出在他那个狂妄而又最富有创造性的阶段他会是个什么模样，因为他始终保持一种朝气蓬勃的、具有感染力的状态。他在辩论有关他的实验以及实验结果的所有可能的解释时的那种激烈的程度，一直持续到他过早地夭亡。鲁宾则年长并有点郁郁寡欢。我遇见他是在 1969 年我在寻找博士后职位期间。他接受的训练是如何成为一个兽医，他意识到那些能够引发疾病的病毒有多么重要，因为那将会影响到禽类的股票。他是仅剩下的仍对劳氏肉瘤病毒保持兴趣的人。而佩顿·劳斯自己对此已经失去了信心。在劳氏肉瘤病毒具有影响力的那些年里，对肿瘤病毒学仍保持活跃状态的许多人，都在加州理工学院或者加州大学伯克利分校的鲁宾实验室里接受训练。但是，就如从我自己对他实验室的访问时所获知的那样，鲁宾并非是霍华德的原病毒假说的狂慕者，总的看来，他对细胞习性的分子解释持一种不赞成的态度。

在几年之前，特明和鲁宾两人一起把劳氏肉瘤病毒可能导致癌症的潜在性研究推向一种量化的科学。在 1957 年，他们发表了一种方法，能够在病毒的准备过程中用来计数有感染性、具有生物学活性的劳氏肉瘤病毒颗粒数。这种计量（或者测试）方法是基于这样一种事实，即被一个具有感染力的病毒颗粒感染的一个鸡胚胎细胞，当生长在一层别的类似的细胞的玻璃培养皿中时，在细胞的外表和生长特征上会产生一个显著的变化，称为“转化”。不同于以前存在的用来测试其他种类动物病毒的方法（它们把受感染的细胞杀死），这种新的测试肿瘤病毒的方法能够记录下增强的细胞生长力——过度生长的细胞会长成一种突起或者“病灶”，而不是一个由死去的细胞留下的空白。

在受到病毒颗粒感染后的几天之内，一个原本正常伸开的扁平细胞会变成圆形的鼓起，不断分裂，从而变成一个迅速生长的具有恶性肿瘤细胞特征的细胞堆起物，包括具备在动物身上成瘤的能力。通过测试逐级稀释的病毒准备溶液和计数，根据所谓的“转化”后的病灶的个数，就可以测定出在原始准备溶液里的具有转化能力的病毒颗粒数。更进一步地，被劳氏肉瘤病毒转化的细胞产生的具有感染性的病毒颗粒是永久性的；新产生的病毒可以立刻感染紧邻的细胞，因而使病灶的形成大大加速，尽管细胞是被一层黏黏的琼脂覆盖着，以防止病毒任意扩散到培养皿中所有的细胞中去。因此，任何来源的在接种液中具有感染性的、能引起癌变的劳氏肉瘤病毒颗粒的个数，现在都可以通过计数受转化的病灶的数目来测定了。

通过这种新的方法，使用在培养皿中的鸡的胚胎细胞，特明和鲁宾向人们展示，人们可以在一个星期左右的时间之内，对劳氏肉瘤病毒的两个主要特征——病毒的增殖（复制）能力和引起细胞癌变的能力（转化）完成定量的测试分析。这两个性状——增殖和转化，对任何严肃思考 RNA 肿瘤病毒的人以及对于吸引我和其他许多人去研究这些病毒的问题的人来说是最主要的。

在 20 世纪 60 年代早期，特明根据一些蛛丝马迹的证据、巧妙的直觉以及强烈的自信，提出当一个病毒颗粒进入到一个细胞中时，RNA 病毒的单链 RNA（实际上是它的整个的“基因组”，即所有病毒颗粒中遗传信息的总和）被转变成双链的 DNA。特明争辩道，在病毒感染过程的后期所形成的 DNA 被插入到其中的一条染色体中，组成一个“原病毒”，即一条整合进去的病毒 DNA 片段，然后当细胞分裂时，它就与其他的细胞 DNA 一起变成永久性的了。更进一步地，原病毒的 DNA 隐藏在一个细胞的染色体中，像其他任何细胞基因那样，可以被用来指导生产新病毒颗粒和把细胞转化成癌变状态所需要的 RNA 和蛋白的合成。因此，原病毒的假设可以用来解释劳氏肉瘤病毒的一些奇异的特点，特别是它能够永久性地改变细胞的表现，尽管在病毒颗粒中，它只含有不稳定形态的核酸 RNA，而不是稳定形态的 DNA。

原病毒理论假说，在那个阶段只是一个异数，最多只能说这一假说仅受到很微弱的证据支持。普遍的意见则认为，它是一个异端邪说，因为这个假说提出病毒基因能从 RNA 转变到 DNA，因而它遇到了阻力，就如我在前面写道的，遗传信息在生物系统里的流动是从 DNA 到 RNA 再到蛋白——就像弗朗西斯·克里克在他的分子生物学的中心法则中描述的那样（见图 4—1）。更为重要的是，原病毒假说缺少两个支持它的关键要素，一是没有已知的酶能够把 RNA 拷贝到 DNA，二是所假设的原病毒 DNA 还没能够在受感染的细胞中令人信服地检测到或者分离到。当我在 NIH 与艾拉·帕斯坦一起时，我希望在我的细菌乳糖操纵子的研究中使用的分子杂交，也许可以用来直接、明确地测量原病毒的 DNA，因而帮助解答这个重要的论战。* 但是，这还是不能解决病毒 DNA 是如何合成的这个问题。

关于特明原病毒假说的辩论在 1970 年的春天达到顶点，此时正逢我和康妮俩人准备前往加州和 UCSF。当时在麻省理工学院任职的大卫·巴尔的摩（David Baltimore），和霍华德·特明及他的一个研究生水谷正俊（Satoshi Mizutani），首先在一个重要会议上，旋即在《自然》杂志紧挨着的两篇文章中宣布，他们已经发现，不是在细胞中，而是在病毒本身当中的一种酶，可以把一个 RNA 肿瘤病毒的 RNA 基因组复制成 DNA。在这些实验中，特明使用了经典的病毒——劳氏肉瘤病毒；巴尔的摩则使用了同一类型的另外一种能够引起鼠白血病的病毒，称为鼠白血病病毒，或简称 MLV。

---

* 如在第 3 章所叙述和图解的那样，分子杂交技术是基于单链的核酸，RNA 或者 DNA，在核酸的顺序完全或者接近完全互补时，通过核苷酸配对，A 和 T，C 和 G，形成双链的能力。

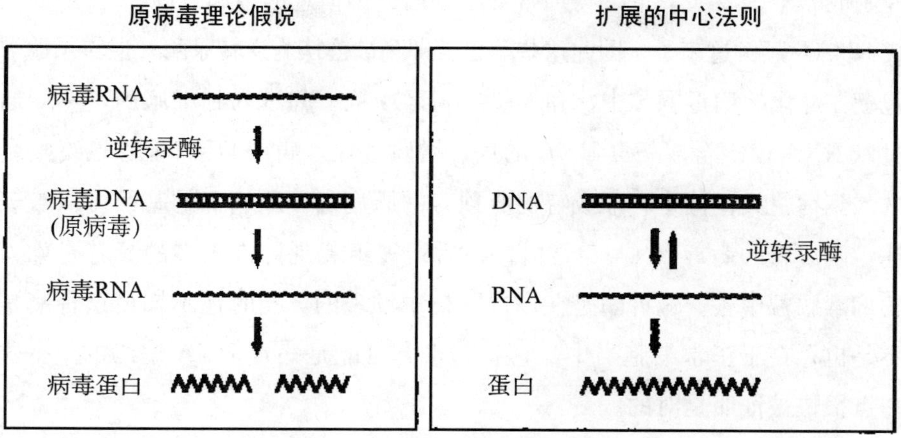


图 4—1

原病毒理论假说要求病毒 RNA 被复制成双链的 DNA，即原病毒，从而扩大了细胞中的遗传信息，也因此使得中心法则（右图）变得复杂。一旦在 RNA 肿瘤病毒颗粒中发现有能够把 RNA 制成 DNA 的逆转录酶，就会清晰地看到病毒增殖周期开始出现（左图）。在感染性颗粒中的病毒 RNA 在感染的早期被复制成 DNA，病毒 DNA 而后参与到一条染色体中。随后，许多病毒 RNA 拷贝被制作出来。病毒 RNA 可以被翻译成大量的病毒蛋白，也可以被新合成的蛋白包装到新的感染性病毒的颗粒中。因此，只要细胞维持活性，一个病毒颗粒一天可以制造上千个新的病毒颗粒。

巴尔的摩的实验基于所受到的灵感，主要的部分，不光是来自特明的假说，也来自他作为一个分子病毒学家的经验，因为他一直以来都在从事研究其他许多种并不引发癌症的 RNA 病毒。在病毒感染的过程中，有一些病毒所利用的增殖的方式，要依赖于一些病毒所编码的并携带进入细胞中去的酶。也就是说，这些酶（能够复制病毒 RNA 以便制造出更多的病毒 RNA）是和具备感染力的病毒颗粒待在一起的，而不是在感染之后在细胞里生产的。这项工作主要的部分，是由巴尔的摩与他的从事狂犬病病毒研究的妻子爱丽丝·黄（Alice Huang）一起共同完成的。这些研究促使他进一步思考，支持原病毒假说所需要的酶也许可以从分离出来的 RNA 病毒颗粒上找到。

这两个实验室在 RNA 肿瘤病毒颗粒上找到的这些酶能够把病毒 RNA 翻

译制成 DNA。因此，它使得通常观察到的遗传信息的传递（DNA 被翻译制成 RNA）颠倒过来了。因此这些酶也就即刻被公认为逆转录酶。逆转录酶被包裹在纯化的病毒颗粒中，和入侵的病毒颗粒一起进入到细胞内，然后通过以 RNA 模板合成病毒 DNA 的病毒增殖过程，病毒 DNA 能够最终整合嵌入到宿主染色体中，形成特明所预言的原病毒。原病毒的基因可以被表达，制成新的病毒 RNA 和蛋白，以后即被组装到许许多多的具有感染力的病毒颗粒中去。这种酶是在病毒颗粒中发现的，当时还不知道这种酶是不是也存在于正常细胞当中，它看起来有可能是病毒 RNA 编码的——这一点很快被证明是对的。

在现代生物学史上所有最为激动人心的事件中，逆转录酶的发现可谓精彩绝伦。1975 年，在逆转录酶发现后仅仅 5 年时间，特明和巴尔的摩就因此获得诺贝尔生理学或医学奖。* 为什么逆转录酶的发现是如此的激动人心呢？首先，它阐明了分子生物学中心法则的含义。传统的遗传信息的流向“从 DNA 到 RNA 到蛋白”是中心法则的精髓，因此，对某些人来说，信息的流向可以从 RNA 到 DNA 的发现看似违背了这个法则。但是，在逆转录酶发现后不久，弗朗西斯·克里克，这个中心法则的大师指出，他从来也没有排斥 RNA 可以被用来作为遗传信息的来源制作 DNA 的这种可能性。他只排除了蛋白可以被用来作为信息的来源制作核酸（RNA 或者 DNA）的可能性。随着逆转录酶的发现，现在非常清楚，从 RNA 到 DNA 的遗传信息的逆向流动是可能的。而且，当 RNA 病毒感染细胞的时候，这似乎就是这样发生的。当然，这个“逆向”的特性代表了口语上的酶的名称。** 遗传信息不是朝着习惯上的方向，而是从 RNA 到 DNA 逆向流动的概念，也被反映到新的、目前已被普遍使用的 RNA 肿瘤病毒的命名：逆转录病毒。

---

* 特明和巴尔的摩与索尔克研究所的雷纳托·杜尔贝科（Ronato Dulbecco）分享该奖，雷纳托发现某些 DNA 肿瘤病毒的基因组通过寄宿也能存留在细胞染色体中。

** 在这里如果使用法定的名称会太累赘了，即使专业的科学家也很少用它。

由特明和巴尔的摩在 1970 年发现的逆转录酶，在总体上对分子生物学特别是对癌症研究方面，产生了深远的影响。举例来说，逆转录酶证明对于生物科技产业的成长起着关键的作用。重要的是，它能使信使 RNA（mRNA），即指导蛋白合成的 RNA，直接被复制成 DNA。新合成的 DNA 又可以被用于不同的方面：可以被大量地扩增在细菌或者其他的细胞里，指导合成大量的蛋白，包括医学上重要的蛋白，比如胰岛素或者生长激素；以及用以制作放射性的 DNA，可以作为基因特异性的探针，应用在许多种类的实验当中，特别是分子杂交测试。*

## /在受感染的细胞中发现病毒 DNA/

逆转录酶说服了大多数的怀疑论者开始接受特明的原病毒假说。而在这之前，还没有任何人能够令人信服地直接在受感染的细胞中通过分子杂交的方法测量病毒 DNA。我曾雄心勃勃地想用这种方法来证明原病毒假说，反转录酶的发现却从我的雄心风帆上带走了不少风力。尽管如此，新的酶仍然证明它对我的科学未来是一个决定性因素。它提供了一种方法能够用来制作 RNA 肿瘤病毒基因组的 DNA 复制物。如果带放射性的 DNA 的组装零件（核苷酸）被用于酶反应里面，则合成的 DNA 复制物也会是带有放射性的，并且很容易被测定。这些 DNA 复制物在分子杂交实验当中是关键的探针，仅在几年之后我们就找到了第一个原癌基因。用逆转录酶制成的放射性探针对测定新合成的病毒 DNA 和测定整合到受感染的细胞中的原病毒实验——我最初设定要在加州做的实验，起到了关键性的作用。由于当细胞被劳氏肉瘤病毒和别的逆转录病毒感染期间，病毒的 DNA 是可以被测定和定性的，这样就有可能去推断病毒 DNA 是如何在受感染的细胞中合成的，并了解它是如何整合进入宿主细胞的染色体中，从而形

---

* 逆转录后来又被发现也是其他病毒（比如 B 型肝炎病毒）增殖战略的主要特征；逆转录也是染色体末端（端粒）保持完整的重要的机理；它是人和其他动物、植物和简单生物如酵母菌等的基因组中某些已知 DNA 片段复制扩增达数千倍的推动力量。

成原病毒。这些方法加上其他的一些步骤，使我们可以通过经典的中心法则的分期，即从原病毒 DNA 到病毒 RNA 到病毒蛋白，来追踪病毒基因的表达。

但是，很快我就知道，要探测被一个逆转录病毒感染以后的动物细胞中由逆转录酶合成的新的病毒 DNA 分子，任务非常艰巨。一个病毒 RNA 分子有大概八千多个核苷酸，它被复制合成一个大致相同长度的 DNA 分子。可是，这个病毒 DNA 在其中合成的细胞（比如鸡的细胞）却有大约 20 亿个 DNA 核苷酸，差不多是病毒 DNA 的一百多万倍。因此，探测这样相对非常少量的病毒 DNA 就像大海捞针一样。成功的两个条件缺一不可，一是强烈的信号——利用逆转录酶从病毒 RNA 复制过来的高放射性 DNA 探针，二是高度的特异性。特异性是通过分子杂交达到的，它要求放射性探针与来自细胞的 DNA 之间准确的碱基配对以形成被测定的双链的分子（见图 4—2）。

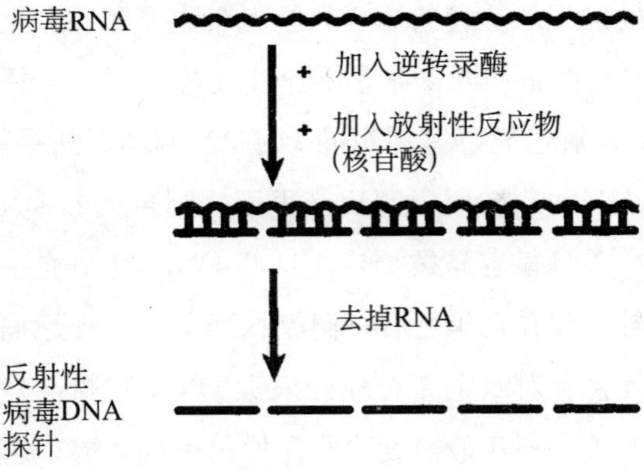


**图 4—2**

逆转录酶和同位素标记的核苷酸用来合成病毒 RNA 的短的放射性 DNA 拷贝。把碱基配对的 RNA-DNA 杂交体上的 RNA 去掉之后，很容易就能测试到的 DNA 可作为一种探针用来度量细胞中的互补的 RNA 或者 DNA，这些会在本章和以下的章节中讨论。

但是，在劳氏肉瘤病毒感染的细胞中测定新合成的病毒 DNA 这样的实验，表面看起来是可行的，但做起来却很困难，原因是我根本没有预想到的：原来正常鸡的细胞的 DNA 本来就与感染的病毒 RSV 的 DNA 很接近。这意味着放射性的 RSV 探针将会与来自没有感染的细胞的 DNA 杂交上，产生背景信号。这样就使得来自 RSV 感染的细胞中的新合成的 RSV 的 DNA 小量的信号增加难以被检测到（事实上也是这样）。

## /内源性的原病毒/

检测在受感染的鸡的细胞中新合成的 RSV 的 DNA，除了技术上的挑战之外，潜藏着更深一层的问题。在正常的细胞中出现与 RSV 相关的 DNA，这到底蕴涵着什么意思呢？这些类似病毒的 DNA 是怎样到达那里的呢？在整个 20 世纪 60 年代，随着检测 RNA 肿瘤病毒及其蛋白的方法的改进，比如能够与鸡或者鼠病毒反应的抗体的制作成功，一些研究人员注意到，从正常胚胎来源的细胞，可以产生或者可以被诱导产生这样的蛋白，甚至产生包含这些蛋白的具有感染力的颗粒。这种发现实在太普遍了而不至于被忽略掉，因而有一种公认的意见，即动物必定含有“内源性”的 RNA 肿瘤病毒，也即病毒的遗传物质，对正常染色体是一种内在性的，可以通过生殖细胞传递到下一代。在当时，很难去了解这些基因在动物的染色体中是如何组织的，或者它们为什么会来到动物的生殖细胞里。但是，不管它们的起源如何，它们似乎是通过动物的连续传代而传递的，因而它们必定是染色体的一部分。

许多年之后，我们知道了这些在细胞染色体上的内源性的病毒基因组织就像在实验培养皿里的受感染的细胞中产生的原病毒一样。基于这个和其他的理由，我们现在相信，大多数的“内源性的原病毒”是在许多代之前，当某些逆转录病毒设法感染了动物的生殖细胞（卵子或者精原细胞）的时候，由逆转录酶合成的。事实上，借助现代从各种生物体检测 DNA 的方法，目前已经弄清楚：实际上所有的有核细胞的染色体，从酵母到人，都含有无序的成百上千的“内源性的原病毒”以及别的 DNA 碎片，迹象显示它们是由一种逆转录酶合成的。尽管这些类似病毒的 DNA 的目的及意义仍是个谜*，但它们的存在能够并且确实在20世纪70代早期把我们在检测新感染的细胞中病毒DNA的合成的努力搞乱了。（内源性原病毒还影响了揭示原癌基因的实验设计，我将在下一章中叙述。）

为了排除内源性的病毒DNA对于在受感染中新合成的DNA的测量的干扰效应，我们采取了一个现在看起来是显而易见的步骤：我们要找到对RSV易感性的正常细胞，同时在它们的细胞染色体中测不出与RSV有关的DNA。比如鸭的胚胎细胞被证明是一个理想的宿主细胞。鸭的胚胎细胞尽管携带有内源性的原病毒，但它们和RSV没有什么关系，不至于会干扰使用放射性RSV的DNA探针的分子杂交实验。非常庆幸的是，受精的鸭蛋在佩塔卢马（Petaluma）的农场里非常容易找到。佩塔卢马农场为住在旧金山附近湾区的庞大的中国人群提供服务。这些鸭胚胎很大、很方便，从鸭胚胎而来的细胞对RSV病毒又十分易感。通过测试感染后的病毒DNA，我们能够显示（通过好几年的工作）DNA是在受感染的细胞的细胞质里而不是在细胞核里合成的；DNA是从细胞质里转运到核里面去的，在核里面环状和直线状的DNA同时可以被观察到；直线状的DNA最后链接到（整合进）宿主的染色体DNA上，这样就使得它能够永恒地保留在后代的细胞里，正如同特明所预言的那样。

### /原病毒的整合/

但是，这种连接整合究竟是在染色体上的什么地方发生的呢？病毒DNA是怎样在每个连接点上布置的呢？病毒和细胞的DNA之间的连接是怎样做到的呢？要回答这些问题，需要有其他的处理方法。对某些实验来说，使用别的宿主细胞，比如源于鼠类（小鼠或者大鼠）的细胞是有帮助的。这些细胞也没有RSV相关的DNA，但是它们尚有另外一个有用的特点：在受感染之后，细胞会被转化，也即它们会获得肿瘤的生长特性和外表，但不会产生RSV。这里的意思是，这将会比较简单，或者说，这项研

* 这种状况，在《纽约人》杂志2007年12月7日期里，由迈克尔-斯贝克特（Michael Specter）所撰写的题为《达尔文的惊奇》的文章里被很好地总结了。

究中我们的合作者彼得·福格特（Peter Vogt），做的至少使它看起来比较简单，即分离单个受感染细胞的后代（克隆）。通过使用许多这样的克隆，使得我们分析原病毒 DNA 变得可能，我们可以测定它在染色体中的位置和它的内部的组织结构。

从这些研究中出现两个重要信息。第一，病毒 DNA 可以进入到染色体上的许多地方。想象一下，把一段新合成的病毒 DNA 比作是掉入地球的一颗导弹。如果这颗导弹可以落到任何地方，那么随机性以及每个目标的大小就决定了它会着陆在一个城市，或者一个农场，或者荒郊，或者海洋。在每个例子里，这颗导弹最终会掉落在地球上，但对它周围的影响力则会极其不同。但是，如果这颗导弹是特异性地靶向许多城市或者一个城市，那样落地之后的结局对所有的例子将会是一样的，或者差不多是一样的。现在，我们已经知道逆转录病毒的整合几乎是随机性发生的，可能发生在几百万处的其中任何一个位置。这种杂乱无章对于逆转录病毒感染的后果来说有它的重要含义，这在以后会更清楚，当我们思考一下新的原病毒的位置如何可以影响临近的原癌基因时。

第二，原病毒 DNA 有一个统一和对称的外表。在整合的 DNA 中，病毒的基因总是以相同的次序排列。这种相同的次序同时在病毒 RNA 和在整合之前的线状的病毒 DNA 上被发现。这表明，线状的而不是环状的 DNA，是整合的分子，我们知道这是正确的。对于我们的故事更为重要的是，原病毒有一个没有被预见到的极为惊奇的物理特性：在原病毒的两个末端存在着同样长度的核苷酸顺序，称为“长末端重复”或 LTR（见图 4—3）。在病毒 DNA 末端的这个顺序是由存在于病毒 RNA 两个末端的顺序所组成的。这一点听起来很复杂（确实是这样），不过，这也表明，逆转录过程呈现出以前我们没有预见到的一个十分有趣迷人的方面。在不久以后我们会看到详细的研究，我们不必在这里复习确认逆转录酶利用多种的诀窍从病毒 RNA 的末端来合成长末端重复顺序。

这对研究 DNA 是如何合成的专家来说会感到特别有兴趣，同时，这

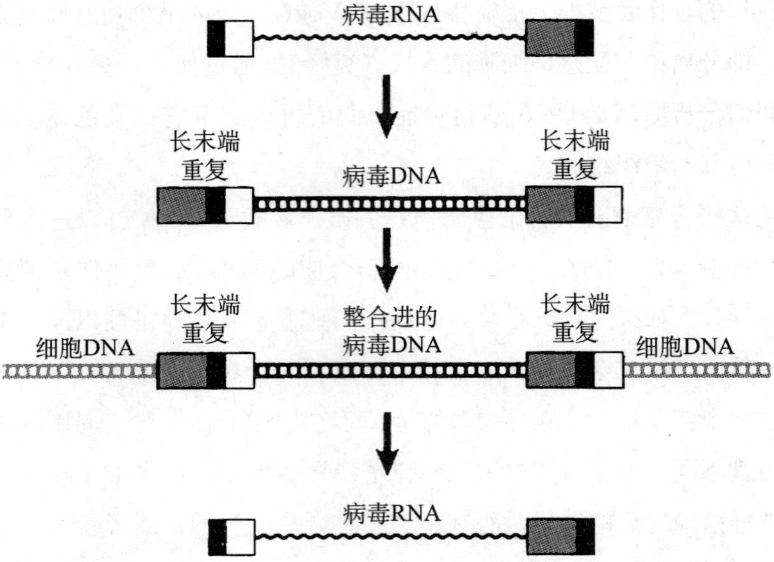


图 4—3

逆转录原病毒（整合进的 DNA，从上数第三行）有一个特殊的结构，在两端都有一个长末端重复顺序（LTRs）。这些结构也同时存在于整合进的原病毒线性的 DNA 前体上。它们存在于病毒 RNA 的末端，含有能够决定病毒 RNA 在哪儿开始、哪儿停止的信号，如图中卡通方框画的那样。

里也包含了一个更为普遍的信息，即逆转录病毒原病毒是由逆转录酶合成的 DNA 产物，它在结构上有一个不易疏忽的记号——长末端重复（LTRs）在两个末端。如果一个染色体的 DNA 区域有这种 LRT 记号，很有可能它来源于逆转录病毒感染。相反地，当这个记号不存在时，这个 DNA 可能是以别的一些方式来到染色体中的。*

* 我们实验室的早期研究工作，像病毒 DNA 的合成和整合、带有长末端重复（LTRs）的原病毒的结构、内源性的原病毒和其他有关的课题，是在好几年的时间里，由博士后研究员和研究生组成的一个极其出众、志趣相投的团队所完成的，包括罗摩雷帝-庚塔卡（Ramareddy Guntaka）、史蒂芬·休斯（Stephen Hughes）、彼得·享克（Peter Shank）、沈茜瑾-康（Hsien-Jsien-Jien Kung）、芭芭拉·贝克（Barbara Baker）、约翰·梅杰斯（John Majors）、罗昂·斯旺斯特洛姆（Ron Swanstrom）、克瑞格·科恩（Craig Cohen）、莱瑞·多尼豪（Larry Donehower）等人。尽管我的故事的重点会马上转到原癌基因上去，但这种集体性的愉快的感觉和我们在这一领域里的实验努力的成功是毫不夸张的。

了解了逆转录病毒在病毒生长周期里的重要性后，有必要指出有关病毒 DNA 的整合的最后一个问题。细胞里有许多酶可以切割 DNA 并把它粘连在一起，因此可以想见，逆转录病毒可能获得这样的酶来作为连接病毒 DNA 到染色体的一个媒介。但是病毒 DNA 的整合是一个效率很高和非常特异性的过程，所以发现逆转录病毒已经发展了它们自己的经过更新的工具来完成这一过程一点也不惊讶。到了 20 世纪 80 代中期，我们中的一个小组，包括迈克尔·毕晓普的一个研究生布鲁斯·博沃曼（Bruce Bowerman）和一个博士后研究员帕特·布朗（Pat Brown）（帕特·布朗是倡导科学文献权益更大进入权益运动的领袖人物，他的名字将会在本书第 15 章中重新出现）证明裸露的逆转录病毒颗粒可以在试管里面进行连接整合反应。后来，几个实验室的研究工作证实，绝大多数对于切割和连接所必须的步骤都归因于一个单一的酶，即病毒整合酶。

## /抗逆转录病毒的治疗方法/

认识逆转录病毒是如何增殖的研究带来的一个好处是识别用于反病毒的潜在靶向治疗方法。这在 70 年代，当大多数的研究已经完成，已知的逆转录病毒仅被限制在那么几种动物身上的时候，人们是不常讨论它的治疗方法的。但是在 80 年代，致命的逆转录病毒——人类免疫缺陷病毒（HIV）的发现则改变了所有这一切。每一个本来研究动物逆转录病毒增殖的研究人员很快就意识到，研究逆转录病毒的分裂周期，可以用来发现药物的靶点，可能被应用于治疗被感染了人类免疫缺陷病毒（HIV）并正在受罪于称为获得性免疫缺陷综合症或艾滋病（AIDS）之疾的病人。大多数目前正在使用的抗 HIV 的药品就是抑制逆转录酶的。有几种药物则是通过阻断另一种我没有讨论过的逆转录病毒的酶，即病毒的蛋白酶而起作用。这几种药物能够切断用于制作病毒颗粒最后组装物的病毒蛋白。前不久，一种病毒整合酶的抑制剂也被获准用于治疗人类免疫缺陷病毒（HIV）的感染。这是说明人们为什么会孜孜不倦去探求病毒复制的神秘机制的又一个典型例子。

1970年对逆转录酶的发现，就像其他许多重要的科学上的进展，不光是标志着对终点线的穿越，也是又一个新的起跑点的开始。人们开始去检测其他有关逆转录病毒的各个方面，如它的复制周期、病毒DNA的整合、内源性原病毒的性质和分布以及发现潜在的靶点药物用以治疗受到人类免疫缺陷病毒（HIV）感染的病人。更进一步地，我们很快就会看到，它在寻找病毒癌基因的起源和原癌基因的发现过程中也起到了一个关键性的作用。

# 第5章　劳氏肉瘤病毒癌基因及其原癌基因

一项研究的开始
通常起始于一样东西
它能在你的幻想中
撞击出一个火花
这种东西
你不知道它是什么
好像特别的诱人
使人神魂颠倒
让你跃跃欲试
想去找到它
一半是它本身的重要且迷人
一半是你的信心
你坚信你一定能找到它
这就是火花迸发的地方
一种坚定的信念
你可以实际上找到它
这给了你一种特殊的激动
不可拒绝
有一个闪光
就像爱情
你知道
它就在里面

——威廉·库珀（William Cooper）《艾伯特·沃兹的战斗》（*The Struggles of Albert Woods*）（1952年）

1970 年，我和康妮一起离开 NIH 和华盛顿到加州大学旧金山分校去，在癌症研究方面开始了新的征程。那时，很少有人知道癌症是如何产生的，因此很难用分子生物学的术语去认真地思考癌症。

作为一个医生，同时作为一个家庭医生和一个与乳癌抗争的妇女的儿子，我非常清楚，癌症对于许许多多家庭，对于世界范围内的人们所造成的致命伤害有多深。但是我对癌症研究的承诺需要超越公共健康的统计数字和个人情绪化的激情。我需要去感觉，一定会有新的机会去发现一些东西。威廉·库珀小说中的化学家艾伯特·沃兹（Albert Woods）的箴言，某种东西需要“在你的幻想中撞击出一个火花”。对我而言，这来自我已经看到了进行实验的潜力，那种能够在动物身上引起癌症的病毒所具有的潜力。当然，并非只有我一个人看到了这种潜力。但是，既然癌症成了这样一个激动人心的研究领域，就会很容易地明白为什么它会不断地博得对于在细胞生物学、发生学和医学中的广泛领域里的问题感兴趣的科学家们的注意了。

## /癌症研究的吸引力/

癌症是自然界发生的一种谜，它是一种疾病，能直接地改变生物学的基本单位细胞的表现——它不是去摧毁细胞，而是授予它们超出正常的更多权利，去做许多细胞必须要正常做的事情。绝大多数细胞在该生长的时候生长，在该分裂的时候分裂，癌细胞则是在不合适的时候去生长、去分裂。绝大多数细胞完成了有用的服务之后，在某个节点上就会程序化死亡（或称为凋亡）；癌细胞则继续存活，因为它们失去了死亡的潜力。绝大多数细胞不会去行使建立新血管的能力；但是许多癌细胞则发出信号，去建立新血管，以保证生长的肿瘤有充分的氧气和营养供应。许多细胞可以按照一种有序的对信号的反应而运动；癌细胞的局部运动则茫无目的地超越它们的正常边界，而且它们有时候可以扩散去侵犯远处的组织，产生致命的转移。所有这些获得性的特征，意味着在正常的情况下，在受到控制的状态之下，癌瘤的生长变大不能按照规则保持我们的组织和器官。

癌症实际上可以在身体里的任何种类的细胞中发生，并展示出广泛的各种各样的性状，呈现出明显的、重要的，有时候却令人手足无措的多样性。但是癌症又被由癌细胞所获得的生长、移动和超乎正常范围的生存力凝聚在一起。我们现在知道，这些常见的特点预兆着一个至高无上的和一再出现的主题：尽管癌症参差不齐，它们却有共同的特性并且由共同的信息通道所引起，涉及可以量化的组成基因的 DNA 变化（突变）。所有这些细胞的基本方面，诸如它们如何正常地发挥功能，它们又如何在肿瘤里面功能变得不正常了，以及它们是如何受基因控制的这些问题，对所有生物学家都极具影响力，且在过去的几十年中已经吸引了他们中的许多人去从事癌症的研究。这在现在更是如此，因为我们已经知道，许多的基因经历了突变而导致癌症。我们是如何知道这些基因中的某些成员的呢？这是我要在这里告诉你们的中心点。

时光倒流到 1970 年，当时我正穿越美洲大陆，搬家到西部去，有几个线索已经指出基因突变在癌症发生中起着重要的作用。举例来说，我们知道在一些家庭中，对于某些种类的癌症的发生有很强的倾向性（像早发性的大肠癌或者比较少见的儿童眼睛的肿瘤——视网膜母细胞瘤）。这些家庭的存在暗示，非正常的基因，即由祖先的生殖细胞中产生的突变所造成的后果，可能被传递给后代，从而刺激肿瘤的发展。但在当时，因为没有现代化的方法来分离和分析人的 DNA，因而人们也没有什么显而易见的方法能够利用来寻找突变的基因，或者能够确切地了解它们是如何使有些人成为癌症易感者的。

另外一些观察则提示癌症和后天发生的遗传损伤有某种联系。事实上，这种幼年期或者成年期在各种不同的组织或器官中的个体的细胞中基因的损伤，相比那些遗传性的突变，对于人的癌症所产生的影响，应该更为频繁、更为重要。（这样的损伤，被称为体细胞型的，因为它只影响体细胞“soma”，而不是生殖细胞，如精子和卵子，比如在遗传型的突变的情况下。）例如，非正常的染色体经常在癌细胞中被观察到，但没有在同一个病人中的正常细胞中出现；这样的染色体损伤，肯定发生在体细胞里，而不是发生在生殖细胞里。已有报告揭示癌症的高发病率发生在暴露于已知的DNA损伤剂的职业人群当中，比如暴露到X射线的放射科医生。在60年代，加州大学伯克利分校的布鲁斯·埃姆斯（Bruce Ames）的研究让整个癌症研究界大吃一惊。他发现某些化学试剂能在动物身上诱导出癌症，也能在细菌系统中引起突变——突变剂和致癌剂看来是差不多的同义词。

## /向癌症的遗传起源迈进/

在1970年，任何有兴趣试图去研究癌症遗传起源的人——在体细胞中或者在生殖细胞中——常被一种纠缠不清的问题所困扰：人们如何能够采用当时所具备的方法，找到并且鉴定突变的基因？仅被某些联系所支持的假设，比如暴露于DNA损伤剂与癌症发生率的增高有联系，在没有能够被更为直接的方法验证之前，比如癌症中的突变基因的鉴定，很难被人们完全认同。但是，当时没有新的技术用于从复杂的生物体的细胞中分离单个基因，要说出在人的细胞中大约有十万个基因中的哪些基因会受到突变的影响，能驱使癌症生成的过程，看来是不可想象的。在缺乏这样的证据的情况下，大多数的科学家并不愿接受根据基因理论的癌症遗传起源的解释。发现某些引起癌症的基因，哪怕就一个，将会极大地加强癌症的遗传学基础这样的想法和促进某些重要课题的研究：比如，这些基因编码了一些什么样的蛋白？在这些基因中发生的改变是如何引起癌症的？是它们使蛋白的功能丧失？或者是它们使蛋白的功能增强？是什么样的突变，是DNA蛋白编码顺序中的简单的改变，如单个碱基的改变，或是更为严重的基因缺失或DNA重组，能够使某些基因变成致癌性？

我们许多人都认为，如果对这些问题没有解答的话，就不可能在最基本的水平上去理解癌症和采用理性的方式来治疗癌症。而且，如果我们缺乏这些知识，对那些逃过外科医生手术刀而转移的癌症的治疗，其结果可能继续是有毒性的和有限的。受限于当时的癌症药物和放射疗法，在它们经过的地方，它们杀死所有生长的细胞，不管是正常的细胞还是癌症细胞。

在今天，人们很难想象，在不到40年前的1970年，对这些问题得不到答案的情况是怎么回事。现在，我们知道怎样去分离、复制、分析以及操作动物细胞中的基因组中的任何一个基因。* 我们知道如何用简单且日益快速的方法去测定一个基因甚或是一个基因组的完整的积木（核酸）顺序。更进一步地，我们可以把一个基因的正常的或者改变的形式放回到培养皿中的动物细胞中去，或者放到实验动物中的体细胞或者生殖细胞中以决定该基因的功能。这些技术上的成就，已经让我们知道了组成几乎所有人的基因的DNA顺序（大约两万两千个基因，远低于我们原来预测的数目），也让我们能够核定由这些基因编码的蛋白的种类，以及寻找可能导致疾病的基因中的改变。我们现在甚至还能够测定许多不同种类的人的肿瘤中的许多或大多数的基因的核酸顺序。**

## /肿瘤病毒和癌基因：一个信息丰富的劳氏肉瘤病毒的突变体/

尽管发现基因的战略在1970年是非常有限的，但是对可能的癌症的遗传学起源感兴趣的研究人员则是越发地乐观。癌症的一些基本特征，通过对若干种病毒——劳氏肉瘤病毒和其他的一些逆转录病毒，以及含DNA的肿瘤病毒——进行更为深入的研究是可以查明的。在过去的几十

* 一个基因组由任何生物体的一套完整的遗传说明书所组成。

** 国家卫生研究院的国家癌症研究所和国家人类基因组学研究所最近拨出大笔的经费给一项研究计划，现在已是国际项目，来详细记述大约50种人类肿瘤的遗传学变化。这个项目称为肿瘤基因图谱（TCGA），可以上网查询。

年中，这些病毒已经被显示可以在实验动物中诱导产生癌症，也可以改变在培养皿中生长的细胞的习性。与动物细胞中数以万计的基因相比，大多数这种病毒仅含有几个基因，通常少于5个或10个基因。因此不言而喻，它们对任何想要了解什么是癌基因以及一个基因是如何可能引起一个正常的细胞变成癌细胞的人都有相当的吸引力。但是，要使这些相对简单的病毒基因组变得对癌症研究有用，关键的是要寻找直接的证据，能够把特殊的病毒基因（可能就是病毒基因组中为数不多的基因中的一个）与细胞转化和癌症诱导的过程联系起来。在那个时候，在更为有力的能用于分离基因甚至病毒基因、在生物化学上作出鉴定的方法发明之前，要在一个肿瘤病毒上找到引起癌症的基因，最好的途径就是充分利用病毒遗传学的传统方法。

我第一次意识到这种传统方法可以被有效地应用在肿瘤病毒的研究上，是1970年我和康妮一起到加利福尼亚州去的途中。我们花了几天时间，绕道去参加在新罕布什尔州蒂尔顿（Tilton）市举行的戈登动物细胞和病毒年度会议。这个历史悠久的学术会议总是在一所被遗弃了的寄宿学校里举行，食物难以下咽，床铺高低不平。在以后的几年里，我必定定期来此朝拜，在那个破旧得看似将要倒塌的礼堂里早上和晚上各坐上4个钟头，来吸收新的成果。为了避开学校里的“舒适”环境，我和迈克尔·毕晓普、大卫·巴尔的摩以及其他的同事和家人在附近的湖边租了小木屋。尽管1970年时我和康妮在这些与会者当中都是新人，我们忍受着不佳的食宿，但是总的心情是高涨而兴奋的。发现逆转录酶的报告才刚过了几个星期，其他几个实验室，包括迈克尔·毕晓普的实验室已经确认和扩大了他们的发现。在一个晚上的小组会上，我获悉了另外一个惊人的发现。这个发现，就像发现逆转录酶那样，深刻地影响着每一个人对于逆转录病毒所持的原有想法。史蒂夫·马丁（Steve Martin）当时是加州大学伯克利分校哈里·鲁宾的一个研究生（现在是教授），叙述了他分离了一株劳氏肉瘤病毒的突变体的经过。作为一个学生，史蒂夫看起来和现在的模样没有什么大的区别。他现在六十多岁，有一种学究式的男孩子气，一头黑卷发，白胖可爱的面孔和热情的气质。他当时的意图不是去把一个正常的基因致突变而造出一个癌基因来，而是把劳氏肉瘤病毒中的可能具有致癌能力的任何一个基因致突变，从而使它失去活性。这样他就能够说，这个病毒有一个基因（或几个基因）是转染所必需的，并能够帮助确定那个基因（或几个基因）在沿着病毒 RNA 基因组上的位置。

在会议上的演说当中，史蒂夫详细地描述了他是如何采用一种传统的方法来制作和寻找突变体的经过。首先，他使用了一种化学物质对 DNA 造成损伤，并制作成劳氏肉瘤病毒的突变体。然后他使用特明和鲁宾发明的转染测试方法来大量地筛选成活的病毒，以便找出少数感兴趣的、失去转染细胞能力的突变体。

史蒂夫出乎意料地获得了成功。这不仅仅在于当他采用特明和鲁宾发明的细胞群落形成法做他的试验的时候，他的最好的突变体丧失了转染鸡细胞的能力，更在于突变体是在细胞生长处于温度升高的时候失活，但在一个温度较低的时候突变体不失活（见图 5—1）。更进一步地，突变体病毒可以在任一温度下增殖良好，尽管它的感染细胞的能力是温度敏感性失活。这些发现意味着，突变的病毒已经有一个基因改变了，而这个基因正是劳氏肉瘤病毒的细胞转染能力所特殊需要的。这个改变了的基因产生了一个有缺陷的蛋白，它的稳定性在温度高的时候不如原先开始时劳氏肉瘤病毒产生的蛋白那样稳定。

这个突变的病毒基因在后来很快被称为病毒型 src 癌基因或 v-src。src 这个名字，发音是萨克（“sark”）。[①] 选择这个名字是要指出这是劳氏肉瘤病毒，它的能力及它所转染的基因，它在动物身上能够诱导肉瘤，就像佩顿·劳斯首次在鸡身上显示的那样。在正式的意义上，史蒂夫·马丁是通过扰乱该基因诱导癌症的功能来鉴定它的突变体的，这就像孟德尔（Men-

① 译者注：src 是 sarcoma 的缩写，意指“肉瘤”——病毒肉瘤癌基因编码了一种络氨酸激酶。

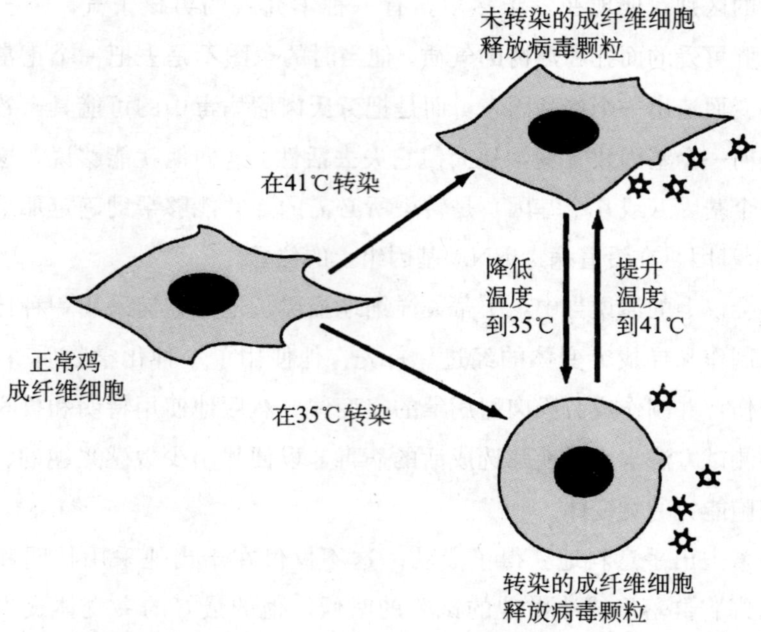


**图 5—1**

此图显示了由史蒂夫·马丁分离出来的劳氏肉瘤病毒的萨克突变体株是如何影响受感染细胞在高温和低温时的表现的。当一个正常的鸡的细胞被病毒感染（图左）并保持在较低的温度的时候（图右下），细胞改变形状（转化了）；如果把温度提升并保持在较高的温度的时候，细胞则维持它的正常的伸展形状。在任何一种温度下，细胞都可以制作新的病毒。如果细胞生长的温度后来改变了，转化的细胞可以回到正常的形状，反之也是如此。

del）的豌豆颜色有许多变异体那样，使他能够去鉴定那些决定颜色的基因。

史蒂夫的许多实验实际上说明了更多的东西：他的实验还指出萨克基因的功能在保持细胞处于转染的状态中时是必需的，而不光是启动癌症化的改变。通过改变在转染之后的任何时候的培养细胞的温度，甚至在转染之后的长时间内，它都可以改变受感染细胞的行为。这就是说，如果被突变体病毒感染的细胞的温度后来提高的话，细胞会回到一个正常的形态和生长模式，尽管病毒基因在原病毒中仍旧存在。相反地，把原来比较高的温度降低之后，受感染的正常形态的细胞则会显示出受感染细胞的特性。*

因为突变体病毒在两种温度下都能正常地增殖，能产生许多新的感染颗粒，由此又可以推理出一个原则：病毒型萨克癌基因对于病毒的增殖不是必需的。这隐含的意思就是在劳氏肉瘤病毒的基因组里面的其他基因已经足以产生所有的用于包装制作新的感染性病毒的零部件。尽管把复制功能和转化功能分离开在设计上看来符合逻辑，但是它绝不是预先就得出的结论。举例来说，绝大多数DNA肿瘤病毒的癌基因现在被发现对病毒的生长也是非常重要的，病毒生长这一特征长久以来一直困扰人们对这类病毒的研究。把劳氏肉瘤病毒的致癌性和增殖功能绝然分开，提出了一些非常深刻的问题，比如，病毒型萨克基因既然对于病毒的复制并非必需，那么病毒为何要携带它呢？它一开始来自何处？为什么它会在病毒里面？别的致癌性逆转录病毒是否也携带这个基因或者与它相似的基因？

相对于当时来说，许多关于癌基因的这些挑战性的问题现在看起来似乎很简单明了。在1970年的戈登学术会议上，有几个逆转录酶的追踪研究引起了众人的注意。史蒂夫·马丁的病毒型萨克突变体得到相当的认可。但是这些发现当然不能和逆转录酶的发现相提并论，因为后者是一个明显的革命性发展。不管怎样，有的实验室已经分离到劳氏肉瘤病毒的其他突变体，有的是研究其他的逆转录病毒，以及追究DNA肿瘤病毒，等等。这其中的有些发现也是很有意思的。但是很明显，要懂得马丁的发现的完整意义则仍需要时间。戈登学术会议之后，我没有急着赶回旧金山去探索我在会上学到的东西。相反，我和康妮愉快地到处漂泊。我们乘坐我们新近弄到的沃尔沃轿车，在边界水域（the Boundary Waters）野生国家公园①和冰川国家公园（Glacier National Park）② 露营，并在其他一些地方

* 因为由温度敏感性的突变体制作的蛋白通常是比较脆弱的，因而猜测史蒂夫的突变病毒所编码的萨克蛋白当细胞转到温度较高的时候就失活了，从而阻止了细胞维持转化的状态，然后，当温度降低的时候萨克蛋白又被激活了，或者又重新被合成为正常的状态。

① 译者注：边界水域野生国家公园位于加拿大安大略省和美国明尼苏达州之间的边界。

② 译者注：冰川国家公园位于美国蒙大拿州。

停留。到达旧金山之后，我们花了一些时间游览整个城市，寻找公寓，又到访了吸引我前往加利福尼亚州去的一些好玩的地方，像斯丁森海滩和希艾拉斯-内华达山脉。我也忙着把我的新实验室安顿下来。但是我的目的是想要测试受感染的细胞内的劳氏肉瘤病毒的DNA。至于病毒癌基因及其起源则必须留待以后探究。

## /发现萨克基因的起源：一种细胞型原癌基因/

方法和材料与崭新的思维对于新发现可以作出同等重要的贡献。这一点在我们发现萨克原癌基因的过程中被证明确实如此。

与逆转录癌基因有关的基因也有可能在正常细胞里被发现，这一观点，甚至在20世纪60年代当病毒癌基因像萨克还没有在实验中被确认的时候就一直在流传。这一观点的最著名的描述就是所谓的病毒基因—癌基因的假设。它是在1968年由当时NIH的两名高级科学家罗伯特·休伯纳（Robert Huebner）和乔治·托达罗（George Todaro）提出来的。他们的假设是建立在日益增长的证据上的，即在正常细胞中的基因可以决定逆转录病毒蛋白质的产生，甚至决定感染性的逆转录病毒的产生。这些病毒基因（我们现在把它们称为内源性原病毒）的表现，有时会发生在对特定的“诱导剂”反应的时候，比如用化学试剂处理培养皿里生长的正常小鼠胚胎细胞。如果逆转录病毒蛋白质的基因存在于正常的细胞里，并且可以启动和关闭，那么，逆转录病毒癌基因也许也可以存在于正常细胞里，并且对那些启动和关闭病毒基因的信号具有敏感性。休伯纳和托达罗据此提出这个广受议论的观点：当化学和物理因素，如X光射线，把一个存在于正常细胞的染色体上、作为病毒基因的一部分一直处于休眠状态的病毒癌基因启动的时候，就可能导致人类的癌症的产生。

利用一个被严格定义的逆转录癌基因，像最明显的劳氏肉瘤病毒基因萨克，似乎可以提供一种方式来测试休伯纳—托达罗所提出的假设。像病毒型萨克这样一种病毒癌基因，是否真的存在于鸡或任何其他动物的正常细胞的 DNA 里呢？但是采用这种做法也存在一些问题。如果与病毒型萨克有关的 DNA 在正常细胞里被发现，这种结果也可以被不同于病毒基因—癌基因的观点所解释，比如，像 NIH 的科学家已经指出的那样，任何与病毒型萨克有关的 DNA 也许不是一个真正的致癌基因，相反，它可能只是一个能够转化成一种癌基因的正常基因（比如，如果被反转录病毒俘获，或者通过突变而发生了改变）。

但是不管做的目的是什么，也不管一个尚不确定的阳性结果如何加以解释，我觉得在正常细胞内寻找与病毒型萨克相关的 DNA 的努力可能会有收获。但是我们提议需要做的实验却遇到了主要的技术障碍。重组 DNA 的方法，在现在我们可以用来分离任何的基因，放大，切割，以及用于进一步的实验。但是在当时，数年之内仍是遥不可及。在 70 年代早期，要制作放射性的核酸、DNA 或 RNA（代表单个基因，像病毒型萨克），用分子杂交方法测试正常动物细胞中相关的 DNA 仍十分困难。没有一种方法能用来制备这样一种特异性非常高的病毒型萨克探针，最好的方法就是在分子杂交实验中采用劳氏肉瘤病毒的整个 RNA 基因组，或者从它复制过来的脱氧核糖核酸（DNA）。代表整个劳氏肉瘤病毒基因组的放射性探针，主要是从劳氏肉瘤病毒中专门用于病毒扩增的基因衍生而来，其中含有的病毒型萨克基因的成分充其量只有 15%～20%的探针。在这种条件下，有时获得的结果就可能会有误导性。事实上，已经有人努力试图使用放射性的劳氏肉瘤病毒 RNA 来找寻在正常鸡的细胞 DNA 中存在的病毒型萨克序列，但是得到的结果是阴性的（我们现在知道，这个结果是不正确的）。

对这个进退两难的问题的解决办法，是依靠一些偶尔发现的但很有用的劳氏肉瘤病毒的突变体。这些突变体使我们终于制成了仅代表病毒型萨克基因的放射性探针，而不含有任何其余的劳氏肉瘤病毒的扩增基因。导致我们得到这些突变体的途径在此值得一提：这是我们与卓越的 RNA 肿瘤病毒学家彼得·福格特之间的不寻常的长期合作的结果。彼得是一位极为卓越、镇定自若和风雅的绅士。在苏联占领期间，他那时还是一个高中生，就逃离了苏台德区（在捷克斯洛伐克西北部）。彼得是又一个哈利·鲁宾和劳氏肉瘤病毒的追随者。在我到达加州大学旧金山分校后不久，他的两个博士后研究员罗宾·韦斯（Robin Weiss）和罗伯特·弗里斯（Robert Friis），从他们在西雅图华盛顿大学的实验室写信给我们，问我们是否愿意用我们的分子杂交的方法来寻找在不同鸟类中的内源性原病毒。这个请求导致了后来我们之间的合作课题、发表文章，以及日益频繁地在旧金山和洛杉矶举行会议（福格特实验室在 1972 年搬到南加利福尼亚大学）。在这些会议上，彼得在病毒生物学和遗传学方面的知识非常令人满意地与我们在分子生物学方面的技能形成了互补。

在这些聚会中，彼得讨论了一些非常有趣的劳氏肉瘤病毒突变体，这其中有一类是缺失型突变体，这些病毒似乎缺失了病毒型萨克基因，有大约两千个核苷酸从劳氏肉瘤病毒的基因组里原有的九千至一万个核苷酸中丢失了。但这个缺失并没有包括突变体增殖所需要的遗传信息；实际上它们增殖的速度比它们父代的劳氏肉瘤病毒更快。这些突变体的行为类似于史蒂夫·马丁的病毒型萨克突变体，它们保持着完整的扩增的潜力，但是不管在任何温度下，它们均失去了转化细胞的能力。这与完全缺失（而不是一个微小的改变）的转化基因病毒肉瘤癌基因萨克是相符合的。

在我们和彼得讨论时，一般假定（后来通过实验证明）劳氏肉瘤病毒 RNA 上缺失的区间代表着病毒萨克基因，而没有其他任何有意义的东西。这个区间被彼得的另外一个合作者，伯克利大学的化学家彼得·杜斯伯格（Peter Duesberg）* 定位在劳氏肉瘤病毒 RNA 的一处末端。杜斯伯格和他的同事后来也成为参与者，定期参加我们与福格特实验室的会议。随着我们团队的成长，我们也邀请在加利福尼亚州和华盛顿州其他研究机构的科

* 杜斯伯格是一个在逆转录病毒基因组方面颇有见地和严谨的分析家。但遗憾的是，他的早期声誉，在过去二十年中由于他的那些极具破坏性的煽动行为——鼓吹得不到任何支持的 HIV 并非导致艾滋病原因的观点而黯然失色。

学家一起来，以后就演变成我们所谓的西海岸肿瘤病毒联盟。

劳氏肉瘤病毒缺失突变体激发人们思考如何去制作放射性的萨克探针，这样我们就能够利用它来测试在正常细胞里面是否也有萨克一类的DNA。这种情况使我回想起我在艾拉·帕斯坦实验室的时候所做的乳糖操纵子的实验。为了要做出一个非常敏感和高特异性的分子杂交试验，我们利用了不同细菌病毒之间的遗传学差异，采用的菌种有的有操纵子、有的缺少操纵子。相似地，我们预期要制作的劳氏肉瘤病毒萨克基因特异性探针，采用的策略正是利用了正常（野生型）劳氏肉瘤病毒和彼得·福格特的缺失突变体的遗传学差异，如图 5—2 中所示的那样。

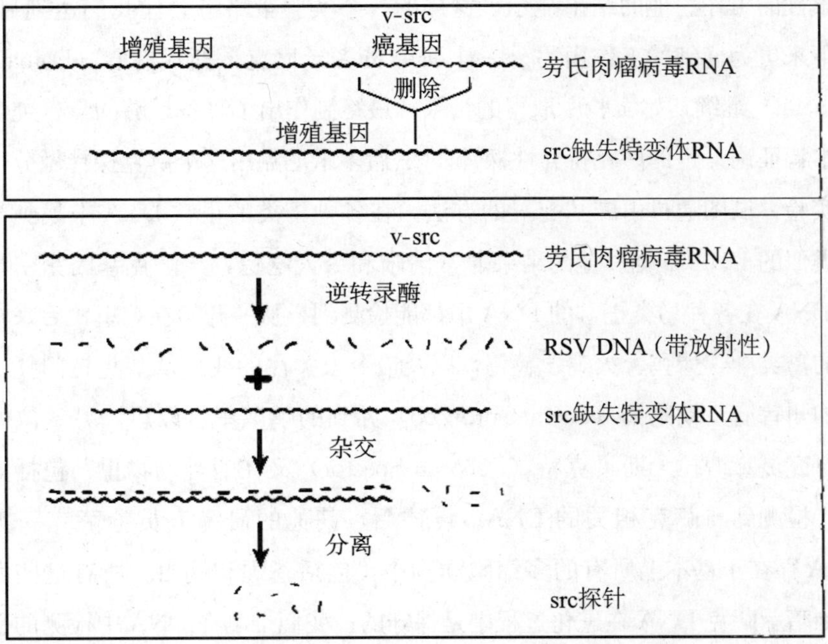


**图 5—2**

准备萨克基因特异性的放射性探针依赖于分离得到缺少萨克基因的劳氏肉瘤病毒缺失突变体（上）。通过逆转录酶复制正常的劳氏肉瘤病毒的 RNA，以制成放射性的 DNA 短片段，再通过与萨克缺失突变体的 RNA 杂交，把 RNA-DNA 的杂交体与萨克探针分开。这样萨克特异性的 DNA 片段就可以被分离到（下）。

首先，我们制作代表了完整的野生型的劳氏肉瘤病毒的RNA基因组的带有放射性的DNA短片段。然后，彼得的病毒型萨克缺失突变体来源的RNA被用来捕获除了病毒萨克之外的劳氏肉瘤病毒所有的带有放射性的DNA。这一留下来的有放射标记的DNA就是病毒型萨克特异性的探针了。这是可以做得到的，因为病毒型萨克缺失的RNA和放射性DNA形成的杂交分子可以用一种简单的物理步骤，与未杂合的病毒型萨克DNA分离开。如果一切按计划进行，未杂合的放射性的DNA就会是那个在福格特的特变体中缺失的基因病毒型萨克的特异性探针。

我们课题组中的一位博士后研究员冉姆·庚塔卡（Ram Guntaka）做了探索性的工作。他的结果显示，这样的一个实验策略将会让我们达到目的。接下来更为详细的工作由另外一个研究员多米尼克·斯代赫霖（Dominique Stehelin）继续初始实验所取得的结果，最终制作出了具备足够的量、纯度和基本特征论证过的萨克特异性探针。* 然后多米尼克用这个萨克探针做分子杂交实验，试图通过由碱基配对的方法，在各种鸟类的正常DNA中找到与萨克类似的DNA证据。他的结果非常清晰和令人吃惊：与萨克基因紧密相关的DNA在各种鸟类正常的DNA中都能检测到，从一开始在鸡里，后来在其他的禽类中，像鸭、火鸡、鹌鹑，以及最令人关注的我们从萨克拉门托（美国加州首府）动物园（Sacramento Zoo）弄到的鸸鹋里。以后，另一位博士后研究员黛博拉·斯贝克特（Deborah Spector）又在哺乳动物里，包括人里面，检测到与萨克相关的DNA。再往后，其他的研究人员称萨克一类的DNA存在于基本上所有的多细胞动物中，包括苍蝇和蠕虫。所有这些发现立刻暗示萨克DNA在进化过程中是保守的；我们推测在DNA中检测的遗传信息应该是一个对生物有利的基因。这样的话，萨克变成了第一个未知功能的基因，不像血红蛋白那样，我们知道它的功能是在血液中携带氧——这个

---

* 值得一提的是，由于萨克探针的成功制备，保证了它发表在一个高级别刊物《分子生物学杂志》上。而在今天，使用重组DNA方法和基因组项目的信息，制作这样的探针简直微不足道，只能在研究文章的方法部分一笔带过。

功能在动物进化中已经存在了数亿年。

然而这些实验已不再让我们局限于去回答一些简单的问题，诸如萨克一类的基因是否存在于正常的鸟类 DNA 之中，还让我们能够去判断一个细胞的肉瘤病毒 DNA 与劳氏肉瘤病毒萨克基因的接近程度，它在进化过程中保存完好的程度，以及这个细胞型基因是否也能够做到如病毒萨克基因所做的事情。通过测量放射性萨克探针和不同种类的细胞 DNA 之间碱基配对的精确度，我们能够远在 DNA 碱基直接测序成为常规之前，就去探索这些问题。碱基配对的高度忠实性暗示病毒性萨克探针与在正常细胞中萨克 DNA 是相同的或近乎相同的，而碱基配对的不完美性则暗示病毒型萨克基因与细胞型 DNA 存在着差异。

多米尼克的测量表明，在正常鸡细胞里面的萨克类似 DNA 与病毒萨克基因并不完全相同，如人们可能预料的那样，举个例子，如果癌基因—病毒基因的假设是正确的话。而且，当我们调查了那些在进化树上距离鸡越来越远的鸟类 DNA 时，碱基配对变得越来越不准确，这暗示着被萨克探针测试到的细胞 DNA 的演化过程与采用更为传统的方法，比如根据解剖学差异所估计出来的鸟类之间的进化距离是相符合的。这些发现的结果是可以预想到的，即这个探针是否探测到一个正常的，有价值的，作为内源性原癌基因一部分的，并与病毒萨克基因有关的细胞基因，而不是一种由于受感染而插入细胞染色体中的病毒癌基因。

这些结论被一系列同步进行的实验进一步强化。这些实验使用了带有部分劳氏肉瘤病毒的基因组，含有福格特病毒萨克基因缺失突变体的放射性探针，即一种能检测病毒增殖所必需的顺序，并被人们预期存在于内源性的原病毒（或者“病毒基因”）中的探针。这种探针与正常鸡的 DNA 形成分子杂交体，因为鸡带有与劳氏肉瘤病毒很接近的内源性原病毒（尽管它缺失一个像病毒萨克一类的癌基因）。但是，这种探针与其他禽类的 DNA 之间则没有形成分子杂交体。这些结果包含着进化学上的意义。鸡的生殖细胞受到病毒感染，从而建立了内源性的、与劳氏肉瘤病毒类似的原病毒。这个过程非常可能就发生在过去的数百万年之内——也可能更为近期，但肯定是在禽类种类进化分叉之后发生的。在这个模型中，存在于其他禽类中的任何内源性的原病毒必须很少有或者根本没有任何与劳氏肉瘤病毒相似的地方。另一种解释是，在鸡身上建立内源性原病毒的感染过程也可能发生在种群分叉之前；但是，在这种情况下，原病毒顺序在进化中将是不保守的。

不管进化论的解释如何，我们可以明显看出，劳氏肉瘤病毒的增殖基因探针和转染基因探针产生的结果迥然不同，这是和种类之间存在的巨大生物差异相一致的。我们现在有了更多的证据来说明，在正常细胞中存在的与病毒萨克基因相关的顺序是一种正常的细胞基因的一部分，这种正常的细胞基因与其他重要的基因缓慢地一起进化，而且具备动物细胞中细胞基因的各种特征。* 相反，与劳氏肉瘤病毒增殖基因有关的正常鸡的DNA顺序是内源性原癌基因的一部分。这种内源性原癌基因是在相对而言较为近期发生的病毒感染鸡的生殖细胞过程中，插入到鸡的染色体中去的。内源性原病毒具有末端重复顺序和其他的特性。如在前一章叙述的那样，这些特性最初是在培养皿中细胞感染过程中产生的原病毒中注意到的。

我们在1976年早期发表在《自然》杂志中的、有关在正常鸟类中的萨克癌基因类的DNA初步调查结果的描述性文章中得出的结论与推论是革命性的，尽管当时仍然带有推测性。令人高兴的是，这些结论和推论后来也被证明是正确的。我们提出，正常动物细胞的基因组存在着一个与病毒癌基因萨克密切相关的正常的细胞基因。我们还提出，这个正常的细胞基因，称作细胞型萨克基因，是病毒癌基因假设的前体。我们能够检测到的病毒型和细胞型基因之间存在的微小差异可能使病毒基因具有致癌性，也即是说能够导致癌症的发展。（基于这些理由，我们后来把细胞型的萨克基因和其他具有潜在性成为致癌基因的基因归类成“原癌基因”。）我们观察到在多种鸟类物种当中存在着萨克一类的DNA，因此我们提出萨克基因在进化过程中是保守

* 举例来说，正常被发现的细胞型基因，其蛋白编码部分是被非编码区间所隔开的片段，并且与原病毒中的长末端重复没有关联。细胞型基因的这两个特征已经在萨克基因上得到证明。

的，这种进化上的保守性暗示萨克基因具有的重要功能，最有可能的是在细胞生长或者发展的时候起着重要作用。最后我们提出，在细胞型基因如萨克中出现的变化，即便在没有逆转录酶病毒参与的情况下，也有可能引发癌症。正是这个最后的预言，随着时间的推移，被视作是其后促使人们搜索逆转录病毒癌基因细胞型前体的一个最伟大的贡献。我们将会在以下几节中显示，细胞型萨克基因仅仅是众多的原癌基因中的第一个，这些原癌基因中的许多个已经被证明与人类的癌症息息相关。

## /对发现细胞型萨克基因的超越/

像所有的惊人发明那样，我们发现在正常细胞中存在着萨克顺序，并且我们提出细胞型萨克原癌基因就是由这样的顺序组成的，我们的发现和提议产生了更多需要我们去回答的问题。

我们当时已经在试着回答一个比较明显的问题——细胞型萨克基因参与癌症的形成过程是否独立于劳氏肉瘤病毒和病毒型萨克？那时我们已经非常接近将要去发表一个有明显错误的结果。在揭示正常禽类细胞中的萨克顺序的研究过程当中，我们在问一个问题：这个所谓的原癌基因是否能够以 RNA 的形式读出来（表达），并且被翻译成萨克蛋白？我们最初的发现，即在呈送给《自然》杂志的原稿中有关叙述细胞型萨克原癌基因的部分，是带有挑战性的。尽管我们在正常的鸟成纤维细胞中没能找到萨克 RNA，但我们在一株肿瘤细胞中检测到了。这个细胞株是由我们都喜欢的一位同事卡洛·莫斯克韦奇（Carlo Moscovici）用化学方法诱导鹌鹑肉瘤产生的。

这个结果令人感到非常兴奋，因为它暗示导致肉瘤的化学品也许可以把本来沉默的原癌基因唤醒，因而使它获得致癌活力。然而，这个实验遭到了一个挑剔的评论员的批评，他认为现在发表它为时尚早。最后，我们不得不把它从文章里面去掉了（现在回过来看，还足以感到幸运）。这以后不久，我们实验室团队的其他成员，黛博拉·斯贝克特和戴茜·罗兰·杜塞克斯（Daisy Roulland-Dussoix）在正常细胞中检测到了萨克 RNA，从而排除了有关化学致癌剂能够通过把正常沉默的细胞型萨克基因唤醒而导致肉瘤的争论。我们现在知道，许多原癌基因可以通过若干个途径，包括增强基因表达的机制，转变成具有活力的癌基因。但是，我们很快将会看到，原癌基因能够参与肿瘤的形成，并不需要在一开始先被逆转录病毒从细胞中劫持，这是发现除了细胞型萨克之外的其他原癌基因所必需的。

在细胞型萨克基因被发现之后，随之而来的一个最紧迫的问题是有关其他的逆转录病毒。当时，事情比较清楚的是许多逆转录病毒可以导致癌症，主要是肉瘤和白血病，原因是它们的 RNA 基因组里携带的遗传信息和逆转录病毒的萨克基因或增殖基因没有什么关系（或者，充其量，关系非常远）。这个遗传信息，像病毒型萨克，是来自正常细胞的吗？如果是，参与其中的是哪一些基因呢？它们编码何种蛋白？它们与萨克存在何种关系？这些问题在逆转录病毒学家当中有强大的吸引力——事实上，有不少人甚至在我们发现细胞型萨克之前就一直在研究这些问题，谈论和发表他们的结果。

在癌基因这个新的研究领域中发生的一些激动人心的事件，被索尔克研究所的杰米·西蒙（Jamie Simon）在 1983 年记录在他创作的一幅卡通画里，作为在冷泉港举行的 RNA 肿瘤病毒年会的摘要集封面画（见图 5—3）。这幅当时的图腾画真实有趣地记录了一些较为著名的资深科学家，如何在几个不同物种包括鸡、小鼠、大鼠、猫和猴子当中，孜孜不倦地追寻各种逆转录病毒癌基因作为原癌基因的起源。其中有一个例子是（将会在以后讨论到），人们在一个人的肿瘤细胞中，而不是在逆转录病毒中，发现一个癌基因原来是早先发现的原癌基因的一个突变体——RAS 原癌基因，而 RAS 原癌基因正是在小鼠和大鼠的肉瘤中发现的癌基因的前体。

在杰米·西蒙创作这幅卡通画时，人们已经知道病毒学家们在研究大量不同的高致癌性的逆转录病毒的过程中，至少分离到了 20 个癌基因。这些病毒学家们采用佩顿·劳斯的经典方法，从许多种动物的癌症里面寻找病毒。在 70 年代后期和 80 年代早期，大多数的这些病毒癌基因已经被人们追踪到一种正常的基因，即一种原癌基因，这几乎就是确定的癌基因的

**图 5—3**

杰米·西蒙画作的上半部分是一个简化了的象征性的一系列步骤，描述了如何使一个寻常的逆转录病毒、一种缺少任何特殊病毒癌基因的病毒，通过从细胞中捕获遗传信息，把一个细胞型的原始癌基因转化成病毒癌基因，使之变成一种高效致癌剂。在画作的下半部分排列了一些在研究逆转录病毒癌基因及其细胞型原始基因方面的知名人物。这样的排列方式提示他们所研究的动物种类和他们发现的一些基因。其中有作者本人与迈克尔·毕晓普和鸟及 src 基因（迈克尔还发现了鸟类的其他一些基因，称为 myc，erbA，erbB 和 myb）；查尔斯·夏尔（Charles Sherr）和猫的基因 fes；大卫·巴尔的摩（David Baltimore）和鼠类 abl 基因，abl 基因的重要性在于破译费城染色体；埃德·斯科尼克（Ed Skolnick）和鼠的 ras 基因，突变体的 ras 基因被经常地发现存在于人的癌症里；鲍伯·温伯格（Bob Weinberg）和一种早期人癌基因，后来证明是 ras 基因的一个突变体；斯图亚特·阿伦森（Stuart Aaronson）和猴子的 sis 基因，后来显示这个基因编码了一个很重要的生长因子；英德尔·韦尔马（Inder Verma）和一个鼠基因成为 fos，这个基因最初被发现与动物的骨癌有关联；乔治·范·沃德（George Vande Woude）和另一个鼠基因 mos。

前体。（到目前，大约有 40 个细胞型基因都是通过这种方式找到的。然而，更多的、大概 5 至 10 倍之多的原癌基因，是通过其他的实验途径在近几年被发现的，我们将在下面几个章节中讨论。）

在最初发现是属于逆转录癌基因前身的那些原癌基因中，少数几个是紧密相关的（像两个 ras 基因），而其他的则产生生化性质相似的蛋白（举例来说，像 src，erbB 和 abl①）。但是，它们主要的特征在于多样性。许多这些原癌基因在主要方面都是不一样的，它们所编码的蛋白，在化学上、功能上以及在细胞中的位置，都不一样，它们在动物细胞的正常运作上起着不同的作用。编码的蛋白有一些是分泌出来的激素和影响细胞行为的生长因子。有一些则是生长因子受体，它们从细胞的外膜上伸出来，能够识别并和生长因子捆绑在一起。更有另外一些能够通过细胞质传递信号，或者给细胞核发指令，把一些特定基因激活或关闭。

原癌基因的蛋白质产物，在细胞生理学上扮演范围如此广泛的角色，这强化了一个想法，即当一些重要的细胞过程如生长、分化或死亡出现了错误，以及控制这些程序的基因出现突变的时候，癌症就发生了。当原癌基因成为癌基因（例如整合进入到逆转录病毒的基因组时）的时候，它们出现的突变体产生的蛋白产物更为活跃——具有危险性的活跃，因为它们扰乱了细胞生长、细胞分化或细胞死亡的正常模式，从而促进了癌症的发展。另外，有相当多的原癌基因一再地被发现是以一种突变的、致癌的形式存在于各种人类癌症中，对此我们很快就会讨论到。

尽管原癌基因的多样性令人眼花缭乱，大多数不在我们要叙述的范围之内，但重要的是，在本章的后面我们要知道，某些原癌基因产生的蛋白实际上是酶。最重要的酶类型最初也是在研究肉瘤病毒时碰到的。在 70 年代后期，也就是在细胞型萨克发现之后的几年中，人们首次采用存在于肉瘤病毒引起肿瘤的动物血液中的抗体，检测到萨克基因编码了一种中等大小的蛋白。利用这些特殊的抗体，人们可以在一定程度上纯化萨克蛋白，然后提问，它能不能显示出一些酶的活性？这可以让我们粗略地了解一个正常的细胞是如何转化为一个癌细胞的，同时还能提供一种简单的方法来测试导致癌症的生物化学事件，甚至提供一种靶向治疗癌症的方法。

---

① 译者注：src，erbB 和 abl，都是细胞来源癌基因，在多种肿瘤中过度表达和扩增。

这些努力获得了可观的红利回报。有了萨克抗体在手，雷·埃里克松（Ray Erikson）和我们这两个小组发现病毒型萨克蛋白是一种酶，叫做蛋白激酶。这是一种能把 ATP（细胞的能量来源）上的磷酸基运到蛋白质的氨基酸上面的酶。由病毒癌基因和原癌基因制作的另外一些蛋白质，也被证明是蛋白激酶。更为令人惊讶的是，许多这些蛋白激酶，包括那些由病毒型萨克、病毒型 abl 和其他的病毒癌基因，以及它们的前体原癌基因编码的，被证明能特异性地把磷酸基转到一个单一的氨基酸、酪氨酸上面。

酪氨酸靶标的重要性无论怎样强调都不为过。我们现在知道在人类染色体上大致 20 000 个基因当中，大约有 500 个蛋白是激酶。激酶是一种酶，能把磷酸基转移到蛋白质上，从而调节获得磷酸的蛋白质的功能。在蛋白链上，几乎所有的磷酸基都被添加到了酪氨酸以外的氨基酸上（如色氨酸和苏氨酸）。但是其余的百分之一至二，则被添加到酪氨酸上，这是至关重要的。酪氨酸作为一个靶标，实际上有其特殊的意义，在大约 500 个编码蛋白激酶的人的基因中，多达 90 个基因其合成的蛋白激酶是酪氨酸特异性的（以下简称酪氨酸激酶）。此外，在这 90 个基因中，有好几个，像细胞型萨克、细胞型 abl 和细胞型 erbB，则是原癌基因。

当原癌基因由于突变变成癌基因的时候，它们所编码的酶的活性变得更强。例如，当细胞型萨克基因被反转录病毒俘获成为劳氏肉瘤病毒的病毒型萨克基因时，以一种对于病毒型萨克蛋白质酶活性失去刹车作用的方式，把基因改变了。换句话说，病毒型萨克蛋白把磷酸加到酪氨酸残基上的作用能力比细胞型萨克蛋白更有效率了。

这些发现代表我们对癌症的了解有了一个显著的进步——这种进步远远超越了当时从动物肿瘤病毒及其癌基因的研究中所能获得的预期范围。例如，对病毒萨克基因和它所编码的蛋白的研究立即就暗示，酪氨酸过度磷酸化可能是癌变的媒介（中间体）；蛋白激酶的抑制剂，如果它们能被研制出来，并且具有充分的特异性，可能会对治疗由萨克类型的基因引起的癌症有用。事实上确实如此，如同我们很快就会看到的，有几种人类癌症正是由这样的基因引起的，因此可以用适当的抑制剂来进行治疗。

在大约十几年的过程中，从70年代早期到80年代中期，从事研究致癌的逆转录病毒的科学家们从事实上对于病毒癌基因的无知状态，转变到已经知道有数种逆转录癌基因，这些癌基因编码了几种蛋白质；知道了所有的病毒癌基因都有其细胞的起源（原癌基因）；也知道了有一些癌基因蛋白质具有能被广泛用于癌症治疗的潜力。遗憾的是，我们目前仍然不知道被萨克这样的酶以及其他的酪氨酸激酶所磷酸化的全部的蛋白质的完整组成。但是我们已经确切地知道了一些激酶是如何影响细胞行为的。更重要的是，能够有效和特异性地抑制这些酶的小分子化合物已经在最近被发现了，其中有一些已经成为药物被批准用于治疗癌症患者。在本书的第7章里，我将讨论一些关于这些酪氨酸激酶抑制剂在改善癌症治疗方面的事情。在这些肿瘤里面，与萨克有关的原癌基因，如abl和erbB均发生了基因突变。

# 第 6 章 原癌基因是如何参与癌症的

在我们 1976 年发现细胞型萨克基因（c-src）的文章发表之后的四五年当中，世界上有一大批研究人员对逆转录病毒癌基因开展研究，研究这些逆转录病毒癌基因的细胞型前体和它们所编码的蛋白质。然而，一些关键的问题仍然没有得到解答。原癌基因数目可能非常多而且存在变异，但是它们能不能在癌症中起作用而不必像病毒型萨克基因（v-src）那样，必须首先被逆转录病毒俘获并转变成病毒原癌基因之后，才能在癌症中起作用？如果能够，那么这些原癌基因是否能参与人类的癌症的产生？

多年来对人的逆转录病毒的大规模搜索工作证明，多数的研究者都是在发出很多虚假警报之后一无所获。但还是有少数例外值得注意。在 70 年代晚期，国家卫生研究所的罗伯特·嘎洛（Robert Gallo）和他的同事们，以及在日本的一些研究团体，发现了人的 T 细胞白血病和淋巴瘤病毒（HTLVs）。这种逆转录病毒可以引起相对来说不那么常见的人类疾病，特别是皮肤淋巴瘤。但是，人的 T 细胞白血病和淋巴瘤病毒本身并不携带细胞来源的病毒癌基因，即使在今天也仍然不清楚它们是如何在许多感染了人的 T 细胞白血病和淋巴瘤病毒的一部分人中间引起癌症的。没有任何的证据显示人的逆转录病毒携带有原癌基因。因此，原癌基因在人类癌症里的重要性就和下一个问题连在一起了，即原癌基因是否能够在它们一开始并没有被逆转录病毒俘获的情况下导致人的癌症。

## /原病毒感染能够启动原癌基因/

原癌基因并不需要先被一个逆转录病毒俘获之后才能够导致癌症，最初的证据来自一个事先并未预见到的方向，但正是这个发现又一次显示了逆转录病毒的革命性力量。在70年代后期，也就是在萨克原癌基因被发现的数年之后，我们当中的一些人开始思考在逆转录病毒研究中的一个长期令人苦恼的问题。不像劳氏肉瘤病毒和其他一些作用非常强烈的致癌病毒，有一些逆转录病毒可以在动物身上引起肿瘤，但是它们本身并不携带源自细胞型原癌基因的癌基因！事实上，这些逆转录病毒的致癌能力不能归咎于它们所包含的任何一个特殊的基因。应当承认，这些病毒与高致癌性的逆转录病毒如劳氏肉瘤病毒不同，因为它们不能转变培养中的细胞的生长和形状，并且需要一个比较长的时间来诱导癌症。但是，大家一致公认的是，这些癌基因缺失型的逆转录病毒在感染动物之后，确实能够引起许多种纯粹的癌症，特别是白血病、淋巴瘤和乳腺癌。它们是如何发生的呢？

我自己对这个问题的兴趣在1978年变得更为专注。那一年我决定学术休假一年到位于伦敦中部林肯茵乡村（Lincoln's Inn Fields）的皇家癌症研究基金会实验室（Imperial Cancer Research Fund Laboratories，ICRF）。* 我的学术休假本身看起来有点奇怪，因为我认识的很多科学家不会选择长时间离开他们的实验室，特别是在他们的研究工作处于良好的状态时。我们并不是孤独的学者，一旦要与我们实验室的技术员、学生和博士后人员分开，我们就会感到比较犹豫。但是，在UCSF待了八年之后，我感到好奇，想在别的公司和一个不同文化环境里面做些科学研究。同时，由于我和迈克·毕晓普的搭档合作关系，以及我的研究助理苏珊·奥迪斯（Suzanne Ortiz）** 的仔细照管，使我能够避免实验室发生灾难，并

* 几年前，皇家癌症研究基金会（ICRF）和另外一个癌症慈善研究机构合并成立联合王国癌症研究所（Cancer Research UK，CRUK）；林肯茵乡村的实验室作为联合王国癌症研究所的一部分继续运作。

** 苏珊·奥迪斯从1972年开始与我共事，此后的多年一直是维持我的实验室和受训人员正常运作的管理力量，尽管中途我有两次休假，实验室经历了两次搬家，以及我最近的主管职位有所变动。

且避免我不负责任地把受训人员留在倾翻的船上。我与迈克和苏珊的联系那时还可通过电话、信件以及偶尔访问旧金山而得以加强。相比当时，现在的电子邮件和视频会议使得每天的交流变得实在太容易了。康妮和我还受到渴望到伦敦大剧院观看持续不断的戏剧的鼓舞，以及期望在异国的环境里，我们至少可以暂时地重新调整一下我的工作节奏，以适应我们的家庭成员的增加。

我们在 1978 年 7 月到达伦敦的时候，克里斯托弗，我们的二儿子，差不多四个月大。我们的大儿子雅各布是在 1973 年底出生的。我们经常抽出时间，把克里斯托弗放在一辆显得过大的英格兰推车里，牵着差不多 5 岁的雅各布，一起沿着伊斯琳顿的圣玛丽墓地（Islington's St. Mary's Churchyard）或在伦敦别的公园里溜达。我们在 UCSF 的一部分研究人员正在专心致志地研究原病毒 DNA 的组织结构以及原病毒整合到细胞染色体中所处的位置。有一天晚上，当我们推着克里斯托弗的童车在皇家宫殿前行走的时候，我开始思考从我们的研究中越来越可能得出的一个结论的可能后果是什么。原病毒似乎能够插入到一个受感染的细胞里的染色体中的任何位置上，就好像导弹落在地球上的任何地方一样（回到早先的一个比喻）。这种准随机性意味着，几乎所有的细胞基因都会受到原病毒整合的影响。比如，一个原病毒也许可以把一个基因打断使它失活，或者在一个基因的附近着落从而妨碍该基因的调节信号，造成不正常的表达水平，比如在图 6—1 中显示的那样。

在哺乳动物染色体中，在编码蛋白质的基因序列之间通常都存在着大量的目前还了解甚少的 DNA。因此，当多数的原病毒或多或少随机性地进入到染色体中时，它们对那些已知的基因的影响很小或根本没有破坏性。这种机率有利于插入突变发生在基因的编码区域以外的地方，就如导弹打在沙漠中或坠入海洋里那样。如果插入突变发生在基因组内最可认知的区域，也就是大约占 2%的编码蛋白质的序列当中，则将导致

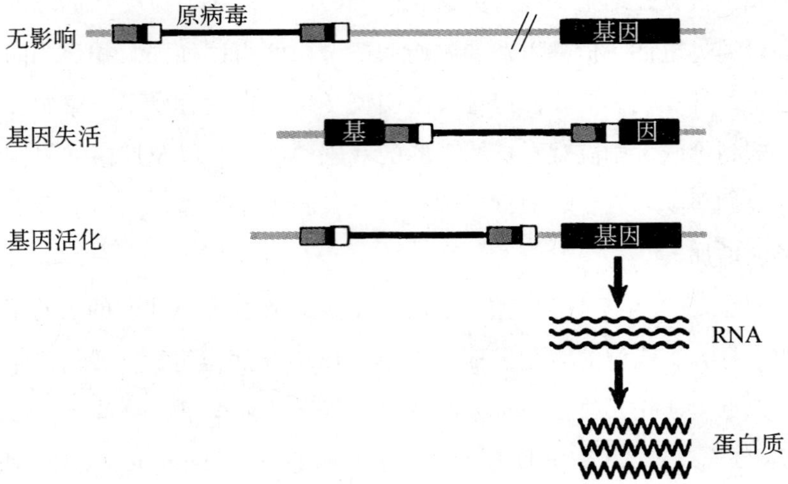


**图 6—1**

当逆转录病毒插入到一个染色体中时，对细胞基因的影响可能很少或没有（上），它可以破坏并灭活一个基因（中），也可能扰乱一个基因的表达，比如，不适当地把这个基因激活之后，产生 RNA 和蛋白质（下）。如果这个被扰乱的基因是一个原癌基因，这个插入整合事件就有可能会引发癌性生长。

基因失活，就好像导弹摧毁一个主要建筑那样。* 另一方面，如果插入仅发生在一个基因的附近，其编码蛋白的区域是完整的，该基因的 RNA 和蛋白质的生产可能会增加或减少，由于位于原病毒末端的调节信号的作用，就好像一个导弹落在一个主要建筑物旁边之后，人们的活动增加一样。如果这个基因是一个原癌基因，而由于原病毒的插入增加了这个基因的 RNA 和蛋白质的生产，那么一种潜在的致癌蛋白质可能会升高到不正常的水平，从而引发癌细胞的生长。这样的一个单个细胞，由于插入了能促进生长的原病毒，便可形成由这个细胞的后代所组成的肿瘤。

* 在伦敦学术休假期间，我对这个想法做了一个成功的测试。当受到单个劳氏肉瘤病毒（RSV）原病毒转染的细胞，被另一种逆转录病毒鼠白血病病毒（MLV）感染后，如果一个鼠白血病病毒正好在 RSV 原病毒内部整合，从而扰乱了 V-src 的基因表达，有极少数细胞就恢复到正常的形态和表现。

结果，所有的肿瘤细胞都会在原病毒插入的原癌基因位置旁边包含这种刺激性病毒。

在理论上，这种类型的原病毒整合活动可以解释那些不包含病毒癌基因的逆转录病毒的致癌特性。在所有鉴定的这些癌基因缺陷型的病毒中，最好的要数禽白血病病毒（ALVs）。禽白血病病毒严重地困扰从事家禽业的农民，因为这种病毒经常在鸡的一种血细胞中引起淋巴瘤。禽白血病病毒和劳氏肉瘤病毒是密切相关的。劳氏肉瘤病毒的前体被认为是 ALV 的一种。但是 ALVs 缺乏 src 基因或任何其他细胞型基因。这些特点使我感到疑惑，当我推着克利斯托弗沿着英伦小道上下行走的时候，我在想，禽白血病病毒是否正是通过这样一种插入性机制而引起肿瘤的：一个禽白血病病毒（ALV）原病毒，随机地插入到附近的原癌基因中，启动它，从而开始非正常的细胞生长。如何对这个想法进行测试呢？我们能不能找到这种可以被启动的基因呢？

我考虑了两种测试方法：一种是试错法（trial-and-error），采用当时已经知道的为数不多的几个原癌基因；另一种是对几个病毒诱导成的淋巴瘤里面的禽白血病病毒原病毒进行系统性研究。试错法速度快，但是比较有限。采用 src 原癌基因探针或者任何其他已知的原癌基因探针都可以被用来解答这样一个问题，即禽白血病病毒原病毒插入的位置是否就在淋巴瘤 DNA 中的那些基因的附近。虽然在当时我们仅仅知道为数不多的原癌基因，但是毫无疑问地，更多的原癌基因，几十个甚至上百个原癌基因可能存在着。那么为什么还要麻烦去测试手上仅有的那几个呢？

系统测试的方法当然会更辛苦，但从长远着眼，成功的可能性似乎更大。采用这种方法的时候需要对许多肿瘤的原病毒插入位置进行鉴定，以确定插入的位点是否在可能包含有一个原癌基因的 DNA 附近区域。尽管病毒的插入整合有明显的随机性，但我们发现不同淋巴瘤里面的原病毒是在鸡的基因组的同一个区域，这其中可能包含了一个线索。这背后有一个重要的想法：如果一个细胞在某个原癌基因附近确定的位置被一个原病毒插入，这个细胞将获得一个生长优势，因而是被“选择”了，这就是发生在一个动物的细胞里面的达尔文进化论的一个版本。随机性的突变（原病毒插入）可能会激活数百万分之一的受到感染的细胞中的一个原癌基因，它提供了一种生长优势。然后，这个受到影响的细胞旺盛地生长，当其后代形成肿瘤的时候，它看起来似乎是被选择了。

我当时说服了一个在旧金山的研究生格雷格·佩恩（Greg Payne），着手进行更具挑战性但或许更有保证的第二种方法。在极短的时间里，格雷格已经得到证据表明，在不同的肿瘤里面，被禽白血病病毒原病毒插入所打乱的位置均是在鸡的基因组里的同一区域。但是就在我们找出在这些位置附近究竟有哪些基因之前，我们震惊地从我们的友好竞争对手——洛克菲勒大学的比尔·海沃德（Bill Hayward）那儿获知，答案不光简单，而且它早在我们的掌控之中。海沃德和他的同事发现大多数能够导致淋巴瘤的 ALV 原病毒所在的位置就在 c-myc 基因的旁边。C-myc 基因是一种原癌基因，它是迈克·毕晓普自己在几年以前通过追踪禽逆转录病毒癌基因 v-myc 在细胞 DNA 中的起源时找到的。

我犯了一个普通但尴尬的错误：把事情考虑得太复杂。放着试错法这种快而简单的实验不做，却把格雷格送到更理性化、更缓慢和更外延性的道路上。令人懊恼的是，myc 基因的分子探针就存放在我们自己实验室的冰箱里。如果我们使用这些分子探针的话，我们也能看到比尔·海沃德所看到的：c-myc 基因就在 ALV 原病毒旁边。而且，正如所料，禽白血病病毒的原病毒通过 myc RNA 的过度产生而大大增强了原癌基因在淋巴瘤中的表达。

我们对这件令人失望的事情一直耿耿于怀，甚至在 25 年之后，当我和格雷格（他现在是加州大学洛杉矶分校的教授）相聚的时候，我们仍会为我当初选择的实验决策而惋惜。但这也是件令人感到非常兴奋的事，毕竟它的基本前提是正确的。原癌基因在它们的正常控制被随机性侵入的原病毒逆转的时候就能够引起癌症。原癌病毒不需要先被逆转录病毒俘获而引起致癌的效果。对于后面这一点，在以后的几年中，在病人和动物模型当中一定会有许多其他的证据出现。

但是，我们仍有可能去进一步超越海沃德和他的同事们已有的研究成果。很快地，格雷格表明，在他一直研究的鸡淋巴瘤里，ALV 原病毒可以在 myc 基因的任何一边位置上，也可以在任意一个方向上，而不一定如同海沃德小组报告中所报道的那样必须在一边或是在一个方向上。这是非常令人惊讶的发现，它对于解释原病毒是如何影响相邻原癌基因的表达具有重要的意义。

到了 1981 年，当这个故事有了圆满结果的时候，我早就结束了学术休假从伦敦回来了。知道了禽白血病病毒如何在鸡里面引发淋巴瘤的原因之后，进一步激发了我的兴趣。我要在另一个病毒种类中作类似的探索，特别是在恶化程度很高的肿瘤里面找到能被原病毒插入而激活的原癌基因，比如被另一种反转录病毒小鼠乳腺肿瘤病毒（MMTV）感染的小鼠中发生的乳腺癌。我对小鼠乳腺肿瘤病毒已经进行了好几年的研究，因为作为乳腺癌的传染性病原体，小鼠乳腺肿瘤病毒是少数几种动物肿瘤病毒之一，经常会引起类似于成年人中常见的癌症。*

1980 年，来自荷兰的一名博士后研究员罗尔·努瑟（Roel Nusse），他在小鼠乳腺肿瘤病毒生物学方面早已训练有素，同意和我一起加入这项研究。因为当时没有一个已知的携带有细胞衍生来的癌基因的逆转录病毒会诱导乳腺癌，经过权衡之后，我觉得应该建议罗尔采用系统性的而不是试错法的途径从事这项研究。但是这一次，我的预测，即不假设这个目标基因是一个已知的原癌基因，终于得到了补偿（庆幸的是，想得太多有时还是有一些优势）。在不到两年的时间里，罗尔和我就做出报告，我们分离到了一个看上去显而易见的新基因。当小鼠乳腺癌病毒的原病毒在附近整合插入时，该基因就能被激活，并启动乳腺癌的生长

---

* 大约 90%的人类肿瘤是癌，起源于乳腺、肺、结肠、胰腺、前列腺及其他器官上皮细胞。

（见图6—2）。这个基因，现在被称作Wnt-1，没有被包含在当时已知的原癌基因中，从来未被发现是一种像逆转录病毒中的v-src那样的病毒癌基因。

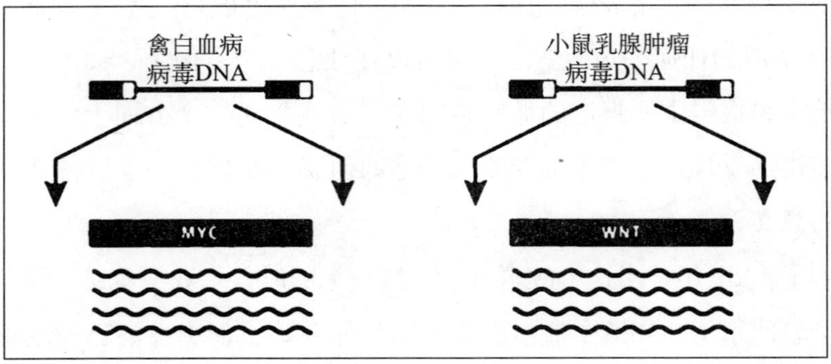


**图6—2**

这两个图描述了病毒癌基因缺失型的逆转录病毒是如何通过插入到一个原癌基因的附近并激活它的表达而启动肿瘤生长的。左图表示，一个禽白血病病毒的原病毒插入到c-myc基因任意一侧，从而在受感染的禽鸟中引起B-细胞淋巴瘤（c-myc基因最初是被作为一种逆转录病毒癌基因v-myc的前体而被发现的）。右图表示，一个小鼠乳腺癌病毒原病毒插入到Wnt-1基因的任意一端，从而在受感染的小鼠中引起乳腺癌（Wnt-1基因是通过研究在肿瘤中的整合位点而被发现的）。

现在，过了25年之后，我们知道wnt-1基因有许多近亲，这个"wnt基因家族的成员"在所有动物种类的正常发育过程中起着关键的作用。wnt-1基因的发现也帮助了其他研究人员揭示出在人的大肠癌中，凡是与wnt基因在功能上相关的基因几乎总是发生突变。关于这一点，在本章结束之前，我还会简要地讨论。虽然有关wnt基因及其作用的细节超出了我的目的范围，但是这种策略，后来揭示出这些wnt基因在胚胎发育方面的重要性，在阐述典型生物体（如果蝇）导致对生物学的广泛性结论的连接方面的重要性起了一个很好的示范作用。在这个例子里，罗尔，他在阿姆斯特丹自己的实验室工作，知道wnt-1基因是果蝇进化等效物中的一个版本，已经于几年之前在一项角逐诺贝尔奖的研究中，试图找到决定果蝇胚胎发育最早期几个步骤的那些基因的时候已被发现了。*

## /原癌基因在人类癌症中发生突变/

虽然发现了原癌基因，像 c-myc 和 wnt-1，它们分别由于原病毒插入到鸡的淋巴瘤里和小鼠乳腺癌中而被激活，是一个非常了不起的事件，而且这些发现再次给我们中的一些对原癌基因的重要性仍持怀疑态度的人打消了疑虑，但是病毒插入突变仅是在动物身上而不是在人身上导致癌症。因此，在 20 世纪 80 年代初期，陪审团仍在问一个关键的问题：原癌基因发生突变会导致人类的癌症吗？在短短几年中，各种证据都在齐声说：是的，它们能够导致人的癌症。

最初的一些证据来自研究人员一系列的努力，他们想要弄明白多年来在某些类型的肿瘤中，尤其是在白血病和淋巴瘤当中所观测到的异常染色体究竟是怎么回事。其中的一个途径，再次把人们带到 myc 基因。这是一类原癌基因，在鸡的淋巴瘤中，是致癌的 ALV 原病毒插入的目标。例如，在一个被称作伯基特（Burkitt's）淋巴瘤的人类儿童肿瘤中，第 8 号染色体上的 myc 基因链接到其他染色体上时，这种连接方式把基因表达的强信号放在了 myc 基因的旁边，从而大大提高了 myc 基因的 RNA 和蛋白的生产。在另一种被称为神经母细胞瘤的儿童肿瘤中，myc 基因家族中的另一个不同成员往往是被加倍复制（“放大”）了，因此，在癌细胞里面，这个基因有许多拷贝，而 myc 蛋白则被大量地生产到了危险的程度。

但是，其他一些种类的原癌基因也受到这些致癌的染色体重排的影响，其中一些因而提供成为新的癌症疗法的靶向目标。由这些染色体重组涉及的原癌基因最有启发性的可能要数 c-abl 基因了，它是那些编码酪氨

---

* 在果蝇里面，这个基因被称为无翅基因，反映了在 wnt 基因中的一个发育突变体是翅膀缺失的。在小鼠中除去功能性的 wnt-1 基因所产生的动物缺乏部分中脑和小脑，并呈圆圈行走。最近的研究，当然又涉及罗尔，在他的斯坦福大学实验室，表明 wnt 基因在维持干细胞的行为，包括胚胎干细胞的行为方面起着至关重要的作用。

酸蛋白激酶基因家族的一个成员，因此也是 c-src 的亲戚。1960 年，大卫·亨格福特（David Hungerford）和彼得·诺威尔（Peter Nowell）两人碰巧在费城一起工作，他们在一种成年人中最常见的白血病——慢性骨髓性白血病（CML）患者的白血病细胞中发现了一个小小的、看起来很奇异的染色体。为体现市民的骄傲，他们给这个染色体赋予了一个狭隘的名称，叫做费城染色体。

起初，人们认为这个异常染色体只是一个截短的人类 22 号染色体。但是 13 年以后，珍妮特·罗利（Janet Rowley），当时是美国芝加哥大学的医学遗传学家，采用改进的染色体染色方法显示，费城染色体实际上是一个混合体，是第 22 号染色体的大部分附着在第 9 号染色体的小片段上。在当时的情况下，人们不可能去做更深层次的分析来提问哪些特殊的基因会受到这两个染色体融合所造成的影响。然而，10 年之后，几个研究团队做出了惊人的发现。第 9 号染色体上的一个原癌基因 c-abl，它是小鼠白血病病毒中病毒癌基因的前体，总是被发现在费城染色体与来自第 22 号染色体的基因的交界点上。而且，从费城染色体易位基因合成的 ABL 蛋白是一种融合蛋白，它大部分由 c-abl 编码，小部分则由从第 22 号染色体带过来的邻近基因所编码。这种融合蛋白的酶的活性比正常的 c-abl 蛋白更高，就像 v-src 蛋白激酶比 c-src 激酶活性更高那样。所有这些观察都和以下的想法相一致，即慢性骨髓性白血病（CML）细胞中的异常 ABL 蛋白可能是导致白血病的原因。白血病也许能被一种酪氨酸激酶抑制剂所控制，如果它能有效抑制这种融合蛋白的激酶活性的话。我们将会很快看到，这一切都是确切的。

## /原癌基因在人类癌症中的简单突变/

另一项研究调查线索显示的证据表明：原癌基因的突变在人类癌症中非常剧烈。这些突变之所以剧烈，是因为它们的出现频率和它们的生物效应，但是在 DNA 水平上它们通常是微小的变化，因为要把一个正常的基因转变成一个强大的致癌基因，只需要在原癌基因中出现单个核苷酸的改变，并不需要插入突变或大型染色体的干扰。

寻找这种类型的原癌基因的突变体，最初只是依赖于一种最原始的而现在则是分子生物学上的标准方法：将裸露的 DNA 导入细胞里面，然后进行基因的功能测试。* 在 40 年代，洛克菲勒研究所的奥斯瓦尔德·埃弗里（Oswald Avery）、科林·麦克劳德（Colin MacLeod）和麦克林·麦卡蒂（Maclyn McCarty）采用这种方法证明了 DNA 是细胞中包含遗传信息的物质。当他们把来自一种菌株的 DNA 放进另一种菌株时，后一种菌株就获得了前一种菌株的形状和表面特性。换句话说，纯 DNA 显然可以将一种遗传性状从一个细胞转移到另一个细胞。

30 多年后，在 70 年代末，麻省理工学院癌症中心的鲍伯·温伯格（Bob Weinberg）采用裸露 DNA，把遗传性状从一种细胞转染到另一种细胞，取得了十分类似的成就。他和他的同事从老鼠和人类的各种肿瘤细胞里提取 DNA，将它加到培养皿中的正常形态的小鼠细胞里，然后观察由转化细胞所形成的细胞菌落的产生，就像特明（Temin）和鲁宾（Rubin）早年做的劳氏肉瘤病毒菌落检测的实验那样（见图 6—3）。

温伯格和他的学生，以及其他研究人员，不断地搜寻转移 DNA 里面的基因，他们期待并且希望能够找到新的基因。但是，最初从细胞里找出来的一些基因后来被发现是属于已知的原癌基因的突变体，即逆转录病毒癌基因的前体 ras 基因家族的成员。**（这个发现出乎鲍伯的意料之

---

* 当这些发现被揭示的时候，DNA 测序等方法仍处于初期阶段，而人类基因组计划更是尚未制定。现在，由于采用了这些新型和强大的，但在美学上并不那么满意的方法，影响人类原癌基因的突变体不断地以更快的速度被发现。癌症基因组图谱数据库（TCGA），是该事业最显著的表现，而肿瘤体细胞的突变体目录数据库则提供了一个迄今为止的最简单明了的基因清单。

** 这些原癌基因，称为哈维—拉斯（H-ras 基因）和科斯滕—拉斯（K-ras 基因），是小鼠和大鼠的肉瘤病毒中病毒癌基因的原代，具有高度致癌性。它们分别以两名美国病毒学家的名字——杰里弗·哈维（Jennifer Harvey）和威纳·科斯滕（Werner Kirsten）命名。他们在许多年以前发现了这两个病毒。Ras 基因制造小分子量蛋白质，存在于细胞质当中，它们通过与许多其他蛋白的结合，对细胞行为的多方面具有重大影响。

外，也许他并不高兴让 ras 揭示的结果被记录在吉米·西蒙的卡通画里面。）

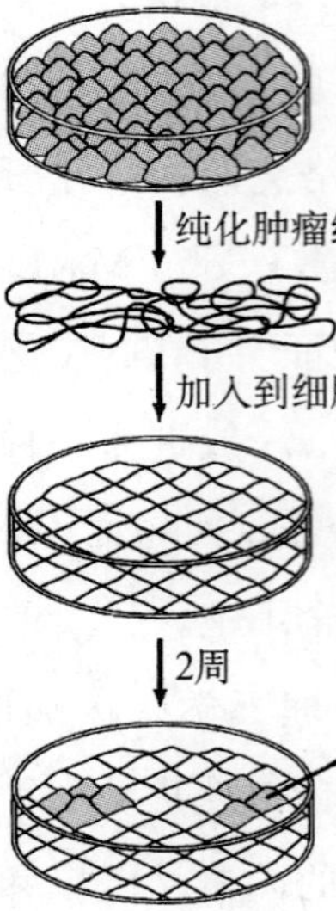


**图 6—3**

要检测人类癌细胞的原癌基因突变体，首先把 DNA 从人细胞中纯化，然后引入到正常形态的小鼠细胞，随后再来观察那些罕见的（极少量的）获得了转化细胞特性的细胞。通过对转化细胞菌落作进一步的研究，就能够确切地知道在被引入的许多的基因里面，哪一个基因对这样的转化起决定性的作用（详见本书描述）。

温伯格和别的研究人员在 ras 基因里发现的突变体有一个特别显著的特点：一个单核苷酸的改变就足以将一个正常基因转变成一种强力致癌基因。此外，将 ras 原癌基因转变成一个癌基因的单核苷酸改变，与逆转录病毒的 ras 癌基因和原癌基因进行比较的时候所观察到的变化，基本上是相同的。更进一步地，我们现在已经知道，作为 ras 原癌基因之一的 K-ras 基因在相当多的人类癌症中都发生突变了，包括四分之一的肺癌、一半的结肠癌和几乎所有的胰腺癌。再有，在几乎所有的情况下，导致突变的仅仅是一个简单的、影响到 DNA 序列中的一个核苷酸的变化，而且几乎总是处于基因中的几个特殊位点，改变了 ras 蛋白的一个特定部分。然而这样一个小变化造成的后果是灾难性的：一个突变的核苷酸改变了蛋白质的一个氨基酸，该蛋白产生不可逆的过度行为，迫使细胞发生癌变。不幸的是，目前人们还没有制造出药物，像能阻断激活的酪氨酸激酶的药物那样来抑制超常 ras 蛋白的效果。一旦我们有了这样的武器，大部分的最致命的癌症就会突然变得更加容易治疗了。在下一章我们将会明了为什么会是这样。

在目前许许多多参与人类癌症的原癌基因里面，最后一个例子值得一提，那就是那些编码细胞分泌蛋白的 wnt 基因家族，其中的一个是我和罗尔·努瑟一起发现的，因为这个基因在小鼠的乳腺癌中经常被小鼠乳腺癌病毒（MMTV）的原病毒所激活。在果蝇的遗传学研究中发现，wnt-1 基因分泌的 wnt 蛋白需要一系列其他基因的参与才能起作用。这些基因所编码的蛋白一起组成一个通信链，称为信号通路，它告诉细胞当 wnt 的蛋白在一个细胞的环境中出现时如何对其作出反应。有关这个途径的知识已经被证明，它为人们了解人的结肠癌提供了极为重要的信息。令人惊讶的是，在哺乳动物细胞 wnt 信号通路中所涉及的一些基因，在几乎所有人类结肠癌和其他一些人类癌症中都发生了突变。这些基因往往被认作是能使 wnt 蛋白起作用的果蝇基因的同源体。因此，研究昆虫发育的基础科学对于破译常见的人类癌症同样产生着影响。不幸的是，在那些由 wnt 的信号通路驱动的癌症病人中，如何去阻断这些致命的信号通路，还有待我们去发现。

# 第7章 人类癌症的靶向治疗

如同在前几章中所揭示的那样，在 c-src 发现之后的 10 年间，科学界对原癌基因有了相当的了解。原癌基因有许多种，不光只有 c-src 一种；有许多但不是所有的原癌基因是因为它们曾经被逆转录病毒俘获并被转换成病毒癌基因才被发现的。原癌基因可能以不同的方式被激活而诱导产生癌症。这些方式包括原病毒的临近插入，数种不同类型的突变（染色体的重新排列和 DNA 顺序的微小变化），以及突变的原癌基因经常在人的癌症里被发现。下面的一些问题比较显而易见，但是也比较难以回答。科学家为之激动的这些信息对病人有用吗？医生能否利用这些知识去诊断、分类和监控癌症？或者，最为重要的是，去治疗或者预防人类的癌症？

## /两种文化的另一个问题/

回答这些问题的一个潜在的障碍是实验室研究人员和临床研究人员之间的一种文化分歧。这种文化分歧能够阻止新科学应用于老的疾病。虽然这些障碍是可以克服的，但是它们是真实存在的。我的大部分的科学生涯是在 UCSF 度过的，在那里我工作了 23 年。我认为自己是一个基础科学家，受过医学训练，但缺乏临床技能，我试图回答与疾病有关的问题，主要是癌症和后来的艾滋病。但是我很少通过直接的努力把我所学到的东西用来控制这些疾病。

这里有几个原因，有些强，有些弱。我偶尔试图与那些临床的同事们进行合作，但遇到了一个“两种文化”的问题，一个既相似于又不同于斯诺所描绘的那个更为有名的问题。大多数的临床医师（甚至学术界里的临床医师）和基础科学家（甚至那些一开始是作为医生而经受训练的基础科学家），要他们改变并不容易。他们了解不同的事情，似乎在说不同的方言，他们有不同的目标和标准，甚至连每天的日程安排也不同，医生们很早上班，科学家们往往晚到——也就错过了相遇的机会。

临床医生们通常缺乏实验室的支持，而储存和记录用于研究的病人的材料需要有实验室的支持；他们都非常忙碌；他们的主要工作职责在实验室之外。另外，从生物学上的发现到进入临床应用之间的时间可能是出乎想象的长。而这个过程还可能被行政和监管方面的障碍所阻挡。这些可以考验那些已经习惯于实验室频繁满足感的人的耐性。

在我的职业生涯的早期阶段，我充分享受着在科学的前沿领域里的工作机会。疾病机制的含义在这些前沿领域里非常丰富。我把其他的事情，即把我和我的同事们可能会发明的东西应用到卫生保健系统中的责任，给了那些有临床技能的人，或者给了那些在生物技术及制药工业中的人。然而，在我于1993年离开UCSF就任NIH主任之后紧接着的几年当中，实验室的科学研究和临床应用之间的鸿沟似乎变窄了：人类基因组计划不断开发出新的工具和方法，大大简化了测试人的基因在疾病中的作用过程，并且预示着在NIH工作的每个领域都会更加快速地发展。在我的NIH的新工作中，我几乎每天都被病人或其家属们包围着，他们希望看到新的知识会开辟控制疾病的道路，而立法者则每天来询问数十亿美元拨款给NIH资助的研究如何能够很快改善公共卫生。

肿瘤学实践，尽管是临床专业中最有可能受到我们自己工作的影响，还没有太大变化；但种种的迹象表明，有关各种肿瘤里面的癌基因的信息，将会很快地被用来指导癌症的诊断、分类、结果预测和治疗的选择。在20世纪80—90年代期间，已经发展出对某些原癌基因编码的蛋白质的抗体，并且至少有一个抗体显示有希望被用于治疗某些乳腺癌。此外，一些突变基因的分子检测，如异位的慢性粒细胞性白血病c-abl基因、结肠癌里突变的K-ras基因，看来能够提供新的方法来发现肿瘤，或者用来检测它们对治疗的反应。

## /成功靶向瘤蛋白/

然而就在1999年的时候，格列卫突然出现了——分子肿瘤学家的梦想成为现实，这是到目前为止最好的证据，表明癌症研究的最基本的方面将极大地造福于癌症病人。* 格列卫不像大多数的化疗药物，它很容易服用（口服药丸一天一粒），仅引起轻微的副作用，通常能够维持疗效好几年，而且药性非常强，几乎能够在几个星期之内，在几乎所有患者中，尤其是在疾病的早期阶段的病人当中，可以逆转与慢性粒细胞性白血病有关的所有症状。更值得在这里一提的是，格列卫之所以能够具有这些疗效，是通过抑制一个突变的原癌基因，特别是抑制那个在每个白血病细胞当中都可以发现的、在费城染色体上产生的c-abl的融合蛋白的作用来完成的。

格列卫这种药物是在偶然机会中发现的，而不是直接去开发的。在20世纪90年代初，制药公司契巴—格吉（Ciba-Geigy，现在是诺华公司的一部分）与戴纳—法柏癌症研究所（Dana Farber Cancer Institute）① 的科学家们一起试图发现能够阻挡导致非常常见的动脉硬化症的另外一个酪氨酸激酶的作用，而不是c-abl。其中有一个药物，称作STI—571（现在正式的名称是甲磺酸伊马替尼，商业名称作格列卫）。这种药物对血管中的靶点蛋白质具有特异性的抑制作用（虽然它的临床效果不怎么明显）。但它对abl酪氨酸激酶和至少另外一种酪氨酸激酶也具有强烈的抑制作用。这个结果提示了这样一个问题：该药是否对慢性粒细胞性白血病的患者也可能有作用？

契巴—格吉公司最初担心的是开发和测试药物用于治疗并非常见病的疾病（像慢性粒细胞性白血病）可能造成过高的成本。** 布莱恩·德洛克

---

* 如在本书的绪论中描述的，这个药物就是里克·克劳斯纳在电话中提起的药。

① 译者注：戴纳—法柏癌症研究所位于波士顿，是哈佛医学院的一个主要附属研究所。

** 全美国每年约有六千例慢性粒细胞性白血病新病例，大大少于超过数百万例有罹患动脉硬化症的潜在危险的病例。

(Brian Droker) 是一个肿瘤内科医生，他已经从法柏（Farber）研究所搬到俄勒冈大学。他说服了这家公司来赞助一项早期临床试验。原则上仅仅是测试药物的安全性的初期（所谓的“第一阶段”）药物临床试验，结果几乎是一个奇迹，一个史无前例的奇迹。在短短几天或几个星期之内，在药物剂量达到足以抑制 abl 融合蛋白酪氨酸激酶活性的时候，几乎在每个病人身上，疾病的症状以及在血液中和骨髓中的绝大部分的白血病指标都消失了，而且没有引起大的副作用。

美国食品药品管理局（FDA）以近乎超纪录的速度批准了格列卫用于治疗慢性粒细胞性白血病。七年以后，格列卫在世界范围内被广泛采用。大多数的病人在连续服药后持续地处于缓解期，诺华公司在赚钱的同时加强了它的声誉，格列卫非常有效地被用于至少五种其他的癌症（其中包括一种肠道肉瘤，其他大多是罕见的血液病）。每种这类癌症均是由一个能够影响三个酪氨酸激酶的其中之一的突变体所驱使。而所有这三个酪氨酸激酶的突变体均能够被这个药物所靶向治疗。这个药物代表了最佳的理性设计和靶向治疗的方法。

然而，对格列卫最初反应良好的慢性粒细胞性白血病患者中，有少数病人的病情会重新发作，尽管他们持续使用这种药物。这是什么原因呢？结果表明，几乎所有这些获得耐药性的白血病例中，都是在费城染色体上的 c-abl 基因上产生了另一个新的突变。这些新的突变改变了 abl 融合蛋白的氨基酸序列，从而阻止了格列卫抑制酪氨酸激酶活性的作用。科学家们采用其他抑制剂来测试对格列卫产生耐药性的突变体，令人惊讶的是，他们很快便找到了两种能够有效抵抗大多数对格列卫耐药的 abl 融合蛋白的抑制物，并且证明在人体中有效，因而获得批准使用。现在看来似乎越来越可能，像慢性粒细胞性白血病这种疾病，其诊断曾经被称为“被判了死刑的”，很快就会变成可以被正常控制好几十年的一种疾病，直到病人发展出一些其他的致命情况，尽管目前还缺乏完全治愈或完全预防癌症的药物，但是这是任何进行癌症的分子基础研究的人所希望见到的最好的结果。

格列卫的成功对病人来说显然是一个福音。对我们这批人来说，格列卫的成功也是一个明证，因为我们希望这种能够干扰癌基因作用的药物总有一天会成为对付癌症的有效的武器。可是事情并不总是如此。大多数的癌症，如果不是全部癌症的话，有多种的基因损伤。当然，想象是容易的，甚至是可能的，即把所有的损伤都逆转过来以产生效果，但这是一项艰巨的任务。而且，当时人们并不期待一种药物，如格列卫，会大幅降低癌细胞的数量，而仅仅是希望它能够终止已经形成的癌细胞的继续生长。(过一会我会更多地阐述这一点。)

当格列卫出现的时候，有人说它可能是一个特例或异数，也有人说慢性粒细胞性白血病是一种非典型性癌症。格列卫的有效性在其他一些血液肿瘤和胃肠道肿瘤上的测试表明，慢性粒细胞性白血病并非唯一一种对这类靶向治疗敏感的疾病。但是还有没有其他类型的格列卫或其他的靶向治疗药物，其作用原理是通过抑制由突变的原癌基因产生的蛋白？格列卫肯定不会是孤例。在这些新一代的治疗癌症的药物当中，有好几种药物能够抑制其他的一些意料不到的酪氨酸激酶。一些是切断与癌症有牵连的其他的蛋白质，抗体则能够与肿瘤细胞表面上的蛋白质结合，或者和细胞之间移动的蛋白结合。被这些治疗药物所靶向的大部分的蛋白质，要么是由原癌基因突变体所编码的，要么是由那些过度表达的原癌基因所编码的。不过没有一种其他的治疗能像格列卫那样对慢性粒细胞性白血病产生非凡的影响力。但是其中有几种药已经被 FDA 批准，并得到了广泛的使用。其中最出名的也许是赫赛汀（Herceptin）——赫赛汀是一种抗体，它能够识别在大约三分之一的乳腺癌中都可以找到的一种细胞的表面蛋白。它能够减缓癌症已经扩散的病人的病痛，如果在首次手术的时候就使用的话，还可以大大降低癌症转移率。*

---

* 这种蛋白碰巧是由一种原癌基因所编码的。这个原癌基因是鲍伯·温伯格在把 DNA 从大鼠脑瘤转移进培养的成纤维细胞里面去，以便观察转换活性时所发现的。

## /基于癌基因突变的新的肺癌治疗措施/

最近，通过我们自己在纪念斯隆—卡特琳癌症中心（MSKCC）对肺癌的研究工作，我已经能够观察和直接参与努力，通过利用癌症基因方面的新知识来改善癌症的治疗。在这个角色中，我看到了这样的靶向治疗的希望，同时也注意到了它们的局限性。

在慢性粒细胞性白血病患者中，经过格列卫治疗之后，肿瘤细胞几近消失。这种结果可能暗示着当药物抑制了 abl 融合蛋白的酪氨酸激酶活性增强的肿瘤细胞时，也许可以导致肿瘤细胞死亡，而非简单地使细胞停止生长。通过对过去几年中的许多其他研究的观察，比如在病人当中，在培养的肿瘤细胞中，在实验动物中，这种理念得到了加强。这一现象现在被称为“癌基因依赖性”，更具色彩的说法是“癌基因上瘾性”。其潜在的想法是，当一个癌细胞被突变体从一个正常的状态转变到恶性肿瘤状态时，发生了非常剧烈的改变，如果没有由突变的癌基因释放出的讯号，它是无法存活的。换句话说，如果控制不正常细胞行为的一个癌基因突然受到抑制，其结果会导致癌细胞死亡，或细胞自杀。

基因工程小鼠提供了一种有趣和迷人的实验方法，来展示和研究这种癌基因依赖性现象。在 90 年代末期，迈克尔和迪恩·费舍尔（Dean Fisher，是迈克尔在 UCSF 的一名学员）是最早把这种实验方法展示给人们的研究人员中的两位，他们使用了一个聪明的技巧，利用抗生素来控制一个癌基因 myc 的开启和关闭。* 当他们把血液细胞中的 myc 癌基因开启时，大的肿瘤出现了；当这个癌基因被关闭时，肿瘤就迅速消失了。

同样引人注目的结果已有报道出现在由突变的 H-ras 基因引起的实验黑色素瘤和由 abl 融合基因所引发的白血病当中。从这以后，借由这个调控癌基因的总体战略，有数个癌基因已被证明对维持多种小鼠肿瘤的生存

---

* 四环素本身对肿瘤的生成不具有直接的作用；使用四环素仅仅是起到调控癌基因表达的作用。

是必需的。可以理解的是，使用这样的设置把一个癌基因关闭掉，相当于在一个病人身上使用一种非常有效的药物，因此这样的研究刺激了戏剧性回归，让人们来努力寻找能够阻止相关癌基因作用的途径。

对慢性粒细胞性白血病这种成人白血病的治疗过程告诉我们，靶向药物如格列卫是多么有效，这一点深具临床的指导意义，但这种癌症本身并不常见。肺癌则不一样，肺癌在美国和全世界都占据癌症死亡原因的首位。就在我任职 NIH 主任即将结束的时候，我的小组里的一位博士后研究员伽林·费舍尔（Galen Fisher）做成了一个 K-ras 突变体的实验小鼠模型——K-ras 是一个已知的基因，它参与到大约 25%的人肺癌中。在这个实验小鼠模型中，K-ras 基因可以在肺细胞里面随意地开启或关闭。当突变的 K-ras 被开启，肺细胞生长，有一些细胞变成了小的肿瘤，以后则变成侵入性的癌，类似腺癌，而腺癌是目前最常见的人肺癌形式。但是当 K-ras 基因被关闭的时候，肿瘤会迅速消失，这是癌基因依赖性的又一个例子。肺癌细胞需要依赖突变的 K-ras 基因获得生存——这再一次强调，我们极为需要得到我们目前还没有的东西：一个有效的方法来中和 ras 突变体蛋白的作用。

当我的实验室把这些小鼠模型从 NIH 转移到纪念斯隆—卡特琳癌症研究所之后，如何对它们进行研究的挑战，落到了威尔·鲍（William Pao）的肩上。他当时是一个主要对肺癌感兴趣的癌症科研究员。威尔是一个卓有成效的科学家和一个优秀的医生，他正试图弄明白为什么当 K-ras 被关闭的时候，小鼠肺癌细胞会死亡。因为要在动物体内追踪这个过程，我们采用了核磁共振成像技术。2002 年冬季的某一天，威尔看了许多小鼠肺的照片，其中显示当 K-ras 基因被关闭以后，小鼠肺肿瘤迅速消失了，而当他在看一位中年女性的晚期肺癌 X 射线图像时，他吃惊地瞪大了眼睛看到：病人接受了新的实验药物易瑞沙（Iressa）仅仅五天之后，她的弥散性肺癌同样戏剧性地消除了。

易瑞沙这种药物，如同格列卫，也是一种酪氨酸激酶抑制剂。当时，易瑞沙在经其他治疗而失败的晚期肺癌病例中进行测试，那时对于哪个具体的酪氨酸激酶可能是这个药物的靶点还没有任何的确定性。大约 10%的患者对易瑞沙显示出良好的初期反应，虽然很少有像威尔的病人这样强烈的反应。根据小鼠模型的研究工作，以及格列卫的经验，我们当时认为，在具有反应的肿瘤里面的癌细胞必定是依赖于一种突变的原癌基因，从而使得酪氨酸激酶易于受到易瑞沙的抑制。

但是，究竟是哪一个基因，哪一个激酶？当时还没有任何一个酪氨酸激酶被非常清楚地与肺癌的起因联系起来，以及与对药物有没有反应这方面联系起来。易瑞沙的制造商阿斯利康公司（AstraZeneca）发展了这种药物，旨在抑制一种特定的酪氨酸激酶的活性，一种名为表皮生长因子（EGF）激素的细胞表面受体。而编码这个受体的基因本身，简称 EGFR，被认作是一种原癌基因已经有 20 年了。* 但是，没有任何理由来假定在敏感的肺癌中，EGFR 就是易瑞沙的靶点。有时在肿瘤细胞中存在着丰富的受体，但就其本身而言，并没有多大意义。丰富的 EGFR 和肿瘤的缓解没有相关性，而且 EGFR 的突变体在肺癌中还没有报道。这个问题在当时仍是开放的。

人类基因组计划显示在人类基因组中大约有 90 个基因可能编码酪氨酸激酶，原则上，其中的任何一个都可能是与易瑞沙作用相关的目标。但是要测试所有的突变体，或测试对于易瑞沙的易感性是一个大的项目，制药公司并没有足够的动力去做这件事。如果把易瑞沙给所有的病人服用，公司就能赚更多的钱，而不是只给那些已经被前期确认的、大大少于预期的、在美国的大约 10%的对药物可能敏感的肺癌病人服用。

威尔和我对于在对酪氨酸激酶抑制剂像易瑞沙敏感的肺癌中寻找基因突变的前景都感到很兴奋。当时我们有一些明显的优势。易瑞沙和另外一个密切相关的药物，称为特罗凯（Tarceva，由基因技术公司 Genentech 生

---

* 上皮细胞生长因子受体（EGFR）最开始时被称为 erbB，这个基因是由迈克尔和其他一些人（如杰米・西蒙的卡通画所指）在研究导致红白血病的禽流感病毒时发现的。

产），已经由我们的纪念斯隆—卡特琳癌症中心的肺癌专家在肺癌患者中进行过测试，所以我们可以从这些病人当中——不管其是否对这些药物敏感——取到肿瘤标本。我们的想法很简单：在这些对药物敏感的肿瘤中寻找突变的原癌基因，而在对药物不敏感的肿瘤中这些原癌基因是正常的。一种特定的基因突变和对易瑞沙或者特罗凯的敏感性有相关性的话，就意味着是这些药物阻止了由该基因的突变体编码的酪氨酸激酶。

为了进行这样的搜索，我们首先在纪念斯隆—卡特琳癌症中心组织了一个多学科参加的团队，由肿瘤内科医生、外科医生、放射科医师、病理科医师和分子生物学家以及其他人员组成。这个团队被称为肺癌肿瘤基因组团队（Lung Cancer Oncogenome Group，LCOG）。* 为了找出可能是编码易瑞沙的靶向目标的突变的基因，我们把著名的当时是华盛顿大学 DNA 测序中心主任的瑞克·威尔逊（Rick Wilson）拉了进来。

当然，由于人类基因组非常大，所以我们不得不缩小我们关注的焦点。即使我们仅将注意力集中到 90 个编码酪氨酸激酶的基因（可能的药物靶点），也将会是一个挑战，因为大部分的肿瘤标本是被包埋在石蜡中、用于做切片供显微镜观察和诊断的；这使得从样品中提取 DNA 异常困难。结果，我们仅能够准备足够的 DNA 用于检验所有那些多个可能的遗传靶点中的少数几个基因。在这种情况下，因为我们的 DNA 的量有限，我们是否应该接受阿斯利康公司的目标——抑制表皮生长因子受体酪氨酸激酶，把我们的努力限制在 EGFR 基因以及也许其他少数几个基因上？或者我们是否应该少做猜测而采取一种涵盖更广的步骤，看一看更多的基因？我们可以利用其他的采用一种更有用的方法保存的肺癌标本（快速冷冻法）。这样我们可以得到更好的 DNA 制备，对大量的基因进行测序——至少对那 90 个编码的酪氨酸激酶的基因都进行测序。但是我们可能会丢掉一

* 在某些方面，这个团队（指肺癌肿瘤基因组团队 LCOG）有点像由来自多个研究所团队的病毒学家、分子生物学家和其他的人所组成的西海岸肿瘤病毒合作队伍，它对于我们更早期进行的 RSV 原癌基因的工作是那么的重要。

些有用的信息，即肿瘤对易瑞沙和特罗凯的反应的信息，因为这些冷冻的标本是从近期的手术中获取的。这些病人的癌症尚没有复发，所以还没有机会使用这些药物进行治疗。

令人兴奋的是，在这之前，瑞克·威尔逊的小组在三个最开始测试过的对药物敏感的石蜡包埋的肿瘤样本中，发现其中有一个样本，在表皮生长因子受体基因中有一个有趣的、新的基因突变。但是由于测序很困难，而且这个突变是不寻常突变并且难以解释，所以，我们说服自己：可能更好的做法是对更多的酪氨酸激酶基因序列进行测序。这其实是一个令人痛苦的致命错误。它就像我20多年前犯的错误一样，当时我鼓励格雷格·佩恩不要想当然地认为鸡淋巴瘤中的鸡原病毒会插入到为数并不多的一个原癌基因的邻近位置上，就如我们已经知道的c-myc基因。这是又一个“想得太多”的产物，而后果是相似的。在2004年的春季，当我们正在加大规模对冷冻肿瘤标本进行更多的酪氨酸激酶基因测序的时候，我在出差到波士顿时获悉了另外两个实验室（都在哈佛大学），已经在着手发表报告：对易瑞沙敏感的肺肿瘤含有两个不寻常的EGFR基因突变体中的一个。其中一个突变体和我们几个月以前在对药物敏感的肿瘤中所看到的是同一个类型，但是，遗憾的是我们没有充分地追究。

当然，哈佛的研究结果仍然是令人激动的，它激励我们重新回到正轨。我们在几个星期之内，在肺癌肿瘤基因组团队（LCOG）的许多人的帮助下，了解到对于一种酪氨酸激酶抑制剂，易瑞沙是真实的，那么对于另一种酪氨酸激酶抑制剂，特罗凯也同样是真实的。特罗凯这种药物现在在美国被广泛用来治疗具有或被怀疑具有在上皮生长因子受体基因上有突变的肺癌病人。

正如根据纪念斯隆—凯特琳癌症研究所的临床研究预料的那样，对酪氨酸激酶抑制剂敏感的、在表皮生长因子受体上有突变的肺癌在非吸烟者中特别普遍；我们发现这些人中大约有一半的癌症患者从不抽烟。相反，几乎所有的有K-ras基因突变的肺癌是在吸烟者中产生的，而这些肿瘤对酪氨酸激酶抑制剂则不敏感。

肺癌肿瘤基因组团队的成员开发出了国家批准的测试方法用于测试两个最常见的 EGFR 基因突变体，并开始了一个临床试验，以寻求酪氨酸激酶抑制剂应用于外科手术后的早期肺癌的好处。凯蒂·普利提（Katie Politi），我的研究小组中的一个博士后科学家，建立了一个基因工程小鼠模型，通过四环素调控，可以随意地表达两个 EGFR 突变体中任意一个突变体。一如预期，当突变体的受体由四环素启动的时候，小鼠长出了肺肿瘤；而当突变体基因在去掉四环素而关闭时，或者当突变的激酶被用特罗凯抑制的时候，小鼠的肺肿瘤消失了。

但是，不幸的是，经过特罗凯治疗的带有 EGFR 突变体的肺癌患者，没有能像接受格列卫治疗的慢性粒细胞性白血病患者过得那样好。肺癌病人会感觉比较好，肺癌的面积通常也会减小，但它们并没有消失，而且在一两年内，尽管从不间断使用该药，肺癌仍有可能重新开始扩散。威尔·鲍发现为什么有大约一半的肿瘤会产生抗药性，原因是这些肿瘤在表皮生长因子受体基因上获得了另外一个突变体，这个突变体使得酪氨酸激酶受体对于特罗凯的抑制效果不为所动。如同在对格列卫产生抗药性的慢性粒细胞性白血病中进行的研究那样，一些对付肺癌抗药性的药物，也在小鼠和病人中进行测试。这种理性的研究方法给人们一种乐观的理由，这一类的肺癌有望在不久的将来得到控制。

这些最近才有的进展来得太晚了，未能给予任何生命的希望给霍华德·特明，一个在所有似乎最不可能患上肺癌的人们当中的一个同事。读者将会把霍华德·特明作为先知的科学家来铭记。他曾提出原病毒假说，并且是逆转录酶的共同发现者。他当时鼓励我们的实验室进行原癌基因的研究，随后他也在他自己的、在威斯康星大学的实验室研究原癌基因。虽然他没有经过医学训练，但他是一位公共卫生事业的倡导者。当他登上 1975 年诺贝尔晚宴领奖台致获奖答谢词的时候，他首先停顿了一下，对那些吸烟的人们——她们碰巧是瑞典皇室的公主们——表示反对。他正好要开始他在肿瘤病毒方面的研究的演讲。（正在这时候，瑞典王子伯蒂尔（Prince Bertil）点燃了香烟，那么豪爽和闻名。）

1994 年，59 岁的霍华德死于肺癌。当时几乎没有什么药能够给他。因为他是一个非抽烟者，因此他的肺癌很可能已经包含了我刚才所说的那些在他的表皮生长因子受体（EGFR）基因中的一个突变体——而 EGFR 是通过鸡逆转录病毒的研究发现的一个原癌基因。如果真是这样，他可能至少会在相当长的一段时间内对酪氨酸激酶受体抑制剂有较好的反应，甚至有极敏感的反应。我很遗憾，他没有能够活着看到，他所帮助建立的科学事业已经使无数的患者获益。

# 第 8 章　科学中的合作关系

本书的所有读者可能没有明显感觉到，当我在叙述导致发现 c-src 的工作时，我使用的是“我们”，而不是“我”。“我们”是一个在科学的许多领域中最为普遍使用的代名词。这是因为绝大多数的实验工作以及随后共同署名的文章，是由一个由教职员、博士后、研究生和技术员所组成的团队所完成的。有些时候，当我使用“我们”的时候，我的意思就是指这样的一个实验室研究团队。但是，至少也是很经常的，这个“我们”是指在科学研究当中的一种特殊的关系，即在教职员之间存在的一种持续稳定的伙伴关系。

在本书的第一部分，我描述了跟迈克尔·毕晓普的会面，比较了我们的家庭和学术经历，解释了我为什么决定搬到旧金山来和他以及他的同事们一起工作。在 NIH 我已经学会在一个鼓励资深研究人员一起密切工作的环境里从事科学研究。比如，艾拉·帕斯坦和鲍伯·帕尔曼（Bob Perlman）在一起从事环腺苷酸对于乳糖操纵子调控研究的几年期间成为一对和谐的二重唱。我当时所需要了解的乳糖操纵子的大部分东西则已被另外一对著名的二人组合——巴斯德研究所的贾克·莫诺和弗朗索瓦·雅各布所发现。我之所以被吸引并加盟到 UCSF 的实验室的气氛当中，部分原因是因为迈克尔和他的一些教职员同事们，特别是沃伦·莱文森和莱昂·莱文棠已经作为一个小团体在运作了。*

---

* 莱昂一直是迈克尔在 NIH 的导师，他比迈克尔大约年长 15 岁。在 50 年代，莱昂和许多内科医生一样，采用生物化学方法研究一些常见的病理性病毒，如小儿麻痹症病毒。在公共卫生服务领域工作了 20 年之后，他离开了 NIH，加盟到 UCSF 的教职员队伍中，并且协助把迈克尔也招募进来。沃伦从医学院毕业之后，在哈里·鲁宾那儿完成研究生工作。他把自己进行劳氏肉瘤病毒研究工作的技术和想法带入一个原先是专门进行脊髓灰质炎病毒研究的小组里。

在我到达 UCSF 做博士后研究员的几个月之后，我开始觉得我有可能作为一个资深成员加入到这个小团体之中。由于我在医学方面的训练，当时的系主任欧内斯特·雅韦茨（Ernest Jawetz）要我去为 UCSF 的一些专业学院讲授微生物学课程。之后他又提议聘用我，一开始作为讲师，一年之后成为助理教授。相应地，我的工资来源也从原来由加州癌症协会资助的研究补助费，转到我从 NIH 那里获得的教职员发展奖了。

同时，迈克尔和我都日益意识到我们俩在科学研究方面，以及对其他一些事情，像对书籍、音乐、政治的兴趣，和对我们周围的人都有比较一致的看法。逐渐地，我们提出对技术员，以及以后对学生和博士后研究员进行联合管理与指导。我们共同从事逆转录病毒研究的四个教职员迈克尔、沃伦、莱昂和我自己，把各自的财务资源和实验室空间放在一起。我们每周在所谓的"劳氏午餐会"（Rous Lunch）上和我们所有的受训人员与技术员一起开会，讨论我们的科研工作（这样的"劳氏午餐会"作为我们的小组活动一直坚持了二十多年）。这种团队精神也是建立在我们的技术人员智慧的投入和奉献的基础之上的，他们中的某些人和我们一起工作超过二十甚至三十年之久。

我们两人之间建立的一种特殊的知识分子之间的友情是我在旧金山的最初几年中发展起来的。由于更为资深和更有名望，迈克尔得到的科研经费非常充足，越来越多的人已经跟他一起工作，有意愿来受训的学员则送来更多的申请。迈克尔这种与人分享的慷慨精神对于我们之间的关系的成长和成功起着关键的作用。

毕晓普—瓦穆斯（Bishop-Varmus）合作伙伴关系蓬勃发展了许多年，这样漫长的合作在科学领域中是十分罕见的。杰出的科学二重唱组合的例子并不罕见，但是其中大部分都是因为他们在短时间内所共同完成的著名的实验，或者是由于他们的婚姻结合，而把他们的名字联系在一起的。其中最著名的例子要数沃森—克里克，它是吉姆·沃森在英国剑桥大学短期奖学金的产物。在此期间，他和弗朗西斯·克里克提出了 DNA 的双螺旋体结构；螺旋的双体（有人喜欢把其称为沃森链和克里克链）也有助于他们的名字流行开来并成为永恒。马特·梅塞尔森（Matt Meselson）和弗兰克·斯塔尔（Frank Stahl）则因梅塞尔森—斯塔尔实验而被永远联系在一起。有人把这项实验称为“生物学中最漂亮的实验”，它验证了沃森和克里克有关DNA复制的一项重要的预测。但是梅塞尔森和斯塔尔在一起工作只有几年时间，一个是研究生，一个是研究生导师，以后他们各自在北美的东西海岸生活和工作。另外一个极端——居里夫妇（Marie and Pierre Curie）在巴黎，卡尔-格蒂-葛里夫妇（Carl and Gerty Cori）在圣路易斯，以及最近的是皮珀·马拉克（Pippa Marrack）和约翰·卡普勒（John Kappler）夫妇在丹佛，他们都是全职的，24/7的配偶合作伙伴，共同领导极有威望和高产的实验室。另外一对是父子关系，劳伦斯和威廉·布拉格（Laurence and William Bragg），他们因在X射线衍射方面的合作研究在1915年分享了诺贝尔奖。

中间类型，即两个人在一起紧密地工作十年或更长时间，而没有法律方面的约束，是非常不寻常的。我所知道的最好的例子是在达拉斯得州大学西南医学学校工作的乔·戈德斯坦（Joe Goldstein）和迈克·布朗（Mike Brown）。他们两人年龄相仿，又有同样的医学方面的训练。他们的合作伙伴关系确立后持续了将近四十年。他们有着共同的激情旨在透彻地了解胆固醇代谢、血脂和动脉粥样硬化，这些研究引领他们分享了1985年的诺贝尔奖，并获得“布朗斯坦”（Brownstein）的绰号。但是他们一直都保持着个人的特殊身份，因为他们来自不同的地方（南卡罗来纳州和纽约州），口音、文化品味、性格以及社会关系都不同。另外一对诺贝尔奖获得者是大卫·休布尔（David Hubel）和特尔斯滕·威塞尔（Torsten Wiesel），他们共同分享了1981年的诺贝尔奖（因双视发育的研究）。在最近的一篇回忆录中，他们还津津有味地谈及他们在一起所做的冗长的动物实验、那种紧张的马拉松式的动物准备和示波器的观察。

我不记得我和迈克尔曾经在实验方面有过这种亲密感。尽管我们都有教师日常生活的一些其他的责任，并且直到我们到了四十出头一点的年纪之前，我们俩都保持着一些象征性的实验室工作，但通常只是做些细胞培养的工作（实质上是一种单独的活动），或者与一个技术员或学员在一起做一些更为精确和复杂的实验。虽然如此，我们同时记录在案的时间是在漫长的，并且通常是一连串冗长的会议里，由一个学生、研究员或技术员，或者有时候是两个或三个人组成的小组，他们碰巧做同一个课题，将会告诉我们关于他们的最新研究发现以及失败的结果。然后接下来，我们全都会提出下一步计划该做什么，或者设法指出什么地方做错了。我现在回想起来觉得似乎很奇怪的是，当只有我们两个人在一起的时候，我们之间的谈话很少。我们的许多想法和想说的东西，通常是在有一个和几个比我们的资历较浅的同事在场的时候才在交谈的时候说出来的。

从我们以前的学员对这些会议的回忆来说——他们中的大多数人现在都是学术界、工业界以及政府部门的资深科学家——他们对我和迈克尔各自所起的不同的作用作了有趣阐述（尽管不总是那样）。总的来说，我被视为更关注实验的细节，而迈克尔则更在意宏观的图景。这些也许是也许不是谄媚或精确的评价。但是，普遍的共识是，我们经常性的聚会，充满幽默、威胁、冷酷、成效和刺激，反过来，这些似乎对于提高一个实验室团队的工作效率是必不可少的。

我们在实验室内部的合作安排，也对实验室之外的行为模式产生影响。最明显的是在发展“西海岸肿瘤病毒合作课题组”的过程中，特别是我们和彼得·福格特及其同事们所建立起的关系，如果没有这方面的合作，我们很可能不会发现细胞型萨克基因（c-src）。那些在这种学究式的环境中经过训练的人员变得习惯于分享他们的想法和研究材料，而且通常对其职业生涯中作为独立的科学家的同事们表现出一种慷慨的态度。

尽管我们的合作是成功的，然而我们之间作为资深成员和资浅成员的这种角色的不平衡最终导致了这种合作的垮台。虽然直到 1984 年迈克尔和我继续分享一些实验室研究空间和我们大部分的研究课题，以及共同指导许多的实习人员，但我们早在1979年就知道，我们最后不得不把我们的实验室分开十一层楼，并且把我们的大多数研究活动也分开了。

我在伦敦休假的后半段时间是在1979年的春天，我从迈克尔那里获知，迈克尔已经被授予主任的头衔去领导在UCSF内的一个半独立的和拥有极多捐赠的研究所，即位于UCSF一个研究大楼靠近顶层的胡珀基金会（Hooper Foundation）。他欢迎我的加入。这个消息引发了一系列的反应。一方面，实质性的工作环境的改善、瑰丽的景色和更为良好的资金支持是非常有吸引力的。（在先前的十年当中，我们是一点一点地获取了坐落在UCSF另一所研究大楼底层里的、一个看不到任何景色的、破旧的实验室里的原是用于养兔子的地方。我们的研究经费则完全依赖于外部资助的研究拨款。）我们在原癌基因、癌基因蛋白质、逆转录病毒的复制、内源性原病毒以及其他方面的研究，都进行得非常好，吸引了许多顶尖的学员。

但是在教职员合作关系中总是把我作为低一级成员看待的感觉，让我耿耿于怀。我们之间在地位上的差异是在扩大而不是在缩小，这种感觉使我越发不能忍受。迈克尔总归比我年长四岁，但随着岁月的推移，年龄的差异已经毫不重要了。他是（至少在我看来）比较有影响力和受欢迎的老师，但这并不影响我们之间的科研关系。然而，在我们的研究所里面，学校的领导（系主任，学监，校长）在与他打交道的时候，往往一致地把他作为唯一的资深合作者对待。他晋升为研究所领导之后，必将进一步强化他的地位，而这让我感到在自己本垒中将更加不起眼了。我并不追求自主性、优势性或者更多的我自己的资源，我要的是同等的对待。但是如果我搬到迈克尔那儿，具有广阔视野的、更好的、有捐款的新的实验室去，给我的感觉似乎是离我的初衷更远了。所以我拒绝了。

我们分开之后所造成的实际困难证明比我预想的要少。我们要求改善实验室的请求已经好几年了。因此自从迈克尔的小组搬走之后，我得到奖金来更新我们实验室的环境，这把我带进了一个很有趣的实验室设计的新领域。* 我与 UCSF 的其他一些教职员发展出了一些新的合作伙伴关系，特别是与我在四楼实验室的邻居唐·伽纳姆（Don Ganem）的合作。唐以前曾是我的一个博士后研究员。唐和我在经过翻新过的漂亮的实验室里对肝炎病毒的研究继续合作了许多年。在我和迈克尔分开的过程中，我的实验室小组不断成长和壮大，因此也就没有什么理由或时间来对失去和迈克尔之间的那种紧张与全方位的合作关系而感到哀伤。同时，他和我继续联合指导个别几个人的研究工作，教同样的课程，并且维持一些定期性会议，像仍然保持我们的小组成员有效互动的“劳氏午餐会”。

很快地，曾经的单一大团队现在变成了两个独立的小组，我们仍在一起进行友谊赛（一年一度的毕晓普—瓦穆斯垒球比赛），经常性的合作（原病毒整合和某些癌基因的研究），以及信息和材料的开放交流。一旦实验室工作在新的环境中取得平衡之后，迈克尔和我通过在科学的政治性方面加强结合，我们甚至似乎变得比以前更加接近。我在 1993 年离开了 UCSF 之后，我们仍保持频繁的接触，特别是近年来，他和他的夫人凯瑟琳一起来纽约度过几天轻松的假日，谈论文化和展示厨艺，或来参加科学或政治会议。但是，我们之间建立的科学上的合作伙伴关系，则在大多数情况下让位给了艺术与政治。

## /我们的诺贝尔奖：最后的结论/

在谈及导致我们获得诺贝尔奖的科研工作的时候，我对获奖公告和奖项本身，以及读者们通常会津津乐道的科学故事的部分，几乎没有什么可说的。因为这些事情在性质上是不可思议的神话，是一种惯例和可以预期的，但是每一件事都被赋予了神秘和惊奇。

就像许许多多其他的获奖者一样，1989 年 10 月 9 日，我在半夜里大

---

* 在这段经历期间，我从我们的建筑师肯·科恩伯格（Ken Kornberg）收到的说明书受到启发，我要注重营造舒适的实验室室内空间，这还强烈地影响着在 NIH 和在 MSKCC 设计研究大楼时我所采取的一些步骤。

约是旧金山时间凌晨3点钟被记者的电话吵醒。我当然是非常惊喜，但没有怀疑（我们一路已经赢得了其他奖项，并是被看好的候选人）。但还是像其他人一样，在这种情况下，我确实想听到官方的通知。（这会不会是一个恶作剧?）一旦被确认之后，我和我的家人便被搞得有些晕头转向和不知所措，经过一天的新闻发布会、电报、庆典活动、电话，甚至一个特别的棒球比赛——因为公布我们获奖的那一天正好是另外一个地区性的狂欢时刻，旧金山巨人队在同一天赢得了全国冠军。（旧金山一家报纸给了我们本垒板后面的座位，而且我们还在10月10日那天的报纸上与巨人队共享了本地消息的大标题。）然后，八天之后，一场大地震发生了，把湾区带进了停顿，也就是第三场世界大赛开始之前。（迈克尔在烛台公园(Candlestick Park)；我则在UCSF主持一场研讨会。）一个月之后，柏林墙倒塌了。(我们俩都不在那儿。)

再次的，就像在我们之前和之后的其他很多人那样，九个星期之后我们在斯德哥尔摩的诺贝尔奖颁奖仪式期间，以一种被1923年诺贝尔文学奖得主叶慈（W. B. Yeats）称作“瑞典的慷慨”之精神陶醉欢乐了好几天。我们比必须报到的时间提前几天乘坐一架斯堪的纳维亚航空公司的航班到斯德哥尔摩去（为了克服时差并且在庆祝活动开始之前享受一些家庭生活）。当有关新的诺贝尔奖获得者的传记电影短片出现在我们的航班的电视屏幕上时，我们感到很惊讶。我们在这个城市里的日日夜夜，每天都沉浸在晚餐、庆典、饮料、讲座、博物馆和斯德哥尔摩本身装饰着的美丽的降雪中。降雪使得人们在附近的赫勒斯公园（Helles Garten）里就可以玩越野滑雪运动。用以体现西方和苏联新型关系的一种象征性姿态，鲍里斯·帕斯捷尔纳克（Boris Pasternak，1958年诺贝尔文学奖的获得者）去世后，奖项颁给了他的儿子。更值得纪念的是，著名的大提琴演奏家罗斯特罗波维奇（Mstislav Rostropovich）在诺贝尔宴会上，坐在人群前面演奏巴赫的大提琴组曲，以表示对帕斯捷尔纳克的尊敬。当我们到达为我们授奖的音乐厅时，引人注目的教师们手持警示符号在轻盈的雪花里行进；

当我们通过他们时，彼此交换了相互支持的信息，就像我们在教职员中那样的感觉。

我在欢庆活动上最为公开的时刻发生在我在诺贝尔晚宴领奖台上致答谢辞的时候，就像霍华德·特明在14年以前所做的那样。我从保存的我在60年代早期迂回进入英国文学领域时候的一份复印件中找到了贝奥武夫(Beowulf)[①] 的短文。这篇短文描述了在中世纪酒厅中给英雄授奖的故事，与斯德哥尔摩市政厅那天晚上发生的事没有什么两样。我用令人费解的盎格鲁—撒克逊语朗读了这篇短文，并作翻译，然后说道："我们承认，我们没能像站在赫洛瑟加（Hrothgar）大厅中的贝奥武夫那样，我们没有杀死我们的敌人癌细胞……在我们的冒险的征途中，我们只是更清楚地看到了我们的恶魔，我们能用新的方法来描述它的鳞甲和尖牙，这些新方法揭示一个癌细胞，如同恶魔格兰戴尔（Grendel）那样，只是我们正常自我的一个扭曲的版本。"

① 译者注：贝奥武夫是一位创作于公元8世纪早期的，英国无名氏所作的一部古老史诗中的传奇英雄。

# 第三部

## 政治学家

# 第 9 章　通往一号楼的路

在 20 世纪 80 年代中期，我 40 多岁之前，还不怎么关心政治和科学之间的交汇。不过这并不意味着我对政治不感兴趣。相反，我密切地关注着政治事件，并持有强烈的左派自由主义为主的观点。我亦未无视政治与科学之间潜在的交融，并意识到科学研究已经依赖于联邦政府的经济资助。从过去到现在，联邦机构的赞助都是我们主要的经济来源，它在很大程度上取代了权益金、富翁和基金会。不过，我和 UCSF 的同事们似乎毫不费劲地就拿到了科研资金；在 20 世纪 60、70 以及 80 年代，资助我的机构亦有着基本良好的预算增长。对科学的政治支持以往两党是一致的；科学本身也几乎没有什么争议。直到 80 年代中期，我都觉得把纳税人的钱用在生物和医学上是天经地义的：难道会有人反对资助我研究肿瘤基因和病毒么？

这样的情形在之后的几年内发生了变化。政府和科学界的关系变得复杂化。公众一直渴望看到疾病因为医学研究而得到控制。然而颇有争议甚至令人尴尬的事件抵消了他们的热忱：学术机构不正当地使用联邦科研资金；对学术不端的指控；利用胎儿组织而开展胚胎研究的道德伦理问题。

或许就我自己的经历来说，更为显著的是我在科学界的形象发生了改变。这主要源于一件身不由己的事——荣获 1989 年诺贝尔奖。我越来越多地介入到科学决策，加上自身对公共事务也有着长期的兴趣，这些和诺贝尔奖一起最终重新引导了我事业的轨迹。与社会学家哈瑞·祖克曼（Harriet Zukerman）所研究和描述的获诺贝尔奖后的事业轨迹有所不同，我并未放弃自己实验室的科研，也没有出现创造力的急剧下降。但是诺贝尔奖着实地改变了我分配时间的方式。1989 年之后，我日益频繁地应邀发表意见、演讲，参加甚至领导科学决策机构。我在一个新的层面上参与塑造整个国家的科学生活，其结果就是在几乎短短的 4 年之后，我便当上了 NIH 的主任——一份我曾经拥有过的最重要的工作。

我从 1993 年末开始担任 NIH 主任直至 1999 年的最后一天，这一职位已成为我科学生涯中的一个特质。故此，我将详述其来龙去脉、体验如何、个人成就以及它是怎样深刻地影响了我的生活。在短短的时间内，我从满足于经营实验室和教学以及没有任何公职或义务，转变成愿意甚至渴望管理一个庞大的联邦机构，去代表生物医学界的科学家们，去追求民众希望研究院能实现的目标：抵御疾病。后来，让我觉得意外的是，凭借一些帮助和好运，我的任务居然完成得不错。*

## /远离政治的昔日/

要讲述我当上 NIH 主任的历程，就必须从我的科学生涯之初说起。正如前文所提过的，我的正式科研训练起步于国家卫生研究院，它属于正在发动越战的政府机构的一小部分。所以我清楚地意识到，在研究院的科学家们和提供给他们薪俸与器材的政府之间，存在着一种不寻常的关系。20 世纪 60 年代末，在 NIH 工作的头几个月里，我觉得动用政府资金购买新的实验仪器方面过于铺张，有时甚至会令我不安，要知道那时正是越南战争的开销节节升高的时候。我的导师艾拉·帕斯坦则会提醒我一架新的空军轰炸机的价格，让我从这个角度来看待实验室的适度需求。言下之意不仅是说我们实验室的需要小到不值一提，而且也是相信我们的工作对探索新知是利莫大焉。相反，基于对亚洲历史的错误解读，美国政府明火执仗地显示着它的残忍，破坏了世界的和平共处。

---

* 为了支持这样一个厚脸皮的评价，我可以提供由詹姆斯·法若斯（James Farrows）于 1999 年 6 月 7 日发表在《纽约客》（*New Yorker*）杂志上的一份传记。那时正是我在国家卫生研究院最后一年的年中。对一个好评如潮的人来说，我很容易接受这样一个喜人的报道。

事实上，我们的资金申请从未被拒绝过，我也不再把这些事儿放在心上了。没过多久，我便开始觉得政府对科研的资助是我应得的。在1970年，当我告别NIH进入学术界而作为一名科学家时，我并不怎么担心经济资助，这和我现在认识的那些有志于申请教职的青年才俊们不同。我当时荣获了一份丰厚的研究奖，让我得以继续在旧金山接受科研训练。* 我对医学科学工作的前景充满了乐观。我的忧虑不是来自研究所、政府和社会，而是来自我的个人能力和职业抉择：如果放弃行医，成为一名全职科学家，我会感到愉快吗？我能和其他青年科学家比肩吗？特别是那些有哲学博士（PhD）学位的，甚至有的从高中开始就在实验室工作，不像我仅在NIH干过两年而已。

随着时间的推移和我在科学上的不断成功，就连这些个人的疑虑也减退了。70—80年代，作为加州大学旧金山分校的教授，我毫不费力地得到了美国癌症学会和NIH的科研资助。在家庭和工作上，我的生活总是充满着责任感和喜悦。所以我没觉得有必要，也没有时间去做些什么，以确保政府和公众继续全力地支持科学。在UCSF的那些年里，我从事并领导了反转录病毒和癌基因方面的研究，给医学生和研究生分别讲授感染性疾病和实验病毒学，为博士后指导研究方向和职业规划，并且撰写论文，做学术报告，参加众多学术会议，获取支持进一步研究的经费。这些与我的大多数同事差不多。令人高兴的是，这些事儿都是我（和他们）乐而为之的。更妙的是，资助机构和加州政府拨款让我们从事这项事业。大体来说，民众与他们在华盛顿和萨克拉门托[①]的代表们似乎挺钦佩与支持我们所要做的事。科学是公器，而非政议。云谲波诡的政治则是关于水门事件、越南战争、民权、中国和苏联。政治和科学没必要搅在一起，我们大多数人认为它们两者最好互不相干。

---

* 美国癌症学会（American Cancer Society）加州分会奖励我的资深博士后奖学金是每年18 000美元。

① 译者注：萨克拉门托（Sacramento），加州首府。

## /有益的插曲：重组 DNA 的争议/

到 70 年代中期，恬淡和宁静被打破了。联邦和地方政府威胁要禁止使用一项强大的新技术：基因剪接或重组 DNA。这项技术被用来研究许多复杂的生物学问题，包括我自己的研究课题：动物病毒和癌基因。因为利用这个方法可以把任何来源的基因——包括人类或肿瘤病毒基因，转移到细菌的基因里。有人于是便开始想象一些可怕的事情：譬如那些新合成的具有致癌性的细菌在人群中疯狂散播。我（和不少人）则认为这些幻想中的危险是虚无缥缈的，是被媒体和政治辩论夸大了的。然而完全否认某些风险却是不明智的。风险是可以被理性评估、合理解释及通过制定合适的指导方针和改良实验方法来最小化的。

1973 年的夏天，一些资深科学家们参加了一个在新罕布什尔的寄宿学校举行的高登研究会（Gordon Conference）[①]。他们起草了一份分量十足的信件，其中概述了重组 DNA 技术的风险。1975 年的夏天，该信件的签署者和其他一些人在加州的阿西洛马（Asilomar，CA）组织了一个现在非常有名的会议。会议领导者包括 NIH 的著名生化学家马克西・辛格（Maxine Singer），以及斯坦福大学教授，后来因重组 DNA 技术问鼎诺贝尔奖的保罗・博格（Paul Berg）。在阿西洛马大会上，听众广泛地讨论了重组 DNA 技术带来的安全问题。这些人里有记者、政府官员和关心此事的公众。对于多数科学家来说，会议的目的就是制定出一套切合实际的指导原则，以使他们的研究继续下去，并避免过多的来自政府的约束或法律制裁。那时，麻省的剑桥市——即哈佛大学和麻省理工的所在地，已经在酝酿法律手段控制该技术了。

指导重组 DNA 研究的草案得到了阿西洛马会议的参与者的一致同意，以后的三十年里，除了一些偶尔的改动，NIH 成功地采纳了推荐的方法。

---

① 译者注：高登研究会是一个著名的国际科学论坛，始于 1931 年。由一系列分会组成，内容涵盖物理、化学、生命科学等领域的前沿课题和重要成果。

这项成就的重要性是如何强调都不为过的。假若基于起初的情形，重组DNA 技术被禁止，或被严厉限制，生物医学科学的一切就会变得截然不同。今天，这项技术是几乎所有分子生物医学研究的基石，生物技术产业也利用这些重要技术来制备现代医疗中的要素，诸如乙型肝炎病毒疫苗、人胰岛素、抗肿瘤单克隆抗体和促血细胞生长因子。它们对于人类基因组计划及其后续研究，以及过去三十年里诸多的生物学大发现，亦是不可或缺的。

阿西洛马会议及其结局对科学家们至少有两方面的教益：其一，科研技术的改变深刻地影响了我们与政府及普罗大众之间的关系；其二，积极地、开诚布公地与焦灼的公众进行交流能产生圆满的结果。重组 DNA 的争论落下了帷幕，其结局是富有成效的，它继续鼓舞着人们去努力地为人类胚胎干细胞研究赢得社会的认可。但是因为反对新科学的言论中注入了宗教信仰的因素，干细胞的争论被复杂化了——变得不仅仅事关安全性。这将在第 13 章里继续讨论。

1975 年时，我还不算是一个成名的科学家。尽管通过科技媒体和卷入其中的同事们，我密切地关注了基因剪接的辩论，但并未被邀请参加阿西洛马会议——因此亦未能在这样的讨论中考验我的个人兴趣和能力。但是十年后，我首次亲历了一场关于科学的政辩。

## /命名艾滋病毒/

1985 年来临前的一天，当我正在加州大学旧金山分校的实验室里工作时，意外地接到了一个来自杜克大学（Duke University）病毒学家丹尼·博莱内西（Dani Bolegnesi）的电话。作为交战双方中一派的盟友，他请我帮忙解决一场不断升温的命名艾滋病毒的公开论战。过去的两年，这种新的反转录病毒已从艾滋病人中分离出来，在培养的细胞中生长，并且部分特性已被描述。尽管在涉及范围和科学影响力上逊于重组 DNA 的辩论，这场论战仍然得到了科技媒体的瞩目，一方面是由于掺杂了某些个人野心的元素，另一方面则是因为最后方案会决定全世界该怎样称呼这个当代最大瘟疫的致病源。虽然政府没有直接介入病毒命名的争论，但它已牵扯到名与利，并与国家利益息息相关。而且这个事件已经显露出一些国际争端的特点。

两个最主要的对手，分别是在 NIH 工作的美国科学家罗伯特·加洛（Robert Gallo）和巴斯德研究所的法国人卢克·蒙塔尼尔（Luc Montagnier）。双方都分别拥有来自大西洋两岸的热情支持者。这其中有关心此事的政府官员，还有筹谋用商业化的检测试剂盒（及任何未来的治疗手段或疫苗）牟利的人们。因为在科学传统上，大家所公认的发现者可以命名他们的发现，所以两人的斗争内容远远不止于科学术语那么简单：他们激烈地争论着谁是艾滋病毒的首先发现者。科学界对该病毒的命名方案会影响专利和权益金的分配，其结论也会左右重要奖项的颁发从而牵涉到国家形象。此外，候选的艾滋病毒的名字能反映人们对病毒本质、分类方法、其作为致病源的重要性这些方面的不同观点。这些林林总总，加上坊间流言和优先权的斗争，吸引了科学家、医生、艾滋病的社会活动家、政府官员和普罗大众的眼球。

这种局面归结成为四个基本选择。蒙塔尼尔主张使用“淋巴腺病病毒”（lymphadenopathy virus，LAV）。他曾以此命名自己首次在电子显微镜下观察到的细胞内颗粒——这些细胞来自艾滋病人发病时肿大的淋巴腺。但那个名字不受一些人的欢迎，因为它有悖于反转录病毒名称的通常格式和用法。*

而在另外一些领域，它为人不喜是因为和加洛倡议的不一致。加洛想称其为 HTLV-Ⅲ，即“第三号 HTLV（人 T 细胞白血病病毒）”，他把这个病毒和 HTLV-Ⅰ归于一类。加洛领导的 NIH 实验室首先发现了该组病毒的第一个成员 HTLV-Ⅰ，并因此而受到赞誉。（因为艾滋病毒不太可能

* 反转录病毒命名的通用格式包括：被病毒感染的物种；引起的病理变化；“病毒”一词，如“猫白血病病毒”（feline leukemia virus）。

导致白血病，他建议加上“嗜淋巴细胞的”（lymphotrophic），意指病毒倾向于感染淋巴样细胞，使这个“L”指代得更加合适。）抛开他们在首创权上各执一词不论，这样的命名给很多病毒学家带来了严重的问题：艾滋病毒和人T细胞白血病病毒在基因组成、病毒颗粒的外形、疾病谱甚至复制机制上都不一样。它们截然不同，以至于根本无法将二者归于一类。第三组人是折中者，为讨好双方的拥护者，他们愿意使用一个累赘的名称：HTLV-Ⅲ/LAV。争执双方也表示同意这样的妥协方案。第四种观点认为应该寻找一个更恰当及适用的新命名。这种观点的好处是不依从任何一方，从而避免了暗示首创权的纠葛会因为命名确立而尘埃落定。

在此若干年前，彼得·福格特[①]推荐我加入了病毒分类法国际委员会（International Committee on the Taxonomy of Viruses，ICTV）。在我担任逆转录病毒研究组（Retrovirus Study Group）主席之后，ICTV的主席让我负责尝试解决艾滋病反转录病毒的命名争端。为了以不偏不倚的方式解决问题，我召集了一个由知情的科学家们组成的研讨会，成员包括加洛、蒙塔尼尔、两个他们的著名支持者和诸多在反转录病毒、感染性疾病及病毒分类问题方面有兴趣的，资深但不结盟的科学家。此外，我还从很多其他病毒学家、临床医生、艾滋病流行病学的研究者那里索取了书面意见。

研讨会的成员阅读了赞成或反对已有三种名称（HTLV-Ⅲ、LAV和折中组合）的论点，提出了一长列其他可能的名字，这些名字的不同之处大部分在于人类（human，H）和病毒（virus，V）之间的一两个词。于是在1986年5月我们就一致的选择达成了协议，并宣布了一个现在被普遍认可的名称：人类免疫缺陷病毒（HIV）。这个过程是艰辛的：蒙塔尼尔向媒体走漏风声，加洛撰写了一封挑衅性的信件，并抄送国家的领袖们。双方都表现出了险恶、激进的行为。加洛和他的亲密同事，哈佛大学公共卫生学院的病毒学家麦克斯·埃塞克斯（Max Essex）拒绝在最后声明上

① 译者注：著名病毒学家，时任美国南加州大学医学院微生物系主任。

签字。然而无论如何困难，整个过程在学界和社会上都还是很有意思的。它卓有成效且意义非凡，并最终在很多方面——科学、政治、经济和医学上都发挥了良好的作用。*

## /参与政治/

就在为艾滋病毒命名而讨价还价的那些年头里，我在科学界的地位已发生了变化。1984 年，我被选入了美国国家科学院（National Academy of Science，NAS）。这标志着同事们对我的尊重，而 80 年代我和迈克尔·毕晓普因发现原癌基因而数次获奖，也印证了这一点。** 所以我只要表示出愿意促进全社会对科学的热爱，NIH、NAS 和科学团体们在碰到问题时就会向我征求意见，请我发言，邀我加入各种委员会，比方说在出现联邦科学机构的预算紧张、大学涉嫌挪用政府资金和指控学术不端的时候。

我首次在国会作证是 1986 年，和一些名气更大的同行们一起，包括诺贝尔奖得主吉姆·沃森、丹·内森（Dan Nathans）及大卫·巴尔的摩。我们在一次特别会议上向 NIH 的资助者——众议院拨款小组委员会（House Appropriations Subcommittee）陈述了为何需要大幅增加用于抵抗艾滋病和人类免疫缺陷病毒的科研资金。会后，委员会主席比尔·那切尔（Bill Natcher）和其他众议员们都争着与吉姆·沃森合影，这一幕让我觉得科学家仿佛电影明星一般。此外，尽管里根政府对艾滋病这个快速蔓延却在医学上尚束手无策的瘟疫漠不关心，他们还是提前给予了拨款——通过 NIH 来赞助艾滋病研究。大功告成！***

我代表科学界在政坛上活动的机会大大增加，特别是在我和迈克尔·

---

* 我的实验室同事们注意到我的名字的首字母缩写——HEV 也可能成为候选名称之一！

** NAS 是一个由所有领域科学家组成的、以美国科学家为主的“荣誉团体”，入选者要经过一个复杂的同行提名和筛选过程。它也是政府在几乎所有科学议题上获取权威意见的重要来源——自 1863 年成立以来，概莫能外。

*** 这次不寻常的听证的后果就是，之后好几年里我对国会听证都过于乐观，因为那次所有的委员们全天都认真地听取整个专家组的意见。在担任 NIH 主任期间，我很快习惯了简洁得多的听证会——会上只有寥寥数个委员，有时只有主席在聆听。

毕晓普获得1989年的诺贝尔奖之后。不过我不是被勉强拖入的。相反，我一直乐于此事，甚至在我1993年作为NIH主任而全面介入之前。首先，在这些活动中有一些有趣但很棘手的问题：政府该如何分配科学预算给互相竞争的学科和机构？或者NIH如何拨款给不同疾病或二十几个不同的研究所？除却研究中的仪器、原料、人力的直接耗费之外，科研基金中有多少应该给研究者所在的单位及用于支付管理和设施费用呢？该怎样定义和调查对于学术不端的指控呢？对于复杂、有潜在争议性或者危险的研究，科学家们应如何更好地知会公众和他们的政府代表呢？

1991年，我在斯坦福大学召开的一个公开研讨会上发言，会议是关于人类分子遗传学的伦理和社会影响。会上令我意外的是，这个庞大的听众群基本由非科学家组成，大家聚精会神地讨论了一些复杂的议题，诸如基因检测、分子医学和其他新技术带来的社会风险。一年之后的某个周末，我又在旧金山的荣誉军团宫组织了一个讲坛，主题名为“在DNA中迤逦而行”——谈重组DNA技术的革命性影响。为了帮助听众们理解科技讲座的内容，毗邻的旧金山探索博物馆举办了现代生物学的方法、原则和产品展览。来自加州大学旧金山分校的科研人员为参观展览的高中学生和老师们做了讲解。论坛的主讲者中有赫·伯耶（Herb Boyer）和斯坦·科恩（Stan Cohen）①。他们生动地再现了构想首次重组DNA实验时的情景；吉姆·沃森则描述了DNA双螺旋的发现和意义；还有其他的几位著名科学家则讨论了新技术所引发的医学、农业、经济和伦理上的问题。这次论坛拥有超过一千二百名与会者，五千多人在二十七处观看了卫星转播，同时还有针对学生的专题讨论班、讲演者的采访录像，会议还有主题咖啡杯和T恤销售。

在积极投身更广阔世界的同时，我也变成了UCSF里的另类。我开始

① 译者注：赫·伯耶，1977年与斯坦·科恩合作发明了DNA重组技术，1990年美国国家科学奖获得者，时任加州大学旧金山分校教授，是著名生物技术公司Genetech的创始人之一。斯坦·科恩，DNA重组技术的发明者之一，1988年荣获美国国家科学奖，时任斯坦福大学教授。

问自己，这样一个科学乐园是否是个正确的地方来度过我事业的余生？或许那里太安逸了，日常工作虽愉快却一成不变；而我的职责亦简单而缺乏挑战性。尽管已经拥有声望和充裕的实验场所，我却没有充当什么管理角色。这一部分缘于我在过去多年里一直避免在各种委员会里任职。除了教学、招聘和科研，我几乎没有别的工作责任。

基于这些原因，1991 年底，我自愿成为麻省理工学院怀特黑德研究所（MIT's Whitehead Institute）的主任候选人之一，来接替离任的大卫·巴尔的摩。1988—1989 年，我第二次学术休假时曾在那里工作过。后来，最令我诧异的并不是得知他人最终当选，其实，未能换到这个新的岗位所带来的那份由衷的失落，才是我始料不及的。显然，我渴望改变，并愿意谋求行政和领导工作。*

## /当选 NIH 主任/

到了 1993 年春天，一个机会突然出现了。至少从表面上看，整个过程更加意味着我将和以实验室为中心的学者生活分道扬镳。来自约翰·霍普金斯大学（Johns Hopkins University）的心脏科医生伯娜汀·希莉（Bernadine Healy）在 1991 年被老乔治·布什（George Bush Senior）总统任命为 NIH 的首位女主任。在克林顿政府刚上台时，她起初被允诺留任，但最终却被革职。（这个变化一般被认为是由于她和一些重量级的国会议员间的恶劣关系，特别是资深的民主党议员约翰·丁格尔（John Dingell）。后者宣称要密切关注、频繁积极地纠查 NIH 的任何违例行为，以显示他对 NIH 的所谓钟爱。）

我的同事们大多不喜欢伯娜汀·希莉，他们不满于她缺乏实验室工作

* 盖瑞·芬克（Gerry Finker）当选新的主任。他是一个呼声很高的内部候选人，也是一名卓越的科学家和我的老朋友。他的背景和我有令人惊异的相似性。他出生、成长于我的家乡纽约弗里波特，父亲是犹太裔医生。在弗里波特高中和阿默斯特学院读书时都比我低一年级。他成为一名分子遗产学家，研究酵母和植物。他后来有诸多发现，其中包括反转录（reverse transcription）是如何帮助转运一种称为反转座子（retrotransposon）的 DNA 片段。

经验，缺乏全局性的NIH的“战略规划”，对布什—奎尔政府的忠心耿耿，以及她个人的政治野心。（她后来曾在俄亥俄州竞选共和党参议员，以失败告终。）不过我与她有过若干工作接触——一次是在一号楼（位于贝塞斯达的NIH园区内，楼内即NIH主任办公室），研讨关于科研的“间接成本”，我是其顾问组的一员。另一次是在一个附近的酒店里，我和大群的科学家们被邀请而来，向她陈述如何盘算使用10亿美元的NIH预算增长（那时还是件希望渺茫的事情）。那两次交道中，尽管我对她的方式和结论不敢苟同，但她对信息的掌握、自信心以及清晰有力的讲演，都令我印象深刻。另外，她的工作中凸显出的重要性和复杂性也感染了我，所以我可以想象为何会有人愿意中断学术生涯，披荆斩棘，领导NIH在官僚、政治和财政的纷扰中前行。

我对自己完全缺乏管理经验心知肚明，所以当布鲁斯·艾伯茨（Bruce Alberts）打电话给我的时候，我觉得很诧异。布鲁斯·艾伯茨曾是我在加大旧金山分校的同事，也是国家科学院（NAS）的新任院长。其时，他正担任NIH主任招聘委员会的主席。这个委员会大多由学术界的领袖们和“院外”的投票者组成。组织者是卫生及人道服务部的部长唐娜·莎拉拉（Donna Shalala）。布鲁斯问我是否愿意成为主任候选人，并接受委员会的面试。我答应了。

和艾伯茨的委员会之间的电话面试不难，但也不觉得有趣。在面试前，我已经有了一份老套的关于NIH的政策和拨款的问题集锦。此前，在1993年春，我已经数次造访NIH、NAS和国会并讨论过那些问题。所以面试中我对问题的答案均已熟稔于心，也没听到委员会的什么负面反应。不久之后，当证据显示我已被列为主要候选人之一时，我未来的老板唐娜·莎拉拉邀请我在6月某日与她和克林顿政府的成员在华盛顿会面。

此次华盛顿之行只有一事令我扫兴，一位白宫科技办公室的官员在谈话中认为我没有什么管理经验，或许更适合做NIH的副主任。抛开此事不提，这一天的经历增加了我对NIH主任工作的渴望。一些记者将唐娜·莎拉拉描绘成一位咄咄逼人、自负和自我宣扬者，但她所表现出来的热情、幽默和机智却令我深感宽慰。她很快让我感觉到这份工作非我莫属，她甚至允许一些乍看起来草率的举动，譬如让我会晤 NIH 几个下属研究所的主任们——而这些人则认为我将会是他们未来的直接上级。事实证明这其实是个明智的举措——借此我得以了解他们的突出能力，同时我也表示出将会在乎他们的想法（正如其中一些人后来告诉我的那样）。在那天结束前，我打电话给康妮，告诉她我们可能很快就会搬到华盛顿来了。*

在我回家之后，科技杂志的报道，甚至《纽约时报》都提醒我，总统尚未做出提名，此时还有其他的候选人，包括一些著名的女性。因为伯娜汀·希莉当选首位女主任吸引了很多关注，而且她的任期很短（不到三年），所以任命另一位女性显然是个颇受欢迎的主意。然而特别令我欣慰的是，在 7 月份我得知非常多的女科学家们写信支持我的提名。那年夏天，不论在华盛顿还是全国，人们对主任候选的兴趣不断高涨，我也逐渐体会到什么是“波多马克热”①，那是在一种富于感染性的气氛中被人拿出来议论，以及被提名为位高权重的政坛角色。消息最终传来，我将被克林顿总统提名，尽管我和总统此前从未谋面，我还是很快地接受了聘请。之后我便着手重新安排自己、家庭和实验室成员的生活。

我和康妮奔波了两天，为克里斯托弗找到了一间私立学校（关键是该校无着装要求）。还报价购买了一栋普通但吸引我们的房子，它位于哥伦比亚特区的梧里园（Woodley Park），距离地铁红线（Metro Red Line）和石溪公园（Rock Creek Park）都很近。这里不仅公共交通便利，还有一条向北通往 NIH 的 12 英里的自行车线路。（我们没有打算入住 NIH 园区内

---

* 很久以后，我才知道政府要求政府招聘委员会的构成必须由联邦政府雇员为多数，而事实上唐娜没有遵循此规定。在来华盛顿就职前的若干年，作为威斯康星大学的总监，她干得很出色。尽管我那时还没有意识到，她对待 NIH 就如同当初对待威斯康星大学—麦迪逊分校下属的学院一般。

① 译者注：波多马克河（Potomac River），是美国东部的主要河流之一，流经华盛顿所在的哥伦比亚特区，由切萨皮克湾入大西洋，沿河风光秀丽，常用来指代华盛顿地区。

的主任官邸：那里不仅房屋装饰令人不悦，还暴露在NIH超过15 000名雇员的视野之内，加上过惯了都市生活，田园风格并不对我们的胃口。）在劳动节[①]前我们被临时安排住在NIH园区的寓所内，同时等待着拥有我们在梧里园的新家。我们还去坎顿球场观看了巴尔的摩金莺队[②]的棒球赛，同时静候着参议院的最后批准。

但是参议院的批准过程令人懊丧，尽管没有什么异议，甚至还有来自保守派共和党议员们的嘉许，如沃林·哈奇（Orrin Hatch）、斯特罗姆·瑟蒙（Strom Thurmond）和嘉德·格雷（Judd Gregg）。整个过程拖得实在太长了。到10月初，我抵达哥伦比亚特区一个多月之后，泰德·肯尼迪（Tedd Kennedy），当时的参议院劳工和人力资源委员会主席，主持了一个提名批准的听证会。会上，我一边简述为NIH制定的未来目标，一边沉浸在来自我的加州议员们的赞许声中。他们是参议员芭芭拉·博萨（Barbara Boxer）和曾在我身边稍坐的众议员南希·佩洛西（Nancy Pelosi）。之后我愉快地听取了主席和几乎所有委员会成员的恭维之词。唯一的告诫来自印第安纳州的共和党参议员丹尼尔·寇茨（Daniel Coats），他引述了一本介绍联邦政府要职的手册《园丁指南》（*The Prune Book*），询问我是否具备书中所述的主持NIH所必需的“铁骨”。

数日之后，我又经历了一次“波多马克热”。泰德·肯尼迪致电告知委员会已经一致通过了我的任命。但是他们的推荐还不能在参议院提出表决，而参议院投票通过是我就任所必需的。其原因是某个匿名的参议员动用了一项少见却令人头疼的特权：以不公开的理由，匿名搁置我的提名。

日复一日的等待中，光阴流逝。媒体在报道我的任命仍未被批准时，聚焦在了我的不同寻常但又令人不放心的资历上。一方面，我不仅是第一位诺贝尔奖得主，也是第一位领导着一个活跃的实验室的NIH主任，这意味着我熟悉那些受NIH资助的科学家们的真正工作，并因此受到业内人士

① 译者注：每年9月1日，为美国公共假日之一。
② 译者注：Baltimore Orioles，美国职业棒球联盟球队之一，曾3次获得世界系列赛冠军。

的欢迎。而另一方面，我有时间和经验去履行 NIH 主任的管理工作么？我并不怯于告诉记者们，自己从未经营过超过自己的 25 人实验室规模的实体，而 NIH 拥有近 2 万名雇员和超过 3 万名资助获得者。除却自己约 100 万美元的研究预算，我从未管理过更高数额的款项（这不是我擅长的）。那时 NIH 的预算接近 110 亿美元，这可是一万倍以上的差别啊。

迟迟未来的批准令人沮丧，但它的确给了我时间打理家庭生活。我的长子雅各布当时正在艾奥瓦大学（University of Iowa）读书，读初中的克里斯托弗同意和我们搬来（不小的牺牲）就读于乔治城日制学校（Georgetown Day School）。康妮一直是自由撰稿人。她之前几年做过《圣何塞水星报》（*San Jose Mercury News*）书籍专栏的编辑，还在哈佛大学做过一年的尼曼学者（Nieman Fellow）[①]。目前她接替一名正在学术休假的编辑，就职于《华盛顿邮报》的《书刊世界》栏目（*Washington Post Book World*）。我们搬入了我们喜欢的，位于地铁和石溪公园的自行车线附近的那所房子。而我的每日通勤也开始了，这在华盛顿是独树一帜的——NIH 的主任每天骑 12 英里的自行车去上班。

当《纽约时报》某期刊登了我在 NIH 一号楼前骑车的一张照片后，一位克林顿的竞选助理对康妮说："是谁想出了自行车这个主意，形象棒极了"，又称年轻的国会议员乔·肯尼迪（Joe Kennedy）在办公室里也放了一辆自行车，却从未用过。我可是几乎每天，不论寒冬酷暑，上班前在一号楼的地下第二层的勤杂工的更衣室内洗个晨浴，并且不忘记在办公室里存放足够的干净袜子、衬衣和内衣。这些日常习惯不仅帮助我舒缓工作压力，还带来了意外的赞誉："蒙哥马利郡（Montgomery County）年度最佳通勤者"——当然是未来一年的。

因为仍未获得参议院的批准，我并未真正就任，只是一个游荡在 NIH 园区的"特殊志愿者"。这段时间让我有机会接触了许多所谓的院内科学

① 译者注：尼曼学者是由尼曼新闻学基金会（Nieman Foundation for Journalism）为杰出的新闻工作者所设置，用于资助他们在哈佛大学进修。

家和园区的管理层，访问了位于华盛顿地区、罗克韦尔（Rockville）、浦斯韦尔（Poolesville）和贝塞斯达之外的一些 NIH 的外围机构，了解了错综复杂的预算编制和行政程序，着手把我原 UCSF 实验室的 6 个人迁到 NIH 的 49 号楼，并同时合理安顿好了其他二十来个留在加州的人员。*

NIH 公共事务部里有人建议我和一位演说顾问谈一谈或许有所裨益，因为未来我将会有愈来愈多的公开露面，其频繁程度将前所未有。尽管我起初有些犹疑，但这被证实是个明智的建议。在贝塞斯达老乔治敦路的工作室里，通过三周的一系列会晤，佛吉尼娅·冯·弗雷姆女士（Ms. Virginia von Fremdt）赋予了我演讲的信心。她是通过两种途径：一是录制视频短片，让我观察自己在台上演讲的情形，二是鼓励我倚重自我风格，而不是采用那种审慎的、官僚式的语气。她赞赏我快步跃上讲台的方式，让我保持原本快速的语调（以免丧失活力和热情）。她说服我，有效的讲演是自然地表达（即使有些不够利落）一些要点，而不是一字不落地照本宣科。这个训练也令我意识到，没有哪个演说稿撰写人能准确地捕捉到我的风格。事实上，我从未用过他人写的稿子作演讲，这也是我无法接受太多的演讲邀请的原因。

感谢冯·弗雷姆女士的合理建议，我体会到我的风格特点受到了良好的关注，观点得到理解。我也注意到怎样通过自身行为的方方面面，来定位我作为研究所领导的身份：平易近人，不矫揉造作，再加上一点点的离经叛道。我的着装取决于场合而非显示职务——正装用于国会听证时据理力争，而在 NIH 与同事会面时则穿开领衬衣和卡其裤。尽管我就职主任后会配备汽车和司机，我还是决定尽量步行，没有随员伴同。我要么骑车，要么坐地铁，而不是开车上班（联邦条例禁止雇用司机通勤）。想吃午饭的时候，就去 NIH 的某个餐厅内解决（曾被人撞见）。

无论如何，所有这些只是准备而非履行工作的努力是单调乏味的。终

* 夏季，特别是当政府事务冷清的时候，我常常可以去波多马克划艇俱乐部，划单人艇上班。能学习划船，主要是在我的 NIH 同事埃德·巴克斯（Ad Bax）的辅导下划双人艇，是我在华盛顿的几年中的一个意外之喜。

于到了 11 月的一天，有人得知艾奥瓦州参议员查尔斯·格拉斯利（Charles Grassley）是搁置我的提名的始作俑者。这令我觉得意外，因为我已经就学术不端一事给他回信阐述了我的观点。而他正致力于保护政府的揭丑者，使他们免于被实施报复。之后我既未能与其谋面，也未收到任何答复，所以自以为我的回应是恰如其分的。但是，我和同事们不知道的是，在我回信几个星期后，他还在等待着莎拉拉部长就同一封信的回复（我们以为我的回信就足够了，因为给部长的信通常由相关的部门负责人答复）。当我们明白了问题所在，解决方案很快就有了，反对票则不复存在，我的提名也就顺理成章了。在 1993 年 11 月国会感恩节休会之前的一天清晨，我和一长串被提名者出现在一起，宛如文牧师（Reverend Moon）[①] 主持的集体婚礼。看过 C-Span 频道[②]的知道（我没看），整个过程平淡无奇。在唐娜·莎拉拉的主持下，我在同一天宣誓就职，这个小型的聚会中到场的有我的家人和同事们。它更像是一场婚礼而不是加冕仪式。整个提名过程中，我算是领略了我们政府的古怪之处。

① 译者注：文鲜明牧师，韩国基督教派统一教的创始人暨教主，后移居美国，因其宗教信仰和政治观点而备受争议。

② 译者注：C-Span（Cable-Satellite Public Affairs Network），即美国有线—卫星公共事务网，主要制作播放和联邦政府以及公众事务有关的节目。

# 第 10 章　就职 NIH 主任

健康的国度，方能成为强大的国度。因此，为了国家的强盛，我们不仅要招募人力和物力，也需要科学和知识。

——富兰克林·罗斯福总统

1940 年 10 月 30 日于贝塞斯达为 NIH 成立致辞

在某种意义上，主持 NIH 和领导其他政府部门或大型机构没什么不同。但这份工作的特点吸引了我——例如影响科学活动的政策性问题，增加科技项目的公众支持和政府拨款的机会，以及 NIH 作为世界上最大、最重要的生物医学投资机构的历史意义。

NIH 的历史可以追溯到 1887 年，在纽约低调开张的一间小小的联邦卫生实验室。20 世纪初这个实验室迁至哥伦比亚特区（District of Columbia）以后，它的规模逐渐扩大。到 1937 年，那时仍保持独立的国家癌症研究所（NCI）成立后，NIH（此时仍是非凡的）有了向综合化演变的迹象。卢克·威尔逊（Luke Wilson）和海伦·威尔逊（Helen Wilson）夫妇向政府捐赠了贝塞斯达的一大片土地，使得 NIH 和 NCI 的实验室有了大发展的绝佳机会。1940 年 10 月底，FDR① 第三次竞选总统，本章开头引用的即是他在 NIH 的贝塞斯达新园区落成典礼上的致辞，这番话的录音保存至今，为政府注资卫生研究的合理性提供了最有力的理论支持。

---

① 译者注：即富兰克林·德拉诺·罗斯福总统（Franklin Delano Roosevelt），FDR 为首字母缩写，常用来指代其名。

二战以后，联邦政府开始兴建新的研究机构，在之后的至少40年里，卫生机构的预算间歇性地快速增长，这既是受政府扶植的、与战争有关的科学领域的成功所启发，也是受1946年范尼瓦·布什（Vannevar Bush）[①]的鸿篇巨制《科学：边疆无涯》的激励。同一时期，战争结束不久，NIH开始以研究经费和合约的方式向科学家们拨款，受者包括了除政府实验室以外的海内外学者。1968年，在我开始NIH的科研训练之前，NIH已成为世界上最大的生物医学研究资助者，其领跑地位愈来愈稳固。

考虑到NIH的历史、重要性、复杂性及其规模，领导这个机构是一个如此令人震撼和生畏的概念。多数情况下，这份工作没让我失望：我参与决策了当代一些最有趣、最重要的事件（艾滋病、人类基因组计划、全球健康、克隆和干细胞），改善了NIH的形象和财政状况。在华盛顿期间，我也乐于与很多政坛领导人相处，或者保持友谊关系。困境和失望当然也是有的，总的来说，这是一段最好用主题和事件的方式讲述的经历，而非时间顺序。钱，不可避免地成为叙述的起点。

## /NIH的预算/

任何一个大型的政府或非政府的机构负责人，每月面临的现实问题主要是一件事：财务。在我做主任的早期，一位下属的小研究所的副主任对我说："国会拨款是一所机构的生命线。"之后的6年里，此番话的正确性不断地得到印证。

我刚到NIH时，我任职期间的首席财政官弗兰欣·李特尔（Francine Little）给了我一本巨大的活页笔记本，本子上按月为序，详细记载了年度预算编制的时间表。弗兰欣是诸多终身制公务员中的一分子，不论领导层如何更迭，即使比大选还要频繁，像她这样的人一辈子的工作仍使得政府机构运行有序。我是预算方面的新手，总是不能把握一些细枝末节、计算

① 译者注：范尼瓦·布什，美国著名学者，工程师，领导了制造第一颗原子弹的"曼哈顿计划"，是现代信息技术的奠基者之一。

方法和她惯用的描述编制过程的术语。一段时间以后，在她的帮助下，我终于领会了。

在弗兰欣的笔记本上，没有一个月是无事可做的。基本上，10月1日，一个财年的开始时有两件事情：前一年由白宫和国会批准的拨款会落实到NIH，作为NIH来年的支出（这是简单的部分），与此同时开始规划再下一年的总统的预算提案。* 此时是未来一轮财政拨款的初期，所有卫生和公共服务部的下属机构都要在合理范围内，尽可能多地占有预算饼图的份额。整个卫生和公共服务部所占的总额将由政府与国会预算和拨款委员会决定。NIH花费相当多的资金，用于院外科学家的资助和合同，通常情况下，绝大部分的申请遭到拒绝，但可展望的机会是无限的，所以对NIH而言，合理的预算增长幅度超过其他机构，因为其他机构主要或仅负责部门内的雇员、薪资和设备。

每个研究所或中心的规划或抱负是我们预算评估合理性的最终决定因素。几乎所有的估算将在政府指导下，交由国会核准，获得的资金额度由拨款委员会决定。（例如，在我做主任的第一年，NIH获得了109亿美元的拨款，25个研究所和中心各分得从2 100万到21亿美元不等的资金。）即使是在财政年度的初期，各个研究所也已开始向NIH主任和HHS部长提交预算草案，为本所赢得NIH下一轮拨款中尽可能多的一份。

草案编制是受到NIH预算的基本特点约束的。NIH要花光财年内所有的拨款：这是简单的米考伯（Micawber）** 经济学：每年挣到一块钱，就支出一块钱（或许少一点，但绝不会多）。但是每个财年开始时，NIH都肩负着之前几年里做出的巨额承诺，因为一个多年期的科研资助是按年

---

* 在过去十年中，由于两党在拨款事宜上互相抬杠，新财年开始时，一般是“延续性议案”而不是产生新的拨款法案，延续性议案允许在新法案出台之前，像NIH这样的机构将延续上一年的开支水平，因为拨款程序有时要花费三个月或更久的时间。

** 在狄更斯的《大卫·科波菲尔》（*David Copperfield*）一书中，和蔼可亲的米考伯先生推出了他的成功理财公式：“年收入20镑，支出19.96镑，就意味着幸福；年收入20镑，支出20.06镑，则带来痛苦。”

度拨款的。一个资助的平均周期是四年，预算中大约80%用于院外的资助项目，所以每年拨款的约60%已经允诺给了现有的资助获得者。另外，依照科研成本的通胀水平（一般是全国通胀率的两倍），NIH常常希望增加其资助额度，包括过去已经派发的。剩下来的资金很多用于支付内部研究项目和管理人员的薪水与支出。之后，仅仅有少量的，通常不足20%的资金流向全新的科研项目和已有项目的竞争性续约。基于这些原因，发展新的科研方向的机会高度依赖于NIH的年度财政拨款增长额，它需要至少与通胀率持平，或最好超过通胀水平。其他增加资金的办法是令人痛苦和讨厌的，例如削减科研项目或者资助额低于通胀率。

各个机构的领导人向莎拉拉部长提交预算申请，有几年，我们甚至投票建议其他部门的合理预算。随后，她和她最亲密的幕僚们会决定卫生和公共服务部的预算申请，并向政府提交。（这个阶段正值深秋时分，NIH的预算还只是一个简单的总数，但是我们知道最后这个数字必须按各个研究所的份额来分解。）同管理和预算办公室（Office of Management and Budget，OMB）以及最后白宫包括总统本人进行预算谈判，其结果成功与否将决定卫生和公共服务部在总统预算中的配额。（唐娜·莎拉拉常常在圣诞假日期间留守华盛顿，这时往往是方案尘埃落定的时候，毫无疑问，这样做增加了她的单位在预算提案里的份额。因此她也特别引以为豪。）到1月初，距下一个财政年度开始还有9个月时，一个更详细的部门分配方案（对NIH来说，这包括它的各个研究所和中心）将出台，它被编制成一份浩大的文档，成为下一财年度的总统财政预算提案。

## /总统的预算申请/

每年1月份总统开始向国会提交详尽的预算申请，其内容显示了来年政府的优先事务，是国家经济健康状况的反映，但最终分配方案通常与最初预计不符，这是由于国会一般主导着最后决定权，对于NIH尤其如此，传统上，NIH从国会拿到的多于总统的预算案。当两党中的另外一党控制着国会的时候，就更有可能在总统预算申请的基础上增加拨款。我在华盛顿的六年中有五年即是如此。资助医学研究在政治上是广受欢迎的，反对党往往通过批评总统在这个方面力度不足而获取政治筹码。

当然，总统的提案就算不是最终的决策，也具有相当的影响力，特别是当一些具体的措施被提出的时候。例如，申请一个新楼层的基建资金，就是给国会的信号，表示卫生和公共服务部、管理和预算办公室和总统对该重要投资的支持，像90年代中期申建的新NIH临床研究中心大楼，在国会就已经得到了包括参议员、参院拨款委员会主席马克·哈菲尔（Mark Hatfield）在内的拥护，而该中心也以其冠名。* 类似地，1999财政年度，克林顿总统申请为NIH增加了10亿美元的预算投入，牵动了两党，使其一致同意，在未来的5年内让NIH预算翻番。**

为了表示对NIH的支持，1998年白宫用了惯常的一招：让我在1月27日的众议院旁听席上，作为贵宾落座于希拉里·克林顿（Hillary Clinton）的身边。*** 这段时间也几乎正好是总统提交预算草案的时候。这一年，比尔·克林顿的国情咨文演讲受到关注，因为他和莫妮卡·莱温斯基（Monica Lewinsky）的关系刚开始被曝光。事实上，同日在一个早间电视节目中，克林顿夫人针对此事作了那番著名的“巨大的右翼阴谋”的评论。那天晚上，我在她的身边出现，活脱脱就是伍迪·艾伦（Woody Allen）电影里的希列格（Zelig）①。

---

* 2003年，马克·哈菲尔临床研究中心在NIH园区投入使用。

** 到2003年，NIH的预算从1998年的约135亿美元，增至270亿美元左右。

*** 我是在之前一天方得知，我将作为克林顿夫人的客人之一被邀请列席会议，那时我在伦敦，正在前往达沃斯参加世界经济论坛（World Economic Forum）的路上。如果我只是坐在旁听席上层看不见的角落里，那么我就不打算飞回华盛顿，然后再折返欧洲。但是我说如果我能坐在第一夫人的旁边，就愿意回来。出乎我意料，这个要求竟然被批准了。甚至在我的另一边坐着蒂珀·戈尔（译者注：蒂珀·戈尔（Tipper Gore）是美国前副总统戈尔的夫人）。

① 译者注：希列格是美国导演伍迪·艾伦1983年的著名喜剧作品《变色龙》中的主角，电影以仿黑白纪录片的方式诠释了一个不由自主地不断改变自身形象和性格的人。

## /国会的拨款程序/

每年当总统的预算提案宣布之后，参众两院的预算委员会就此展开讨论，他们的关键任务是决定每个拨款小组委员会的钱罐大小。我的注意力集中在卫生和公共服务—劳工—教育部小组委员会，因为它负责 NIH 和这三个部门的其他所有下属单位。所以，NIH 不可避免地与其他卫生机构以及劳工部和教育部竞争年度资金，但是与其他的科研单位没有冲突。令人欣喜的是，传统上，这些小组委员会的主席和议会少数党的资深议员们都坚定热情地支持医学研究和 NIH，这在我任职的 5 年内一贯如此。这些人里有民主党人，也有共和党人，他们一起作为 NIH 的捐助者登上“光荣榜”，在 NIH 园区，他们的名字常常被镌刻在大楼的入口以作纪念。我在 NIH 期间，众议员威廉·那切尔和约翰·波特（John Porter），参议员马克·哈菲尔、阿伦·斯佩克特（Arlen Specter）和汤姆·哈金（Tom Harkin）就是他们之中著名的几位。期间有三栋楼已经以前三位的姓氏命名。

拨款小组委员会的成员们乐于倾听那些振奋人心的科技和医学进展报告，因为这体现了他们拨款的成果。故此，NIH 的预算听证会往往很漫长，在众议院那边可以拖到三个星期之久：一周三天，每天两次，直到每个研究所或中心的主任都有机会发言，有时还有其他人加入。尽管很长，这些听证会还是颇受欢迎的，因为它们为 NIH 的各部门提供了一个展示其成就和展望的公共论坛。（但不幸的是，近些年来，给 NIH 的听证时间被大大地削减了。）

在我任职 NIH 期间，每一年我都陪同每一位研究所的主任列席听证会，一是表示我的支持和兴趣，二是万一有意想不到的情况发生时能在场，比如当某研究所主任申请额外的资金和人员，而这些都不在规划好的预算草案之内。最后一刻才提出要求总是充满着诱惑力，加上善于火上浇油的游说团——他们提出的问题就是要让小组委员会偏离政策轨道。其效果虽然往往微不足道，但是作为 NIH 的头儿，在这些漫长的会议中，我更欣赏各研究所主任们的纪律性，这样能使各研究所的预算保持一致。我也期待有机会提出自己对 NIH 预算的看法，就算数额上超过了总统的预算申请，有些不那么靠谱。当然，总统和部长都没有时间遏制我在听证时的所作所为。但是卫生和公共服务部有自己的代表坐在观众席中，他们的任务是汇报任何预算政策的违规行为。（对于不喜欢的政策，我常常背道而驰，因为我信奉一句政府部门里的老话：先执行后道歉。）

比起众议院，参议院的拨款程序通常效率更高，也更敷衍，有时候特别过分。我第一次在参议员斯佩克特的小组委员会作证的时候，只给了我五分钟陈述整个 NIH 来年的预算。康妮有几次来旁听我的听证会，就碰到过这样的情形。当委员席的红灯开始闪烁时，她就惊讶地听到主席的咆哮："总结，瓦穆斯博士，请总结"，随后快速地进入到问答环节。

在任何情形下，不论总统的预算申请的规模大小，游戏规则基本一样：我和众研究所的主任们在作证时，既希望 NIH 能拿到超过总统预先申请的资金，又要不妨害自己作为政府代表的身份。这是个尽人皆知的游戏——比尔·克林顿不止一次地和我开玩笑说，他为平衡预算的想法所困，以至于不好向国会索取更多，但他很清楚，不论他提出多少，国会总是对 NIH 更加慷慨。一般情况下，提问的气氛变得很友好，尤其是当共和党人借此攻击总统的预算时："我们理解你要和总统的提案保持一致，瓦穆斯博士，但是如果抛开来自其他方面的竞争，你需要多少才能让 NIH 产出成果呢？"等等诸如此类的问题。*

## /预算形势的扭转/

NIH 主任的成功与否，通常（不公正地）以他在任时的预算状况为标准衡量，克林顿政府的经济政策创造了一个繁荣的财政年景，而我有幸是这段时期的受益者。90 年代中期，随着国家财政赤字的减少和预算的平

---

* 不幸的是，这样的鼓舞人心的问话现时已经罕有，NIH 的预算额正以空前的速度下滑。

衡，拨款者乐于向他们中意的项目和机构投资。没有什么政府机构能拥有NIH那样的声誉、前景和政治吸引力。所有人，政府和选民概莫能外，都多少关注着这样和那样的疾病。

1993年在我初抵华盛顿的时候，形势还比较糟糕，表现为联邦预算的巨额赤字和失衡。许多当权者和政治评论家都在筹谋着一刀切的预算削减方式：所有机构都将遭受高达5%～10%的裁减，同舟共济，以此分担财务责任。针对这种状况，我试图据理力争，提出NIH有别于其他机构，如此大幅度的削减会导致医学科学家们失业，拆散有实力的研究组，长时期严重滞后疾病研究。我认为，增长率就算不是那么显著和有效，只要能保持和通胀率一致，科学界就能挺过短期的财政困难期，正如同许多人主张的那样。我的谦卑的态度收到了良效，NIH没有像被威胁的那样被砍掉预算。相反，后来NIH的预算也随着经济的蓬勃发展而水涨船高，开始小幅但稳健地增长了两年。这要归功于我们在国会的拥护者们，他们推翻了总统寒酸的NIH预算草案，这大概不出总统本人的预料之外。

到了1998年，NIH开始时来运转了。立法和管理层都对NIH的能力信心十足，我们开展的科研令人振奋，各种疾病关怀组织对利用科研成果来增进健康充满了期待。拨款小组委员会的主席约翰·波特正是这样一个医学科学的热忱支持者，他代表我们，领着一些科技工业界的大亨们去游说众议院发言人纽特·金里奇（Newt Gingrich）等人。这些，加上来自NIH以及科学界领袖们的证词，进一步说服了国会和政府为NIH增加预算，并且令其意识到在联邦预算的光景良好时，仅保持和通胀率一致的增幅是不够的。所有这些事件的结果，最终促成了国会的领导们，不论共和党人抑或民主党人，都支持在未来五年内使NIH的预算翻一番。

克林顿总统在1998年的国情咨文演讲中，强调他拟议为NIH预算增加10亿美元（那时大约为135亿美元），就在我和第一夫人同时列席的那个晚上出台了。以此为基础，预算翻番的计划更容易实施了。总统报告中提出的NIH预算年增长率大约为8%，这要低于5年内翻番所需要的增长率（约15%）——这是由于他提议预算在10年翻一番。不论如何，以金额衡量，这已经是前所未有的增幅了。*

## /经费支出：科研项目/

NIH主任的核心任务就是追求雄厚的财政预算，但是指导资金的支配是一项更细致、更复杂的工作。我们有一些简单的指导方针，正常情况下，当一个机构的预算增长与通胀率持平时，下属的所有研究所和中心必须遵守它们的承诺：继续向获得了多年期资助的研究者们发放经费；大约一万六千名NIH雇员需要调整工资以维持他们的生活水平；保持资金统筹，支持“科研人员发起的”的资助申请①，这也是NIH几十年来成功的关键。同时，对于院内研究项目的资助，其增长率要和通胀率持平。但除此之外，仍经常会出现很多困难和争端，例如，决定每个研究所怎样参与拨款过程，对院内或院外研究项目是否一视同仁，对重要课题的优先选择，应对个别疾病的责任（艾滋病、肿瘤或糖尿病），以及随着技术进步而拓展某些研究课题（基因组或动物模型）。

与其他很多机构相比，NIH仍然拥有巨大的优势：它的拨款法案极少有限制条款，例如指定资金流向某议员所在的选区或州，或专门用于支持某个研究所开展某个受青睐的项目。但通过对个别研究所或中心的资金分配施加影响，拨款人仍有机会促进某个特定方向的研究。他们也可以在拨款法案的附加“报告”里引入非约束性建议，这些建议可能会要求NIH更多地关注某些疾病，或者检视某些领域的研究进展，但是不会限制NIH资助的项目和地点。

---

* 后来，乔治·W·布什在2000年的总统竞选中也支持了两党在这个方面的共同努力，造就了现在闻名的“五年翻番”。该计划终止于2003年。然而自那以后，NIH仅仅得到了低于通胀水平或微不足道的预算增长，到2008年，其实际购买力下降了大约13%。资金短缺，加上申请人数的增加，平均资助规模的扩大，导致了申请成功率降至一个令人忧心的低水平，在科技界，尤其在青年学者中引起了前所未有的焦虑。布什总统提议在2009财年中保持预算与前一年持平，更让NIH的支持者们觉得气馁和不平。

① 译者注：NIH主要资助科研人员自己递交的研究申请，项目招标并不常见。

拨款法案里没有专款专用的条款，代表了国会议员对 NIH 的同行评议系统的信任。上溯至 40 年代末，NIH 便开始组织院外的科技界专家对基金申请进行评议和打分，借此评价申请是否有被资助的价值。没人觉得这是个完美无缺的方法，事实上，申请报告的书写和评估过程不断地被检查和修订。但是比起政府审核或国会专款专用，同行评议一般被认为是更好的办法。*

相对于流向各个研究所的总基金，NIH 主任不太能干涉研究所内部自主的资金分配，因此我无权介入具体的科研项目，这有时令我觉得懊丧。但是主任确实有那么一些权力影响项目的发展，尽管这些影响是间接的、官僚式的，这是通过组成专家组，游说、政辩或者规划预算来实现的。在下面的章节中，我将讨论自己对一些主要的科学原创性工作的影响以及采用的途径。

## /（Ⅰ）人类免疫缺陷病毒和艾滋病的研究/

在我来到 NIH 之前，是否资助艾滋病研究在公众中已是议论纷纷，我和不少同事们一起坚持着我们的立场，尽管它给我后来的主任提名造成了一些麻烦。政府对这种流行病的迟缓反应让很多艾滋病活动家苦恼不已，他们因此倡议建立一个新的 NIH 研究所来开展艾滋病研究，而不是简单地利用现存的机构，比如已有的国家过敏和感染性疾病研究所（National Institute of Allergy and Infectious Disease，NIAID），那时该所很自然地承担了指导艾滋病研究的角色。

传统上（我认为是恰当的）NIH 对成立新研究所是有抵触的，当很多 NIH 的领导人反对建立一个艾滋病研究所时，国会帮忙达成了一项妥协措

* 在 NIH 财政状况良好的时候，资助申请的成功率大约为三分之一，这个数字为大多数老练的观察家们所认可。但当形势困难时，比如目前，平均成功率降至六分之一或七分之一，对新的申请者甚至更低一些。在这种情形下，很多人会说同行评议不是那么站得住脚了，一部分原因是在恶劣的财政环境下，不可能资助所有的优异的申请，如何取舍显得十分困难。

施：不会有什么新研究所，但是整个 NIH 的艾滋病研究将由一个艾滋病研究办公室（Office of AIDS Research，OAR）统一协调。重要的是，OAR 将被授权获得艾滋病的研究预算，并分发到各个院内、院外的研究所和中心，以资助它们研究艾滋病的方方面面。对于我们这些圈外人来说，这种做法似乎是给预算编制添加无谓的麻烦，有可能在指导艾滋病研究时造成混乱，因此我们签署了一份公开声明，反对成立新的所谓办公室及其主管人。

政治妥协使得创建一个新研究所的计划胎死腹中。回头来看，我们对此事的反应有些天真。尽管最终方案并非尽善尽美，但它至少达到了目的。NIH 也顺应了预算的复杂化；OAR 致力于协调这个跨研究所的项目，并在这方面起到了良好的作用。但是那时，由于我一开始就公开地否定 OAR，一些艾滋病活动家对我的任命持怀疑态度，甚至厉声反对——他们无视我作为逆转录病毒学家的资历，以及在政治上支持增加艾滋病研究的资金投入。在提名过程中，我和一些著名的活动家们会谈，他们中既有我的支持者也有反对者，目的是向他们保证我和 OAR 的协作将会行之有效(那时 OAR 已经依法成立了)，这样争议才慢慢平息下来。

但是科学的焦点问题并未消失：逆转录酶抑制剂只是唯一的艾滋病药物(而且还不是那么有效)，我们还不清楚人类免疫缺陷病毒导致艾滋病的机理，抗艾滋病疫苗的前景尚不明朗，所有这些问题说明艾滋病研究项目需要重新评估。1994 年，在一些著名科学家的建议下*，我主持了 NIH 的 HIV/AIDS 研究项目的全面调研，组成了一个令人瞩目的、主要由院外学者组成的委员会。在病毒学家阿诺·勒文（Arnold Levine）① 的领导下，委员会推出了一份极具影响力的报告，这份报告成了今后几年艾滋病研究

---

* 这个建议主要来自菲利普·夏普（Philip Sharp）的强力呼吁，他是麻省理工学院的病毒学家，后来因发现 RNA 剪接而荣获诺贝尔奖。

① 译者注：阿诺·勒文，著名病毒学家，美国国家科学院院士，因发现肿瘤抑制蛋白 p53 而蜚声国际，时任普林斯顿大学分子生物系主任。

项目的工作蓝图。就在那些年里，早先的投资结出了累累硕果：例如，更有效的药物问世（特别是蛋白酶抑制剂）令全世界得益，开展抗逆转录病毒的联合药物治疗，阻断病毒的母婴传播，以及发达国家中艾滋病死亡率的显著下降。

帮助 NIH 改变探索病毒疫苗的方式是报告里的诸多建议之一。院外委员会强调，要把更多的注意力倾注在免疫系统的衰竭上，因为它也许是早期研发 HIV 疫苗失败的原因。不久之后，比尔·保罗（Bill Paul），NIH 的著名免疫学家，也是我任命的 OAR 主任，建议在 NIH 园区内成立一个专门的 HIV 疫苗研究项目，因为 NIH 院内有充足的病毒学家和免疫学家。这个计划需要有专用的设施，招募额外的人员，以及增加预算——一项十分艰巨的任务。

但是在此事上，政府以反常的速度行动起来。在比尔·保罗的倡议提出后不久，我们几个人不约而同地应邀到白宫，就 HIV/AIDS 的研究现状向总统、副总统和一些高级幕僚汇报。那是 1997 年的某个春日，正值克林顿总统罹患咽炎，因此他较少提问，只是专注地倾听。报告中一部分是陈述我们在研发艾滋病疫苗中步履维艰，我也提出了在 NIH 成立一所疫苗研究中心的建议。在会议结束时，总统把我拉到一边，告诉我他赞成建立这个研究中心，并在预算编制中予以鼎力支持。

数日后，他的一个演讲撰稿人在电话里告知，总统即将在摩根州立大学（Morgan State University）的毕业典礼中致辞，这是位于马里兰州的一所传统的黑人大学，他想在讲演中表述建立新的疫苗研究中心的计划。于是我们就演讲词交换了一些一般的想法，措辞上不是承诺“疫苗在十年后面世”，而是合理预计“疫苗开发在十年后将更进一步”，之后总统便以此讲稿在典礼中致辞。令人欣喜的是，这个讲话引起了注意。国会拨款者们此时仍在研讨 1998 财年的 NIH 预算，他们在建筑物—设施一项中单独添加了新的疫苗研究中心，并期待余下的资金在未来几年内到位。后来的确如此。那栋楼，现在被称作代尔和贝蒂·庞博斯疫苗研究中心（Dale and Betty Bumpers Vaccine Research Center)*，于 1999 年秋在总统和其他显赫人物的主持下落成。

春去秋来，十年过去了，显然现在我们仍无有效的抗 HIV 疫苗。不论如何，我仍然觉得疫苗研究中心是一项有价值的投资。通过该研究所（和其他单位）的工作，我们掌握了大量的知识，包括 HIV 表面蛋白的特性，介导 HIV 颗粒进入细胞的受体，免疫系统的两大主要分支 B 细胞（产生抗体）和 T 细胞（杀死坏细胞）对 HIV 的反应方式，以及如何传递 HIV 蛋白给具备异物识别功能的免疫系统组分。不幸也是始料未及的是，尽管拥有了这些新知识，一种由默克公司（Merck）开发的最具希望的候选疫苗还是在临床试验中遭到惨败。在此事的启发下，争论再次浮出水面：究竟有无可能开发出 HIV 疫苗，是否应该放弃发掘它的努力。但是想一想 HIV 夺去的大量生命，逃避这个巨大的生物学挑战似乎说不过去。

## /（Ⅱ）基因和基因组/

在 90 年代中后期 NIH 的境况好转时，每个研究所和中心的预算都有所增长，幅度多少保持着同步。在和拨款者的对话中，我树立起了这种平等主义的概念，主要是为了表示在医学研究的所有领域都有层出不穷的新机遇，同时也不冷落 NIH 各个不同机构的支持者们。不过，在新申请的项目里，每个研究所仍然需要提出增加预算的理由，这些计划以研究侧重点的形式送交国会，通过这样一种宣传手段，某些研究所可以比较便捷地增加它们的资金。

NIH 的内部预算基本上是统一增长的，但也存在少数例外，其中就有国家人类基因组研究所（National Human Genome Research Institute，NHGRI），它是人类基因组计划（Human Genome Project，HGP）的主要

---

* 此命名是向阿肯色州参议员代尔·庞博斯（Dale Bumpers）致敬，他是总统的朋友，1999 年总统遭到弹劾后，在参议院受审时，他是其最坚定的支持者之一。参议员夫妇二人也是儿童广泛接种计划的积极倡导者。

研究机构。为了保证 HGP 的尽快开展，NHGRI 的预算增长得特别迅速。其得以实现是缘于该计划的深入人心、它在医学各个领域的应用前景、工作业绩（NHGRI 引以为豪的“多快好省”），也得益于它的主要倡议者、NHGRI 主任弗朗西斯·柯林斯（Francis Collins）[①] 的雄辩之才，当然也基于整个国家健康的财政形势。

在人类基因组测序正式拉开帷幕之前很久，NIH 就已经因为该项目博得了公众的正面关注，这项计划也为基因在研究和控制疾病中的重要性培育出了一种乐观主义的氛围。在项目的早期阶段，染色体界标的制图工作极其成功，非常有助于科学家们寻找家族性疾病中涉及的特殊基因，例如亨廷顿病（Huntington's disease）[②]，家族性的乳腺癌和其他肿瘤，一些罕见的遗传病，某些类型的糖尿病，等等。并行完成的其他基因组计划也令人兴奋和期盼，这里面有简单生物——单细胞生物如细菌和酵母菌，或者更复杂一些的实验动物，像线虫和果蝇。还有新的技术，包括同时检测生物体内所有基因活性的方法，阐明了基因组学有能力转变生物学的实验方式。

对于其他研究所的主任们来说，全力完成基因组计划的明智性是无可非议的，只是 NHGRI 的预算增长引起了嫉妒和关注。大家都知道机构的预算几乎不可能会被削减，于是有些人对基因组计划完成后 NHGRI 巨额预算的处置提出了疑问。这个计划也从来不乏政治矛盾。NHGRI 和它的合作伙伴美国能源部就存在零星的冲突。能源部在多年前就启动了这方面的工作，但已开始感受到了这个极度壮大的 NIH 机构的压倒性优势；英国的威康信托基金（Wellcome Trust）[③] 有时觉得自己对大西洋彼岸没有话

① 译者注：弗朗西斯·柯林斯，美国著名遗传学家，1993—2008 年担任 NHGRI 主任，2003 年领导完成了人基因组的测序计划，2009 年至今担任 NIH 主任。

② 译者注：亨廷顿病是一种神经退行性遗传疾病，病因是 4 号染色体上的 CAG 三核苷酸序列的超常扩张，为常染色体显性遗传，多于中年起病，临床表现为不自主、不规则的舞蹈样动作，认知障碍，人格改变，动作失调和其他精神症状。

③ 译者注：威康信托基金，英国的全球性慈善基金组织，是英国最大的生命科学研究的私立赞助机构。

语权。在有时显得争强好胜、捉摸不透却又聪明绝顶的克雷格·温特（Craig Venter）① 的领导下，那时的塞莱拉公司（Celera Corporation）作为一个私营企业，向公众资助的人类基因组计划发起了一个被大肆渲染的挑战。*

因为 HGP 运营得极为出色，我很少介入它的日常事务，却被拉进来帮助处理这些矛盾冲突，参加诸多新闻发布会宣布分离出来的新基因或者 HGP 的里程碑式的重大成果，倡导预算的大幅增长，在白宫组织一个基因组学的"千禧年之夜"活动，规划后基因组计划时代的科研。我觉得这些都是日常工作之外的愉快消遣，因为它们立足于科学本身，也是医学和生物学大变革的一部分。

基因组时代前后的科学迥然不同，尽快地迈步跨入基因组时代是正确合理的，这对我们这些癌症研究者和所有其他人都很重要。在公共领域内开展基因组计划也很关键，它确保我们能够有效地利用新的信息，为网络共享科研成果设置了一个标准。为了让 HGP 的效益最大化，一个重要的策略即是增加对 NHGRI 的资助。

### /（Ⅲ）临床研究/

当 1993 年末我成为 NIH 主任的时候，资助申请的成功率开始下降，一片阴霾笼罩着整个科学界。最为凄惨的莫过于直接与病人或人体组织打交道的临床医学家们。一些人埋怨学术单位，认为临床医生们没能开展科研是因为这些单位没有提供时间或者不加以鼓励。另一些人把矛头指向了

---

① 译者注：克雷格·温特，美国著名生物学家和企业家，他创建的塞莱拉公司和 NIH 同时进行人类基因组测序，但采用了不同的实验方法。2001 年 2 月，双方分别在《自然》和《科学》杂志上发表了各自的人类基因草图。

* 对于公立和私立机构在基因组计划之间的"竞赛"，众说纷纭，对于事件的结局和竞争的意义都有不同的解读，但是有几点是被普遍接受的：测序仪的制造商们对仪器的新改进极大地促进了双方的工作；私立机构得益于公立机构在技术、制图和测序方面早期的巨大投入。公共计划组的开放性——所有信息都快速、简便和免费地供所有互联网用户使用——继续成为基因组学的主流风气。最后一点代表了这一事件最终的、重要的胜利。

医学科学家的培训系统，在这个系统里，医生们为巨额债务所累，对临床研究方法缺乏正规的教育和足够的辅导，最终妨碍了他们参加科研。还有一些人对 NIH 不满，他们指责 NIH 在病人为本的研究项目上没有投入足够的资金；资金审议小组内缺少足够的医学科学家；相对于围绕病人的临床研究，实验室研究的价值普遍被高估了。

这些激烈的言辞令我惊讶，作为回应，我试着评估他们的主张，并由哈佛医学院的大卫·内森（David Nathan）[①] 牵头，成立了一个由著名临床医学家们组成的小组，目的是修补存在的纰漏（此时读者们会意识到，何时、怎样组成这些研讨小组是 NIH 主任的必备技能之一）。该小组的当务之急，简单来说就是澄清局势——定义临床研究的形式，决定 NIH 预算之中有多少（相当大）可以划拨给这一类研究，证明这一部分的拨款并未显著减少和追踪临床研究者们的职业发展轨迹（它的确令人不安）。内森小组渐渐声名鹊起，它做的不仅仅是一个简单的评估工作。它还提出了整改之计，其中许多都被采纳了：新设置的奖项用于培训临床医学家；职业发展奖用于鼓励新的临床教职人员多花时间在科研上；设计临床研究的教程；改变资金审议小组的组成方式。当前的时代，即使预算削减同样殃及了临床医学家们，实验科学家和以病人为中心的临床科学家之间的合作仍非常重要。毫无疑问，这些加强临床研究的措施堪称及时之举。

## /（Ⅳ）院内研究项目/

NIH 的院内研究项目是通过其雇用的政府科学家来开展，主要是在贝塞斯达的 NIH 主园区内，但也有在马里兰州的罗克韦尔、亚利桑那州的图桑、蒙大拿州的汉密尔顿等地的卫星部门。大多数的研究所和中心都建立了自己的院内研究部分，这些实验室由大学教授水平的科学家们领导，成员包括技术员、博士后研究员和来自其他大学及医学院的访问学生。其运

① 译者注：大卫·内森，著名儿科血液病专家，曾任哈佛大学医学院讲席教授，丹那—法伯肿瘤研究所主任，2011 年因其杰出贡献而荣获美国血液病学会终身成就奖。

营资金来源于各个参与研究所的年度预算，依据各实验室的规模和体现的价值，研究所的科技主管进行相应的资金分配。NIH 的院内科学家们极少有资格申请资助，但是，几乎所有人的资金都是持续有保障的，除非表现始终低迷。在这种情况下，他们要么离开 NIH，要么通常被调至管理岗位，不再参与实验室研究。

院内研究项目的历史可以追溯到 NIH 开张的时候，那时它还只是诸多小的政府实验室的集合体。（记住现在 NIH 的主要工作——院外申请资助是二战以后出现的。）院内科学活动的历史不仅漫长，而且丰富。一些诺贝尔奖得主在 NIH 度过了他们职业生涯的全部或大部，他们中有发现了遗传密码的马歇尔·尼伦伯格，这在第一部分里已有描述。NIH 拥有超过一千名独立的实验室老板，其中包括大约五十位国家科学院院士，还有很多各自领域的杰出人物。另外，院内研究成功地训练了年轻的科学家们，并以此而闻名，这些人里有在越战期间在 NIH 履行兵役的医生们（比如我自己）；在霍华德·休斯医学研究所和 NIH 组织的联合项目的赞助下，很多医学生能来 NIH 学习一到两年，数千名外国科学家以博士后研究员的身份在 NIH 工作然后归国，大学研究生们在 NIH 园区的实验室内研究他们的论文课题。

尽管如此，当 NIH 的受资助者境况艰难之时，院内项目开始不断被人诟病。当我就任 NIH 主任的时候，正值院外科学界的资助申请成功率节节下降，对院内项目的批评已如暴风骤雨。许多院外的科学家们在申请或延续资助的时候遇到麻烦，或者目睹同事们以此而终结科研生涯，他们开始质问预算的浮沉变迁为何不波及 NIH 的院内科学家，是因为 NIH 科学家的研究工作迥然不同么？抑或更有价值，质量更高？有没有促使各个部门的院外顾问们做出批判性评断，以限制或停止资助表现不佳的实验室？当处罚的建议被提出时，院内项目的科技主管听从这些建议了么？当院外科学家们为延续资助而辛苦奋斗时，始终划拨 11％的 NIH 预算给院内实验室合适么？

《科学》杂志对这场争论进行了大规模的报道，而我的首要之务就是应对质疑，希望能重振该项目的声誉，使之继续作为优质科研的避风港和国内众多权威科学家的训练基地。自60—70年代起，院内项目在美国生物医学研究中的主导地位已经削弱了，究其原因，主要是许多医学院、研究型大学和独立研究所的成功崛起，这些单位建立了实力雄厚的研究项目，常常由来自或在NIH受训过的科学家们来领导（如我自己在UCSF的亲身经历），并得到NIH的快速膨胀的预算资助。所以一个合理的问题是：国家还需要一个大规模的院内项目么？它能弥补院外科学界的不足之处么？它的科研质量已经滑坡了么？如果是，有办法逆转么？

这些林林总总的问题交给了一个由院外的著名科学家和医生组成的研究小组，领导人是保罗·马克斯（那时的MSKCC院长）和盖尔·卡塞尔（Gail Cassell，那时的亚拉巴马大学医学中心（University of Alabama Medical Center）教授）。他们做出了里程碑式的报告，力图恢复院内项目在美国科学中备受尊崇的地位。报告中强调，一个更为严谨的评估过程是必要的。它承认院内和其他地方的科研，比如学术性医学中心，并无天壤之别，但是在某些方面的差异是必然的，这体现在院内科研的规模、对公共卫生的紧急事件更快的反应能力、从世界各地招募病人进行临床研究的能力、偏重于实验工作而非课堂教学、稳定的预算和技术能力的多样性。但是报告中也提到了在招聘顶尖科学家方面，院内研究项目的竞争力不如其他很多学术机构，原因是相对较低的政府薪水、为工业界做咨询或其他“院外活动”的机会有限、一些年迈的实验楼和日趋衰微的声誉。

NIH的工作令我最为欣慰的方面之一，就是把马克斯—卡塞尔委员会的诸多建议付诸行动。甚至早在委员会开始工作之前，我就已经说服了院内最优秀的科学家之一迈克尔·戈兹曼（Michael Gottesman）接任院内项目的新领导人（以NIH副主任的身份）。15年之后迈克尔仍然守在同一岗位，在执行马克斯—卡塞尔报告赋予的使命之时，他已被证明不仅是一个极其高效的合作伙伴，其他优点也不胜枚举。我们开始强化苛刻的实验室审核机制，对于预算和空间推行逆耳的忠告。我们承诺院内研究项目的预算增长率不超过院外资助：这一政策延续了至少10年。我们与政府和国会通力协作，为新的临床研究中心获取了资金，该中心是主园区的焦点所在——不论是其建筑抑或内在主题，也处于国家努力扶植临床研究的核心地位，开展有病人直接参与的研究（常常被称为以病人为本的研究）。利用现行的法规，我们设法提高了首席科学家们的工资，他们作为政府专家可以领取接近院外学术单位的薪水，当然还是不及营利性公司。我们降低了参与外部活动的限制，包括为医疗产业作咨询。这些改变增强了我们招募、挽留顶级科学家的能力，毫无疑问，稳定的预算所产生的持续吸引力，以及正在改善的院内项目的水平、声誉和设施，都是功不可没的。

在 NIH 的总预算保持增长的时候，这些变化，特别是限制院内项目的相对预算增长率，还是比较容易实现的。过去几年里，随着 NIH 的总体购买力的下跌，院内项目也面临着严峻的资金短缺，所以，作为一个过去几乎所有研究者都多少拥有一些科研资源的场所，令其在有限的预算之中主动开展新项目是困难重重的，这一点也抵消了院内项目的魅力。不宁唯是，院内项目还承受了一些国会议员的抨击，指控的原因是几个资深研究员接受了工业界的有偿咨询，却未适当地报告或经过 NIH 的伦理官员的审核。NIH 的科学家们惯于和非政府机构谋求合作，而经过国会的听证、调查和讨论，NIH 被迫取消了很多这样的机会，这种做法也许已削弱了项目对求职者的吸引力。

我同意让 NIH 的科学家们参与某些类型的咨询活动，就像他们在院外学术单位的同事们被准许的一样。而在《洛杉矶时报》（*Los Angeles Times*）就此发表的一系列报道中，所谓咨询活动中出现的利益冲突被部分地归咎于我的这个决定。我被那些文章里的说法刺痛了，感觉受到了无端的指责。它们无视我是依据政府伦理办公室（Office of Govermental Ethics，OGE）的建议行事，从而放宽早先的过度限制的事实，也忽略了 OGE 已经批准了我对政策修改的提议。进一步来说，OGE 不愿意采纳一种更细致的政策。与别人相比，我们的多数资深科学家们也许更受掣肘，因为即便最资深的科学家（比如研究所主任或者主要项目的领导）也比其他机构或部门的人级别低，而后者被允许参与广泛的外部活动。还有，类似于个人没有汇报咨询活动这样的违规，不能成为批判整个机构的理由，应该做的是改善，并有力地执行而不是撤销这些政策，因为这些政策已经显著改善了政府最卓有成效的科研项目之一。

# 第 11 章　设定优先级

主持 NIH 或是领导任何一个研究所，最困难的工作之一就是指定研究侧重点，NIH 的一些最坚定的支持者们总是紧紧地盯着这一点，所以无论在情感上还是在政治上它都十分敏感。但是这些人经常只对 NIH 工作的片鳞只甲表现出强烈的兴趣，并以此显示他们对 NIH 的拥护，而这些片鳞只甲往往总是关于某种疾病，甚至只是该疾病的一个亚型或者侧面。*

## /疾病之孰先孰后/

院内和院外资助项目，以及各个研究所预算增长的差异，这些因为资助机制的不同而带来的变化容易理解，令人难以接受的是针对某些特殊疾病而改革研究资助。指令性地改变拨款，令其服务于以疾病为中心的研究项目，这样做是有问题的，尤其是当这些指令骤然出台，或者是以牺牲其他疾病的研究为代价的时候。如果命令来自某些上层人物，而非人们的一致主张，形势可能会进一步复杂化。

我第一次接触到这个问题是在我刚刚抵达 NIH 的时候，那时我接到我过去的加州众议员南希·佩洛茜打来的电话，她要我为艾滋病研究的预算增加五千万美元。作为这场流行病的重灾区之一的代表，她的愿望是可以

---

* 国家普通医学科学研究所（National Institute of General Medical Sciences，NIGMS）是支持基础生物研究的主力之一，任何一位该所的前主任都会表示：“拥护普通医学科学的患者团体不大。”所以对 NIGMS 的支持有赖于人们对基础研究的作用有一个清楚明白的认识。另一方面，当其他一些研究所受困于不同疾病团体间两败俱伤的斗争时，该所却能独善其身。

理解的。既然她是 NIH 的众院拨款小组委员会的成员，在委员会就 NIH 的预算进行辩论的时候，她可以提出增加对艾滋病研究的资助，但不能挪用其他项目的拨款。然而，受制于开支的上限，她与委员会同僚之间的谈判大概未能成功，那么她就让我把资金从其他类别的预算中划拨到 OAR 的账户上，以期兑现她在旧金山选区许下的诺言。对此我尽可能礼貌地拒绝了。

有时候则不是那么容易说不。1996 年 5 月的一个傍晚，当我在 NIH 的园区内散步时，我的司机开车过来，停车后，他一脸焦急地让我接一个车内的紧急电话。那是一个政府的高官（坦白地说，我忘了是谁）告诉我说，那天下午总统刚刚头一回接见了瘫痪的艺人克里斯托弗·里夫 (Christopher Reeve)①，并且在媒体面前承诺，为脊髓研究增加一千万美元。他随后把电话交给一个低级别的官员，我当时就此事的难度对此人进行了解释，但他的意思基本上就是不要争论，照办就行，否则你拿不到钱。当然，白宫没法给我们任何直接的额外拨款，然而总统的意愿总是要服从的。当神经所（正式名称为国家神经性疾病和卒中研究所，National Institute for Neurological Diseases and Stroke，NINDS）做完下一轮围绕各种疾病的开支决算之后，脊髓研究的资金随之增加，而其他用途的支出就相应地按比例降低了。*

对 NIH 的领导人来说，单纯地重点宣扬某一疾病常常是问题多多，因为这些倡议和科学本质大相径庭。更进一步来说，这些宣传的目标通常放

① 译者注：克里斯托弗·里夫，好莱坞艺人，著名电影角色超人的扮演者。1995 年在一次马术比赛时不慎坠落，因颈椎损伤而截瘫。之后他成立了克里斯托弗·里夫基金会，积极推动脊髓损伤和干细胞研究。2004 年因严重感染而去世。

* 挂了电话之后不久，我应总统顾问的请求赶赴纽约州的贝福德（Bedford，New York），那里将召开 1996 年的民主党全国代表大会。我要帮助克里斯托弗·里夫准备他在大会上的露面。克里斯托弗和我一起度过了漫长而美妙的一天，我们讨论了科学、文学、电影、NIH 等等，不一而足。他后来造访了 NIH，并且像人们熟知的那样，成为了一名热情、高效的普通医学研究尤其是干细胞研究的支持者。他在大会发言中，引用了 1940 年 FDR 在 NIH 成立时的那番致辞（即本书第 10 章的开篇），时刻缅怀着 FDR 在瘫痪后所成就的事业。

在经费开支的不同层次上，而这一点很难准确地用金额来衡量。例如，研究一种特定的神经性疾病，比方说ALS（肌萎缩性侧索硬化症，或卢·葛雷克病（Lou Gehrig's disease））[①]，原则上在ALS患者的临床试验之外，还应当包括神经细胞和细胞死亡机制的基础研究。临床试验是很容易依据所研究的疾病而归类的，但是基础研究则不大可能按疾病分类，原因是它有助于理解多种神经性疾病或其他疾病的机理。在此，科学机遇这个概念发挥了作用：这就是要把握机遇，将资金用在搞清楚一个基本生物学原理上，相比强制性地投资研究某一疾病，前者是一个更有效地攻克疾病的办法。还有，努力领会其他疾病，就算是不涉及神经元的，也可能触类旁通地帮助理解ALS，这比研究ALS本身更有价值。

我最中意的机缘巧合的例子来自自己最熟悉的领域：癌症研究。在80年代，如同我在本书第二部分里描述的那样，我们开展了逆转录病毒诱发的鼠乳腺癌的研究，这导致了一组基因的发现。wnt基因和其他基因一起表达了所谓的wnt信号传导通路中的组分。尽管没有证据表明该传导通路对人类乳腺癌的发病产生什么重要作用，但是现在我们知道，几乎任何大肠癌都可以归咎于wnt通路中的某部分缺陷。反过来，鲍伯·温伯格[②]实验室在研究大鼠神经母细胞瘤（neuroblastoma）过程中发现了一个新的癌基因（称为neu，或者HER2），这个基因常常在人类乳腺癌中发生异常。就像在第7章里提到的，目前，针对neu（HER2）基因所表达的蛋白制成的抗体（称为赫赛汀）已经成功地用于数千名女性患者，来预防和治疗转移性乳腺癌。所以，研究乳腺癌有助于大肠癌，而探索脑肿瘤则令乳腺癌受益。

要预测新的发现会在何时、以何种方式冒出来已经不容易了，雪上加

① 译者注：肌萎缩性侧索硬化症是一类支配肌肉的脑、脊髓神经细胞病变，发病率约为十万分之五，表现为肌肉萎缩和瘫痪，患者常死于呼吸衰竭。

② 译者注：鲍伯·温伯格，肿瘤生物学先驱，美国麻省理工学院教授，怀特黑德研究所的创始人之一。首次发现了第一个癌基因Ras和第一个抑癌基因Rb。

霜的是，科研优先级的设定过程有时可以变得丑陋不堪。比方说，一些鼓吹者拒绝承认或者根本不在乎挪用别处的资金来资助他们关注的疾病，而对另一群鼓吹者来说，这笔钱可能正被用于在他们看来很重要的疾病。为了给针对性支出的企图披上合理的外衣，这些人经常宣称，他们关注的疾病历来欠缺支持，或者，他们会挑选并围绕一些该病的特点做文章，令人觉得目前的资金分配有失公允。当然，不同的标准能带来截然不同的印象，例如某种疾病的患者数量，每年该病的死亡人数，年龄校正死亡率，有风险的健康人群数，每年被诊断为该病的人数，每年的医疗开支，每年的社会开销，或者病痛的程度，所有这些都合理反映了国家的疾病负担的方方面面，但是，在指导如何恰当地花费科研资金上，这些数字只不过是一些粗陋的工具而已。

无论如何，尽管常常令 NIH 和下属研究所的领导们不安，这些指标还是被派上了用场。我在 NIH 的多数时间里被心脏病研究的拥护者们所谴责。原因是虽然每年美国心脏病的死亡人数几乎二十倍于艾滋病，但是 NIH 在心脏病和艾滋病研究上的开支相仿。问题是，这个论点总是忽略了其他一些重要的事实：艾滋病是一种新发现的正在蔓延的疾病，它具备传染性，正在世界大部分地区肆虐。而过去 50 年来，心脏病的年龄校正死亡率已经下降了三分之二。

当一些疾病研究的机会及必要性显著增加时，NIH 会诚挚而努力地拓展该疾病领域的研究。尽管如此，人们目睹表面上的分配不公而心生怨怼，这仍导致了一些不愉快的事件。例如：1998 年 3 月在众议院贸易委员会举行的一个听证会中，我正等候着作证。当时出席的有一位来自康涅狄格州、名为亚伯拉罕·利伯曼（Abraham Lieberman）的医生，他同时也是全国帕金森症基金会（National Parkinson's Foundation）的成员，在他身边静静地坐着一位他带来的患者：穆罕默德·阿里（Muhammad Ali）①。

① 译者注：穆罕默德·阿里是历史上最伟大的职业拳击手之一，职业生涯中击败过同时代的所有重量级拳手，1984 年被诊断患有帕金森症。

我记得我耐着性子听他大声地咆哮指责 NIH。*

NIH 获准用于帕金森症研究的资金为一亿美元，而利伯曼医生错误地认为这一亿美元必须直接花在帕金森症上（这或许可以理解）。的确，据我们估算，NIH 在这方面至少花了一亿美元，但是我们认为这笔钱的一部分用于直接涉及患者的研究中（例如临床试验或诊断测试），而另一些用于研究其潜在的发病机制（例如神经细胞死亡和多巴胺代谢），这些工作的成果同样适用于其他的神经系统疾病。而我们的观点让利伯曼医生不悦：

> 我们想要你们做的是设置具体的目标，去征服帕金森症，之后你就知道你把钱花在刀刃上了。假如拨给 NIH 更多的钱，仅仅是去做更多更好的科学，那么此时你就会扪心自问，我怎样才能知道自己真的为患者做了些什么……NIH 的科学家和患者的支持者们各有不同的侧重点。

坐在房间的后排听这番话是沉重的。

同一年里，一些糖尿病研究的拥护者们因为糖尿病特别是 2 型糖尿病发病率升高而忧心忡忡，他们的忧虑是完全合乎情理的，但采取的措施是异乎寻常而且激进的，他们公开批评我对 NIH 的管理方式，甚至在伊利诺伊州众议院拨款小组委员会主席约翰·波特的家门前抗议。（对波特的攻击是欠妥的：他的妻子是糖尿病患者，他本人对该病的关心显而易见，而且对 NIH 的支持也是无与伦比的。）

对付这一类的攻击绝非易事，特别是当那些陈词滥调变得针对个人，要求越来越过分，加上预算分配欠缺弹性的时候。多数情况下，我们会针对某个主题策划一个公开的听证会——通常在 NIH 举行专题讲座或者更大

---

* 听证会中一般由政府部门的作证者先发言。委员会主席比利拉基斯（Bilirakis）先生让我在会中等候发言，这说明他被说服让其他人先于我作证。但是会议记录副本显示，在听取了之前诸多的小组发言后，我赢得了比利拉基斯先生的青睐。

型的研讨会（比如糖尿病研究），随后由院外的顾问组出具一份正式的报告，在报告中回顾某疾病研究的现状，并进一步讨论新的研究机会。尽管这些会议成功地界定了需要 NIH 和受资助者加倍努力的领域，但决定投入多少资金到新的研究方向仍然是困难的。毕竟，多数参与研究的院外科学家们已经在竞逐激烈的领域中忙碌着，他们期待着预算提案越大越好，以从中获益。同时，NIH 的人员觉得有必要对研究项目的变革予以限制，还需要保障开支，投入到其他前景光明的领域。这些互相矛盾的目标意味着没有一个让各方都满意的计划。

以上这番评论的意思并非是说支持特定疾病研究的主张是错误的，或者 NIH 的负责人可以置研究目标而不顾，仅仅笼统地依据申请的质量来分配资金。相反，正如目前正在实施的那样，NIH 一定要注重研究主题，必须保证研究工作涉及所有的重要领域，对于那些相对来说被忽略的问题，尤其是当新机会涌现的时候，通过宣传可用于资助该研究的基金，鼓励人们深入探索。NIH 有一个潜在的优势，就是能够鼓励全国的科学家们去更多地关注一些虽然冷门却又值得研究的课题，就算是在新的契机尚不明朗的时候，亦是如此。仅仅只要鼓励人们留心一些问题，比如自闭症、罕见的神经系统疾病、影像学方法、新型传染病或者生物工程等等一些在我任职期间促进发展的领域，机遇就可以随着新的构想应运而生。就这一点而言，NIH 又不得不小心翼翼：一边尽职尽责地响应公共卫生方面的需求，一边为科研工作者提供足够的自由度，让他们尽情地发挥想象力。*

当 NIH 准备向确立的研究领域投入资金的时候，它就进入了一个充满着标准待定和主观评判的世界，对于那些最优质的、天马行空般的研究，它带来的风险就是投资力度可能有所削弱。而其他国家的科研体系的失败，包括最为臭名昭著的苏联系统，常常被归因于科研等级制度中从上至

* 1997 年 NIH 出版的一本手册上阐明了 一些科研优先权的准则。

下泛滥的指令。

关于NIH的科研优先级的争论不断，它带来的一个副产品就是1998年医学研究院（Institute of Medicine，IOM）的一份报告，题为《科研机遇和公众需求：改善NIH科研优先级的设定，增加公众参与》。尽管该报告意识到依据疾病种类来分配资金有难以克服的困难，它也承认NIH的决策一般是公平的，还批评了NIH未能提供所承诺的矫正途径。IOM报告中提出的一个解决方案非常有效，我甚至希望是我自己想出的这个办法：成立公共代表理事会（Council of Public Representatives，COPR）。* 我们很快地组织了一群有头脑、知名的各类疾病的支持者们，让他们同意暂时放弃个人的忠贞不移，唯有如此，在会谈中方能就资金开支给予NIH不偏不倚的建议。经过一系列复杂的提名和审核程序后，我和我的幕僚召集了一群非常出众的人士供职于COPR。这个理事会就各种广泛的议题贡献了极佳的建议，并不仅仅限于优先级方面的问题。结果，在几乎所有重大的相关活动中，我们都邀请一些成员参与，例如研究所领导的年度学术修习和各种讲座。对于来自各种疾病支持团体的不满和攻击，COPR也起到了挡箭牌的作用，它向人们表明NIH是欢迎公众的监察和评议的。

---

* COPR创始人中有大卫·弗洛迈尔（David Frohnmayer），俄勒冈大学（University of Oregon）的校长，他有三个罹患范可尼贫血症（Fanconi Anemia）的女儿。罗宾·琴（Robin Chin），药学家，乳腺癌幸存者，也是糖尿病、HIV/艾滋病患者的支持者。莉迪亚·路易斯（Lydia Lewis），全国抑郁症和躁狂—抑郁症协会（National Depressive and Maniac-Depressive Association）的执行主席。潘·费尔南德斯（Pam Fernandes），糖尿病患者，21岁时双目失明，后来在接受肾脏移植后，竟获得了自行车赛冠军。罗兰·麦克法兰（Roland McFarland），传媒界高管，对专门影响非洲裔美国人的疾病有强烈的兴趣。奎利（Quigley，现已去世），一名毕业于密歇根大学（University of Michigan）的律师和卫生政策专家，在6个月大时发现患有系统性纤维化（CysticFibrosis）。黛布拉·拉宾（Debra Lappin），卫生和科学政策的公众倡导者，关节炎基金会（Arthritis Foundation）的前任主席。芭芭拉·莱克立兹（Babara Lackritz，亦已过世），一位语言病理学家，患有慢性淋巴细胞性白血病（Chronic Lymphocytic Leukemia）并与之奋战了十年，她同时照顾着患帕金森症的丈夫，撰写了一本关于成人白血病的书，还成立了面向白血病患者的网络服务系统。还有其他杰出的人才，不胜枚举。

## /平衡研究所的预算增长/

NIH的优势之一是拥有公众的强烈支持，尤其是来自那些渴望看到疾病被攻克的人们的。疾病拥护团体或各专业协会通常将他们的支持集中在某一研究所或中心。这些团体会束缚研究所之间资金分配的调整工作，因为各个研究所的年度预算都会被仔细审查，精细到了万分之一的水平，任何从NIH的平均水平向下的调整都可能导致非议，有人会向有影响力的国会和政府内部的支持者上诉。这样做使得各研究所的预算基本保持一成不变，就算某所表现不佳。而我们也能躲开那些不可避免的抗议。

基于这些原因，过度地偏重于一个研究所，特别是大型单位，会带来问题。不过事实上，骤然改变两个研究所和中心的财政状况并未带来太多争议。在任职NIH的后半段，我提高了弗加蒂国际中心（Fogarty International Center）的预算增长率，虽然该中心用于改善全球健康的投资增长率颇高，但其绝对值仍然低到不足以影响到其他任何研究所。另外就是国立人类基因组研究所，众所周知，该所资助着人类基因组计划——一项整个NIH和全球科学界均高度重视的事业。

但在1997年末，副总统阿尔·戈尔提出了一项令NIH陷入两难境地的提案。他建议国家癌症研究所（NCI）应当获得比其他研究所大得多的预算份额。此话的背景是总统将要提出在1999财年给NIH创纪录地增加100亿美元的预算。他的建议也许是缘于对肿瘤研究支持者做出的承诺，也许是出于他本人对癌症的关注（他的姐姐早年死于肺癌），也可能因为肿瘤研究在政治上是备受欢迎的。戈尔要求癌症研究所的预算增长要达到其他所的两倍。

对此我极为不悦，这里，树立增长率的差异与确立的医学需求或者精心考量的科研机会相径庭。目前不存在癌症发病率或临床结局的显著变化，肿瘤研究也没有什么突破性进展，所以，相比脑部疾患、代谢疾病或感染，NCI的需求更大是没有依据的。从任何方面衡量，NCI已经是规模最大的，远超过其他研究所，而戈尔的计划会加剧这些差距。毫无疑问，如果这项计划出台，必会遭到其他研究所的支持者们的强烈反对。但是，他是副总统，说不定就是下一任总统，所以我自己出面就此事与其争论不是个好主意。

幸运的是，唐娜·莎拉拉非常支持我的立场，她主张我们应该就此事与戈尔直接交涉。难能可贵的是，戈尔同意在1998年1月初的一个傍晚约见我们，并且面无表情地听取了我们的观点。很显然，他是觉得有责任做些什么来兑现他支持肿瘤研究的承诺，并且需要以某种方式来表示他已经在实践他的诺言。戈尔试图说服我们，他的方案将会是整个NIH获益。他设想到，NCI预算的快速增长将会如同“一台引擎”般牵引其他研究所，攀登预算的顶峰。这个想法没有说服力。但是我指出很多研究所也在开展肿瘤研究，不单单是NCI。他对此既惊又喜，此后我们达成了谅解。这番谈话给我们开启了一扇妥协的大门：我们将保证大幅提高癌症研究的预算，但是所有合理地进行癌症研究的单位将分享这笔资金。癌症研究的资助将有一个短期的上扬，但远期内，各个研究所的预算差异不会增大。NIH总预算最终翻番之后，NCI资助额增长的百分比将不会（实际上后来也没有）超过其他研究所。当然，这个现象的出现一部分是由于国会预算翻倍的步伐快于政府的计划。在长达五年的慷慨资助中，没有谁需要拖谁的后腿。

## /扩大主任的权力/

在应对人们对NIH的花钱方式的怨言时，NIH主任办公室有限的财政权是掣肘我的因素之一。当然，我有权决定各个研究所的年度预算增长，实践这一权力的方式，是要求各研究所的主任提供一份为来年创制或拓展的新计划。在撰写预算申请时，我把这些创新计划归总到重点研究领域（Area of Research Emphasis）这一涵盖所有研究部门的类别下，这样就能把申请描述得井井有条并富于吸引力。这样做也为增加预算提供了理由，而不是仅仅用一些模糊和利己的需求来维持预算增长。在多数年头里，我还有一些非常少的可以自由支配的资金（通常不超过1 000万美元，只够用来资助几个刚刚低于合格线的申请）。另外，我有权在研究所之间转移有限数额的资金，一般不超过总额的1%。但是主任办公室缺乏一类能规划和指导研究项目的人员，所以直接发放合约和资助虽然理想，却不是一种现实的途径。

但是，转移资金的权力给我机会参与NIH的实质性工作：颁发资助。在研究所之间划拨资金也会令主任们不安，这是可以理解的，任何资金到手之后却失去掌控，这种想法会令其不悦。无论如何，他们意识到让主任拥有资金转移的权力对一个机构来说可能是有利的，代表着财政灵活度。这种聊胜于无的权力，就算只是偶尔动用也是好的。所以在多数年头里，我们会确立一个能吸引若干个研究所的研究项目，然后，一般在一些院外资深研究人员的建议下，我们把钱从一个或几个所转到另一单位的口袋里，这样就使该项目有足够的资助。

透过资金转移权，我观察到有时多个研究所可以合作完成一些甚至大型研究所也无法独立完成的工作（记住，各中心、研究所的预算从低于5 000万到超过20亿不等）。当主任一职做得愈来愈得心应手之际，我有时也会因为无法全力介入科技项目的发展而倍感沮丧。我提出了一项"跨NIH"的研究动议，它可以在不创立新的研究所或中心的情况下，令所有各方获益。

例如，在90年代中叶，我了解到了斑马鱼（zebra fish）研究发展迅速，斑马鱼是一类脊椎动物（有别于果蝇和圆虫），和小鼠以及大鼠相比，它有较快的胚胎发育和短暂的繁殖期。我邀请了哈佛大学医学院的莱昂纳德·藏（Leonard Zon），一位口才极好的斑马鱼研究大师在研究所主任会议上发言。在藏的帮助下，我说服了那些主任们共同注资设立一项基金，由一个研究所统筹，目的是加快分析斑马鱼的基因组，分离并定性突变体，利用这一模式研究动物发育和人类疾病。

随后，我们成功地发起了类似的动议，来研究实验室小鼠基因组和大鼠基因表达。但是，随着时间的推移，研究所的主任们，甚至一些和我特别要好的，都开始抵触这些举措，视之为对自己地盘的侵犯。他们宣称这些新动议令预算和监管机制复杂化。我从这些讨论中得到的结论是要让主任在科研项目的发展中更有话语权，NIH 势必进行一些重组。我以后可能会就此详述。

## /进退维谷的 NIH 组织架构/

任何人看到 NIH 的组织架构图，都会立即震惊于其复杂程度，特别是诸多的研究所和中心，过去 24 所，目前 27 所，每一所都有自己的管理机构、领导人和（几乎都有）划拨的资金。

这当然不是机构最初设计时的模样，其各个组分是过去 70 年中创建出来的。这种创建方式反映了 NIH 最具吸引力的一项特质：它的支持者们坚贞不渝地相信科学可以控制疾病。国会议员们通常和疾病倡议者齐心协力，依法成立各个研究所和中心。这些疾病倡议者们相信为生物医学研究的某个方面专门创立一个 NIH 单位是有裨益的，例如为某一特定疾病（比如癌症或关节炎）、某种器官（比如心脏或肺）、生命中的某一时间段（比如衰老和幼年）或某一学科（比如护理或生物工程）。

但是这样带来的研究所和中心的扩展并非尽善尽美，毫无疑问，它有助于 NIH 整体上的预算增长，但同时也造成了管理上的冗余（通过建立跨研究所的管理中心，我在任时已经部分地纠正了其中一些问题）。众多的研究所有助于我们把注意力集中在很多重要的疾病和健康状况上，维持了公众对 NIH 的拥护。但是同时，某些课题也因此处于一个不利的地位，因为相对较小的研究所在主持这些课题，它们可能不具备开展大规模研究的能力，如大型临床试验。最为显而易见的是，研究所的多样性让 NIH 主任的中央集权管理变得复杂化了。

尽管我竭力抑制研究所的进一步繁衍，但在我当主任期间或卸任后不久，三个新的所和中心相继成立：国立辅助和替代医学研究中心（National Center for Complementary and Alternative Medicine，NCCAM）、国立生物影像和生物工程研究所（National Institute for Biological Imaging and Bioengineering，NIBIB）及国立少数民族健康和健康差异研究中心（National Center on Minority Health and Health Disparities，NCMHD）。这三所新单位都阐明了同一问题：它们的科学活动涉及几乎所有疾病、器官和生命各个阶段的研究。由此，在我看来更为合适的方式是，把这些新单位主持的科研活动分配给很多现有的研究所和中心，然后统一接受NIH主任隶属的办公室或者相关研究所联盟代表的监督和协调。事实上，这样的协调机构，如替代医学办公室（Office of Alternative Medicine，OAM）、少数民族健康研究办公室（Office of Minority Health Research）和生物工程协会（Bioengineering Consortium）早已存在并且是那些新研究所和中心的前身。然而，对于那些充满热忱的倡议者们，他们建立新单位的建议是难以抵制的。他们中有国会领袖（如汤姆·哈金的NCCAM）、国会团体（如国会黑人党团（Congressional Black Caucus）的NCMHD）以及著名学者（生物工程师和影像科医生的NIBIB）。

抵制新单位的发展特别困难，因为这些倡导者都是NIH最好的伙伴，所以要立法创建新的机构时，NIH主任必须改变立场。汤姆·哈金是NIH最强有力的支持者之一，我清楚地记得那时国会正在考虑他的提案——将OAM变成NCCAM。他打电话跟我讨论，对于建立新的单独的中心来集中进行替代医学研究，我表示了自己的顾虑，并告诉他我正致力于组建一个协调单位，其中有来自疾病控制中心（CDC）和食品与药物管理署（FDA），以及大部分现有NIH研究所的代表。但是这没能打动哈金。他随后说，如果我不同意他的立场，而他就此事已得到国会的支持，那么我辞职即可。他的这番提议令我十分诧异，因为我坚信他没想让我离任，也没觉得此事可能会迫使我下台。我告诉他，就算他的提案获准，我也不会改变自己的观点，不过我会尽力履行法规，为NCCAM寻找一位杰出的领导者并帮助这个新的中心发展壮大。不消说，他的确成功了，而我也没有辞职。我还招募了一位卓越的科学家史蒂夫·斯特劳斯（Steve Straus）*来运营这个新单位。但是这一事件揭示了那种情感有多么强烈。

在任职的最后一年里，对于 NIH 内部自治单位的不断繁衍，我在公开谈话中表露了自己的忧虑。离任后不久，《科学》杂志上发表了我的一篇文章，展开探讨了这个问题。我指出，如果不终止这样的扩增，以目前的增长速度，在今后十到二十年里 NIH 会变成一个拥有超过五十个下属单位、无法管理的庞大机构。然后我把观点进一步深入，提出现有的 NIH 架构应当复议、重组；创建六个规模相当的中心，其中一个隶属于主任，使他或她在共建项目、新动议和预算方面有更大的主权。假如 NIH 处于草创之际，这将会是一个正确的建设方式。然而考虑到现今 NIH 各组分获得的强力拥护，我没指望我的建议被采纳。但我还是盼望我的观点能激发争论，某些措施能被接受。

2001 年，起码是对我发表言论的部分回应，医学研究院（IOM）召集了一群著名人士来重新审视 NIH 的架构。虽然他们不赞同我那些激进的主张，但是 IOM 的报告里明确建议，尝试把有相关使命的研究所组成联盟（例如，那些专门研究脑和其他神经系统成分的研究所），它也支持扩大 NIH 主任权力的举措。当 2006 年 NIH 被国会重新授权之后，它被禁止成立新的研究所和中心，这是自 1993 年来的第一次。NIH 主任也被提供了审核科研报告和启动新研究项目的权力与手段。这些变化的远期效果我们将拭目以待。

---

* 史蒂夫是一位杰出的病毒学家、导师和领袖。2007 年他因脑肿瘤病而不幸病逝。

# 第 12 章 NIH 主任的失意和得意

对于任何机构或部门主管来说，最为黯淡的时刻莫过于当他或她感觉彻底的无能为力时。我至少有过两回这样的体验。一回是因为发生在 NIH 的一桩劣迹，我只好在国会委员会面前承受责难。另一回则是迫于政治压力，我和同事们虽努力行善却无功而返。

## /承受批评：NSBAP 事件/

指摘过失是我出席国会听证时的初次体验之一，那是在 1994 年的 4 月，在我开始 NIH 的工作之前。全国乳腺和肠道外科辅助治疗计划（National Surgical Adjuvant Breast and Bowel Project，NSABP）是 NCI 规模最大的临床研究组之一，负责开展乳腺癌和肠癌的临床试验，而那时该组织正因失误而饱受抨击。该计划研究网点内的一位课题研究者（地点实际上在加拿大）在临床试验中引入了两位不合格的病人，研究协会未能及时更正公共记录，而是继续援引该处提供的数据，并在后续研究中将那位粗心的研究员列为共同作者之一。此事促使了国会对 NSABP 及其领导人，还有 NCI 的疏漏和校正措施展开深入调查。虽然在加拿大的研究有失误之处，但是 NCI 的分析表明，引入不合格病人的数据对研究结论没有重大影响。不论如何，公开道歉已经势在必行。

监督委员会主席约翰·丁格尔（John Dingell）将调查过程变得艰难和富于喜剧化。他以三位年轻女子的证词拉开听证的帷幕。三名证人是最近刚接受了治疗的乳腺癌患者，都指望着这项研究的成果。可想而知，她们对研究中的违规感到害怕抑或愤怒。作为第二讨论组的五名男性政府官员之一，我的出场一点儿也不轻松。为了让过渡阶段的气氛有所缓和，我即席作了一番关于“聊述情绪转化”的开场白，而不是一开始就陈述精心准备过的忏悔和解释。

> 适才，乳腺癌研究波及的三位女士和我们一起经历了一场令人揪心的讨论。现在，我们将用一种分析的态度去讨论事件披露的过程。在进行的同时，我觉得有必要意识到，尽管我们是坐在桌前的为此事负有部分责任的五位男士，我们同样为之刻骨铭心。

我接着提到了我的乳腺癌家族史，自己从事的乳腺癌的试验室工作，以及 NIH 对所有患者负责，而不仅仅是得乳腺癌的女患者的事实，所以当 NIH 行动迟缓或措施不力时，所有人都为之所累。然而，这并未减少我的不安，也没有让丁格尔主席坚持己见的渴望削弱一分一毫。

丁格尔提出了更多的观点。他得知 NSABP 正在试验某药厂生产的药物，同时匹兹堡大学（University of Pittsburgh）医学院接受了该药厂提供的一笔捐赠，而在 NSABP 工作的一些资深研究人员来自这所医学院。我表明了我“对卷入这种关系深感忧虑”，但是丁格尔不依不饶，于是产生了如下一段古怪的对话：

> **丁格尔先生：**我想知道，它通过了米妮大婶（Aunt Minnie）的嗅探测试么？
>
> **瓦穆斯先生：**对不起，什么测试？
>
> **丁格尔先生：**如果让米妮大婶来闻一闻，她会怎么说？
>
> **瓦穆斯先生：**先生，您能给我解释一下这个测试么？
>
> **丁格尔先生：**好吧，米妮大婶是我们这儿惯用的人物，因为她的嗅觉很灵敏。我们想知道她是否喜欢这种味道。
>
> **瓦穆斯先生：**可能不会。

不论如何，最后主席似乎对我们的回答表示满意。他抒发了对我和山姆·布罗德（Sam Broder，当时的 NCI 主任）的赞赏之情，还表示了他的

“后悔和歉意，如果今天的事情令你感到窘迫”。丁格尔也透露出了带一丝威胁性的、貌似恭维的反话，他说：“瓦穆斯博士，比起过去的主任，包括你最近的某位前任之一，你们的所作所为截然不同，但又更加恰如其分。”一句几乎不加掩饰的暗示，涉及了伯娜汀·希莉，正是丁格尔对她的投诉令其去职。

### /承受批评：NHGRI 的非法科研/

数年之后，又有一次极为不安的时刻发生在国会的舞台上。那是在 1997 年，议员乔·巴顿（Joe Barton）领导的监督和调查小组委员会（Oversight and Investigations Committee，隶属于商务委员会（Committee of Commerce））职员得知马克·休斯（Mark Hughes）触犯了利用联邦拨款开展人类胚胎研究的禁令。马克·休斯是国立人类基因组研究所（NHGRI）的一位院内科学家，他年轻有为，曾供职于 NIH 的人类胚胎研究组（参见第 13 章），开发出了单细胞 DNA 测序技术，这是基因诊断中一项技术要求极高的方法，那时该技术正应用于人工授精产生的八细胞胚胎试验中。*

我和其他人早已直截了当地告知休斯，这类工作不能在 NIH 园区内或利用联邦拨款进行。而他也正在将其研究转移到附近的郊区医院（Suburban Hospital）和乔治城大学（Georgetown University）。但不幸的是，他招募了 NIH 研究员参与该项目研究，而领取政府薪水的受训者是被禁止从事这类工作的。更麻烦的是，他显然在他的 NIH 实验室用人类胚胎做过一些基因诊断实验，同时他未知会他在 NHGRI 的上司，就把价值约 100 万美元的设备送给了院外的新实验室。

毋庸赘言，情况一团混乱。这些情况正是来自反对党的委员会主席们

---

* 该实验的策略是取出八个细胞中的一个进行 DNA 变异检测，比如导致囊性纤维化（cystic fibrosis）的基因突变；剩下的七个细胞植入子宫后足以形成胚胎，然后发育成为一个明显正常的人。

想要暴露在聚光灯下的。对我来说问题变得更加糟糕，因为在我知情之前的数月，休斯的不端行为就已经被发现并因此被解雇，而我意识到此事是读到《芝加哥论坛报》（*Chicago Tribune*）的报道之后，当时我正在达喀尔参加一个疟疾会议。不幸的是，我在一号楼的代理主任和 NHGRI 的领导弗朗西斯·柯林斯都还没决定由谁来通知我休斯的这场惨剧，结果就是谁也没开口。

我是巴顿听证会上的唯一证人，经过一个多小时的询问，那段令人尴尬的沟通障碍浮出了水面，我的狼狈不堪可想而知。

**布尔（Burr）先生：** 如果可以的话，让我再问你一个问题，你是何时亲自得知休斯博士在 NIH 开展非法研究的？

**瓦穆斯先生：** 今年 1 月从非洲回来之后，我读到了关于此事的完整纲要和那些实验设备的问题。

**布尔先生：** 让我重新措辞一下我的……让我重问一遍这个问题。

**瓦穆斯先生：** 好的。

**布尔先生：** 你是何时亲自被告知知休斯博士正在或已经在 NIH 开展非法研究的？

**瓦穆斯先生：** 今年 1 月份。

**布尔先生：** 从 8 月到 1 月的这段时间里，没人通知你？

**瓦穆斯先生：** 没错。

我想我的坦白已经相当清楚了，但是下一个发问者却咬住不放：

**克林克（Klink）先生：** 我无论如何也搞不明白，为什么他 10 月份被解雇而你直到 1 月份才知情。对我来说这简直不可理喻，在那期间，10 月，11 月，12 月，1 月，没有人通过电子邮件、电话、备忘录、信件或别的什么途径告诉你。

**瓦穆斯先生：** 我重申一下，这件事情况非常特殊。我们有一套相当畅通的联络系统，而且也曾就此事扪心自问。显然，大家都以为已经有人通知我了，但事实上没有。发生这种情况的确有些不走运。

这是一段令人不快的经历，但结果可能更糟。因为弗朗西斯·柯林斯和我都没有试图隐瞒什么，我们也带着改进的计划来出席听证会，基于此故，我们受到的批评还算比较温和。巴顿与我过去没有什么纠葛，他看起来也相当尊重我和 NIH，所以除了感情上的挫伤外，整个事件有惊无险。

## /人机工程学/

一项看上去无伤大雅的请求，最后却变成了比违反胚胎研究的禁令还要折磨人的经历。这源自 NIH 受委托进行的一项任务，研究工作中的重复应力性损伤（repetitive stress injury）。亨利·波尼拉（Henry Bonilla）是一位来自圣安东尼奥（San Antonio）的保守派共和党人，就职于众议院拨款小组委员会。1998 年初，他代表属于美国商会（Chamber of Commerce）的小企业主们，在讨论 1999 财年预算的时候提出进行该项研究。然而其目的不是保护工人们免受工伤，而是为了延缓一些新规章的实施。这些新规章是基于最近由 CDC 下属的国立职业安全和健康研究所（National Institute of Occupational Safety and Health，NIOSH）发布的一项大型报告，这份报告也得到了国会民主党领导人的大力支持。此时波尼拉等人要我动用 NIH 的预算资金赞助国立学院（National Academies）下属的全国科研理事会（National Research Council，NRC）花两年时间研究这个问题。我原以为在这个新的研究完成后相关法规才会颁布，而事实相反。

这就把我这个非专家摆在了一个吃力不讨好的位置，一方面我对 NIOSH 的报告表示同情，另一方面也要保护 NIH 的预算。如果我拒绝承担这项研究，那么共和党（那时控制着国会）很可能会阻止 NIH 预算增长的提案。如果我同意出资赞助，会惹恼国会的民主党盟友们，而且我在 NIOSH 和公共卫生服务部的其他单位的同事们会谴责我为保住 NIH 的资助而出卖灵魂，因为此时 NIOSH 已经就此发表了专家们的统一意见。我提出了一个折中方案，它虽然被最终采纳，却未能讨好任何一方。NIH 将要求NRC召开一个由专家组成的研讨会，对该领域进行重新评估，并审核NIOSH的研究结果。这些必须在六个月内而不是两年内完成，要赶在法规出台之前。*

一些共和党人对我要组织这样一个蹩脚的研讨表示了批评。我的拥护者约翰·波特不得不召集一个议员小组来严肃地教育我，指出我的方案的缺陷。成员包括波尼拉先生，时任众议院发言人的罗伯特·利文斯顿（Robert Livingston）** 和纪律委员汤姆·蒂莱（Tom Delay）。大卫·奥贝（David Obey）是众议院委员会的资深民主党议员，与劳工和NIH保持着坚定的友谊，他也致电谴责我为了NIH的钱而出卖劳工。还有，NIOSH的负责人打电话说，他们在报告里已作出了完整的评估，而NIH决定对此重新研究一遍，这令她很不安。另外，NRC也很失望，因为虽然他们在和共和党人一起鼓吹这个计划，却没能拿到更丰厚的合同来进行更大规模的研究。像所有事情一样，这件事就这么过去了，但在这几个礼拜内，我在各方均不受欢迎。

## /交换针头/

人类工程学的风波显然是一场党派斗争，国会的民主党和共和党在我弱小的身躯上较量。然而我的厄运也可以来自克林顿政府内部。

当时国会已经授权HHS部长宣布，联邦拨款可以用于针头交换计划，前提是她本人确信交换针头能保障健康，不会推动毒品滥用。鉴于嗜毒者之间HIV和肝炎病毒的持续传播，各州、市有限的针头交换服务，以及进一步研究该计划的必要性，公共卫生服务部的负责人和莎拉拉本人都为之所动，要撤销此前针头交换计划中使用联邦资金的禁令。1998年初，在国立毒品滥用研究所（National Institute of Drug Abuse，NIDA）研究人员的帮助下，我归集了已公开发表的有关该课题的研究，通过这些强有力的

---

* 1998年国立学院出版社（National Academies Press）发表了这个研讨会的结论报告。

** 报告里最终包括了对利文斯顿先生提出的七个问题的答复。

数据，我深信针头交换服务能减少致命病毒的传播，同时，有些可接受的数据表明针头交换不会助长吸毒。我在CDC和FDA的同事——大卫·凯斯勒（David Kessler）和大卫·撒彻（David Satcher）也提供了有说服力的信息，支持部长解除拨款禁令的提议。

当然，这么大的动作没有总统的批准是不可能实现的，我们也的确有理由担心总统是否同意签署。到1998年4月20日，一个周一的上午，他将会告诉我们他的决定。当时我们已得知白宫毒品控制办公室的领导人巴里·麦卡弗雷（Barry McCaffrey）将军将会往返于智利圣地亚哥（Santiago）和华盛顿，与总统共度决定宣布之前的周末。对于NIDA视嗜毒成瘾为病态而非犯罪行为的观点，麦卡弗雷是基本支持的，但是他坚决反对针头交换，他觉得这是引诱人们吸毒。所以对我们几个和唐娜·莎拉拉一起在HHS总部等待的人来说，总统的最终决定并非完全始料不及，只是深深地失望。周一早晨，我们得知白宫已经否决了唐娜解除禁令的提议。

巧合的是，当晚康妮、我和白宫国内政策顾问拉姆·埃曼维尔（Rahm Emanuel）一起享用了一顿悠长的晚餐。* 我哀叹针头交换计划的失败，但是埃曼维尔对此毫无怜悯之情。在他看来，这项政策的改变将会给人落下口舌，攻击政府和民主党在毒品问题上心慈手软。那时卡萝尔·莫斯莉·布朗（Carol Mosley Braun），一位来自伊利诺伊州的非裔民主党参议员正在谋求连任，她已经因为在其任职期间的其他一些问题而饱受抨击。埃曼维尔相信一个宽松的毒品政策会进一步削弱她连任以及民主党重掌参议院的机会。后来的事实证明，所有人都是输家。我们没能改变政策，瘾君子们没有得到联邦政府的关怀，莫斯莉·布朗竞选失败，民主党在国会两院仍然属于少数派。唯一令我们感到满足的是后来比尔·克林顿的坦白，在离开白宫不到两年的时候，他在西班牙的一个国际艾滋病大会

---

* 这个晚宴是由拉姆的哥哥济科（Zeke）安排的，后者是一名肿瘤学家，毕业于阿默斯特学院，最近被任命为NIH临床中心生物伦理学部门的负责人。

上承认，未能解除针头交换计划的拨款禁令是错误的，是他在总统任职期间最糟糕的决定之一。

## /学院—社区之关系/

和任何其他嵌于社区内的大型单位一样，当本地人觉得自己生活受到影响时，NIH 和我本人就是其抱怨的潜在对象。有时这些抱怨微不足道，比如，我们的一些邻居习惯于穿过园区去地铁站，他们反对我们修补院墙上的窟窿，因为那是他们穿越园区的入口。（我们于是就留着那些漏洞，但在目前这个高度戒备的年代，整个 NIH 园区都已被无法逾越的屏障包围了起来。）有时必要的信息可以平息人们的忧虑，比如，当 NIH 建立一所安全设施来研究可能具备危险性的微生物时，比如导致结核的耐药菌，我们邀请人们参观该设施，并解释其安全措施，社区的反应就会趋于平静。但在其他一些时候矛盾仍然会升级。

我当上主任之后初次碰到的争端之一就是 NIH 和邻居之间多年的宿怨，这是指控 NIH 在园区内焚化医疗和实验室垃圾，污染了邻里街区。双方都召集了专家来支持各自的主张，争论开展关键测试的最佳途径，一些社区居民的措辞在争执中变得粗鄙不堪。所以我想，与一些批评 NIH 的邻居们讨论一下或许会有帮助。所以，我在贝塞斯达的一个餐厅安排了一场晚宴，招待几个最出名的抗议者，整个过程气氛融洽，富于教益。但是一份当地报纸用通栏标题猛烈地抨击我违反了第一修正案（First Amendment），因为我将它的记者排除在了晚宴列席名单之外。

我同意在一号楼的小会议厅里召开一个公开论坛，时间是某工作日的傍晚。那天房间里挤满了人，当地电视台对此进行了直播，谈判交锋十分激烈。在结束之际，我令全场惊讶地宣布我们会关闭园区内的垃圾焚化炉。这样做是因为在此之前，我已经了解到我们有其他更好的途径处理我们的垃圾。同时，垃圾焚化技术已日新月异，我们的处理设施已不再先进，而且不是简单的翻修就能解决的。尽管如此，仍然不能令所有人都满意，对一些人来说，我的决定似乎让他们丢掉了原本的全职工作。对于另外一些人，关闭焚化炉意味着某些测试，连同运行中的装置将不复使用。为了检查过去是否违反了安全标准，我们的确对土壤标本进行了广泛的测试，但没有发现任何有关证据。无论如何，虽然我怀疑某些邻居迄今仍未完全信服，公开的争论却早已烟消云散。

### /美好时光/

说到 NIH 的主任工作，它有诸多不快之处：拨款过程中毫无意外的沉闷乏味和繁文缛节，变幻莫测的科研优先级，不时飘来的来自国会、患者声援组或科学家同行的批评。那么这份工作究竟有何可取之处？我的确钟爱它，但又是何故呢？

首先是领导世界上最大的医学研究资助机构所带来的自豪、激情，以及这份工作（常常体现出来）的历史意义。这个岗位代表了医学科学和它为这个国家（即使不是全世界）所做的好事。无论是在为政府工作期间，还是和国会议员交流时，无论是在和记者的谈话中，还是毕业典礼上致辞之际，或是其他场合，我都对此深有体会。作为一个象征性的角色，当我在典礼中献辞时，喜欢引用 FDR 的一段演讲词，那是 1940 年他在竞选第三次连任时，在扩建贝塞斯达 NIH 园区的仪式上的发言，那时正是美国卷入第二次世界大战的前一年。

> 我们国家寻求的全面防御，远不仅仅是制造飞机、轮船、枪械和炸弹。我们必须首先是健康的国度，方能成为强大的国度。因此，为了国家的强盛，我们不仅要招募人力和物力，也需要科学和知识……我们所有人都庆幸，在美利坚合众国，我们仍然有能力将思维和注意力放到象征和平的那些科学机构上，这些机构的使命是拯救而不是消灭生命。

1997 年，我成为 51 年来首位在哈佛大学毕业典礼上演讲的科学家。作为医学科学的代表，我试图阐明在过去的一个世纪里人们为增进健康所付出的努力，当前 NIH 在抵御疾病中的作用，以及毕业生们未来发展的舞台。

我喜欢参与行政管理，当管理和预算办公室或国会委员会召集各个联邦科技机构负责人开会时，我愿意为 NIH 与之洽谈。通常，支持 NIH 和科学的最佳途径是对其他机构做出大方的姿态，强调在科学世界里愈来愈多的学科交叉，因而凸显了其他机构的重要性。同时希望这样的姿态能收到回报。我的这种策略得到了其他学科同行们的赞赏，这有助于驱散人们对 NIH 财政宽裕的嫉妒。这也成为我主政 NIH 时期的特色而被铭记。

我领会到 NIH 主任拥有足够的能量来召集多个国家研究机构的负责人。在我任期的后半段，美国和欧洲的一些政府与私立资助机构的领导人开始定期会晤，讨论共同关心的事务，比如知识产权、科研伦理、公众对科学的支持、同行评议等等问题。令我感到欣慰的是科学研究的前景，即把科研变成一种更加互动和国际化的活动，人们从而可以共享其中的价值、方法和信息。

## /NIH 的造访者/

我也乐于把重量级的国会和政府官员带到 NIH 园区，给他们展示最清晰易见的生物医学（例如脑和心脏功能的成像方法，涉及患者的研究，或是在显微镜下的染色体），告诉他们在解读基因组、治疗艾滋病或者理解癌症和神经系统疾病等方面的进展。我们最常见的访客是拨款和授权委员会的成员，他们需要这样的展示和讲解来提高立法能力。有时，某个国会领导人，像众议院民主党领袖理查德·杰法特（Richard Gephardt）出于对 NIH 工作的诚挚兴趣，会跑来和我们几个人就科学政策谈上一两个小时。

NIH 园区内的文化氛围以科学为主，为了每年至少打破一次这样的气氛，我开设了一个年度文化讲座。第一讲邀请了当时的国家艺术基金会（National Endowment for the Arts）主席、女演员简·亚历山大（Jane Alexander）。后来的演讲人包括了美国桂冠诗人罗伯特·平斯基（Robert

Pinsky)①。之后作为礼尚往来，他也邀请我参加了他在国会图书馆（Library of Congress）主持的一场富有想象力的活动，名为“最喜爱的诗歌工程”（Favorite Poem Project）。为了准备这次活动，我用了一个愉快的周末，在家大声朗诵一些旧诗集，寻找一首长度适中，既有趣又朗朗上口的诗歌。在这种情形下，我高兴地发现我选中的是安德鲁·马维尔（Andrew Marvell）的《致羞赧的情人》。有意思的是，我在华盛顿期间有一位重要的参议员杰西·赫尔姆斯（Jesse Helms），他首次为公众注意的一个重要因素就是这首诗。那是在60年代，赫尔姆斯还是北卡罗来纳的一位电台评论员，他播出了一则消息，故事是关于一位大学教授给学生们布置的作业，教授要求学生们就马维尔的这首诗写一封信，信中要体现诗中那些充满诱惑性的情景。② 这件事，连同赫尔姆斯的照片一同刊登在了《生活》杂志上。这名教师后来被调离教职。

当然，没有什么来访者比第一家庭的成员更为重要。1993年末，在我宣誓就职后没几天，我被邀请参加白宫为当年美国的诺贝尔奖获得者举行的一个小型聚会。希拉里·克林顿迎接我时就像见到了一位失散已久的老朋友，我们就此保持着一种相互钦慕的关系。我们约好不久之后她将回访NIH园区。数月之后的2月17日，她来到贝塞斯达，全天参加与NIH和大学科学家们的会议，参观园区，访问参与临床研究协议的患者们，还向一群热情的NIH员工们讲演。她那广泛的兴趣、入木三分的评论让同行的科学家们惊叹不已。她对遗传学的基本原理十分清楚，在得知携带乳腺癌

---

① 译者注：桂冠诗人最早可追溯到15世纪，英格兰国王亨利七世授予诗人、奥古斯丁教派的托钵僧伯纳德·安德烈（Bernard André）的称号。旧时一般由国王任命，为国事颂诗。当代的美国桂冠诗人是由国会图书馆馆长颁发给著名诗人的尊称，他们的职责是主持诗歌讲座，促进国民的诗歌鉴赏和写作。罗伯特·平斯基是美国第9任桂冠诗人，他发起的“最喜爱的诗歌工程”，让成千上万的美国人分享他们喜爱的诗歌，弘扬了诗歌在人民生活中的积极作用。

② 译者注：这位教授名为迈克尔·保罗（Michael Paull），时任北卡罗来纳大学教堂山分校（University of North Carolina at Chapel Hill）的英语讲师。他要求学生们朗读根据此诗写成的带诱惑性主题的作文。一位学生因难堪而将此事向赫尔姆斯所在的右翼保守电台披露。后来虽然有学生和教师的不断抗议，校方仍迫于压力而将其调职。

风险的生殖细胞突变时，她问道为何这些突变基因在人类进化过程中未被淘汰而得以保留。在我们谈到逆转录病毒和艾滋病时，她告诉我她正在帮助念高中的女儿切尔西（Chelsea）准备一份关于逆转录病毒生活史的报告。她还承诺很快会把其他家庭成员也带来 NIH 园区。

第一个来的是切尔西，那时她正在考虑医学或遗传学职业。1994 年 6 月的最后一个星期，她来到细菌遗传学家苏珊·戈兹曼（Susan Gottesman）在 NCI 的实验室工作一周，并在每天下午访问其他的实验室。同样地，她看来也极具天赋。在那一周内，她分离了三株细菌突变体（命名为 CC1，CC2 和 CC3①，它们毫无疑问在戈兹曼实验室好好地保存着）。在访问我的实验室时，她想知道我们作为反转录病毒学家，是如何解释一些肯尼亚的性工作者具备 HIV 抵抗力的（这个课题正在研究之中）。

总统的首次到访是 1995 年 8 月 5 日，一个悠闲的夏日周末。他一开始是在 NIH 的儿童小栈（Children's Inn）做周六早晨的广播讲话，主题是关于最近通过的家事休假法案（Family Leave Act）。在演说完毕之后（以及在园区的北方大道和多人握手致意之后），我们一同驱车前往 NIH 的临床研究中心，就艾滋病、癌症和人类基因组上了一堂未公开的辅导课。像他的夫人一样，总统是个领悟力很强的人。当得知引入某种基因可以使培养皿里的肾癌细胞转化为正常细胞之后，他作出了合理的疑问，提出这种方法是否可以用在患有肾癌的病人身上。他看来能理解、吸收和领悟一些复杂的概念，包括乳腺癌基因在染色体上的位点、艾滋病的激素和药物治疗以及人类基因组计划的进展等。不过，在他自传中回忆当天的情形时，我失望地发现他压根儿没提到我们所做的科学简介，只是记录了他访问电视主播山姆·唐纳森（Sam Donaldson）并与之开玩笑，唐纳森那时恰巧是临床研究中心的病人。

当 NIH 的科学家做出激动人心的新发现或者其他里程碑式的成就

① 译者注：CC 即切尔西·克林顿（Chelsea Clinton）的首字母缩写。

时，我也喜欢通过参加新闻发布会的形式，来分享 NIH 资助的科学之成功，例如成功克隆乳腺癌基因 BRCA—1，论证一种抗病毒药物能减少 HIV 的母婴传播，某动物基因组的完整测序（第一个完成的是原虫 C. elegans 的基因组），它莫昔芬（Tamoxifen）降低乳腺癌发病率的实验结果，等等很多。在出席白宫举行的庆祝仪式（每年的 11 月，克林顿夫妇会邀请新一批的诺贝尔奖得主来白宫，或者在白宫东厅策划的千禧年盛会上谈论基因组和计算机科学*）或普通场合（应邀向总统做有关艾滋病、全球卫生或人类基因组的简报）时，我乐于成为 NIH 的科学代表。因为几乎时刻铭记着这个岗位的象征性意义，所以我体会到工作中的一种令人欣喜的严肃性，无论是媒体追问我在有争议问题上的看法，甚至在国会为一些令人颇为不快的事件作证时，抑或被人请去解决关于预算的内部纠纷，或者在处理人类基因组计划中出现的国际或机构间的不愉快时。

代表 NIH 出席跨机构的讨论会则不是那么舒畅，更多的时候是在自卫。但是情愿参与偶尔也能带来好处。召开此类讨论会的一个常见的平台是全国科技理事会（National Science and Technology Council，NSTC），这是一个混合体，其成员是从事科学研究或与科学息息相关的重要机构和部门的负责人。在初抵华盛顿的时候，我费了九牛二虎之力才加入 NSTC，原因是健康和公共服务部的唯一名额给了唐娜·莎拉拉，不过她很乐意为我入伙拉选票。我后来很快了解到，NSTC 的领导们很少碰头，他们就算开会，也是在小组委员会的范围内进行。而小组委员会议的与会者一般都是各个机构的低级别代表，所以办不成什么正事。我是 NSTC 基础科学小组委员会的共同主席之一，其他两位主席是国家科学基金会（National

* 当晚主要是几个重要人物间生动活泼的讨论，他们中有美国最大的测序中心的负责人埃里克·兰德（Eric Lander）、互联网程序员文特·瑟夫（Vint Cerf，译者注：文特·瑟夫是美国著名计算机科学家，因参与开发 TCP/IP 协议和电子邮件系统而被尊称为互联网之父）和克林顿夫妇。

Science Foundation）主任（开始是尼尔·莱恩（Neal Lane），后来是丽塔·寇维尔（Rita Colwell））以及白宫科技政策办公室（White House Office of Science and Technology Policy，OSTP）副主任（开始是厄尔·尼莫尼兹（Ernie Moniz），后来是阿尔蒂·毕南斯托克（Artie Bienenstock））。我们的小组委员会面临不少突出的问题亟待解决。为图谋更大的发展，我提议我们三个人举行非正式会晤，地点选在康涅狄格大道的火钩面包店（Firehook Bakery），这里靠近我在梧里园的家。我们这个高效、非官方的活动持续了好多年。

我们小组委员会的议题之一是美国在南极洲开展科学活动的现状。阿拉斯加州参议员泰德·斯蒂文斯（Ted Stevens）就南北极之间多达十倍的科研预算差额提出了质疑，如果对南极点的科学考察站进行成本高昂的大修，预算差额还可能进一步扩大。所以NSTC组织了一个工作小组，对多机构参与的南极洲科学活动进行调研。作为NSTC南极洲工作小组的一分子，那无疑是我在政府工作期间最棒的几天，我非常喜欢。

1996年1月，华盛顿迎来了数年来最大的一场暴风雪*，此时正值众议院发言人金里奇和克林顿总统就1996财年预算的谈判失败之际，整个联邦政府因此关门大吉。几天之后，就在美国政府依然关闭、融雪渗入我在梧里园的家中时，我登机前往新西兰的基督城（Christchurch），之后与几名旅客和大批的货物一起转乘海军的一架C—130运输机，抵达南极洲的麦克默多考察站（McMurdo Station）。随后在那梦幻般的夏日里，太阳永远不落，我也极少睡觉。我们参观了麦克默多的大实验室，在开凿的冰川

---

* 那场3英尺厚的大雪让我有机会实现我的誓言：在离任之前要从家滑雪到NIH。我顶着暴风雪出发，在石溪公园的积雪中掘出一条小径，经过约4个小时的跋涉，终于抵达NIH时已是精疲力竭，此时太阳喷薄而出，扫雪车正开始清理街道。我的第二个目标，是在一天内说服史蒂夫·海曼（Steve Hyman）和他的妻子芭芭拉·比爱若（Babara Bierer）接受NIH的工作聘请，两人均是哈佛大学教授，此时被大雪围困在华盛顿。我也成功地完成了这项使命。史蒂夫现在是哈佛大学教务长，在担任NIH的国立精神健康研究所（National Institute of Mental Health，NIMH）主任时，工作极为高效出色。

之间畅游，搭直升机游历南极干谷（Dry Valleys）[1]，乘另一架 C—130 飞往南极点考察站，访问那里的物理和天文学研究项目。我们也见到了企鹅和沙克尔顿（Shackelton）[2] 的小屋，尝试冰上钓鱼，攀登麦克默多周围的山峰，坐越野雪橇到埃里巴斯山（Mount Erebus），还学着建造雪屋。要是政府工作总是这个样子，大概所有人都会趋之若鹜吧。

## /回顾主任生涯/

正如前面那些掌故里描述的那样，作为 NIH 的主任，晴天和阴霾我都曾亲历过。但是回首这些经历时，我为自己作为机构领导人的成就而自豪。我认为我成功地宣扬了这样一个概念，即担任 NIH 某一个研究所主任这样的公职是令人向往和满足的，抛开较低的薪水和政府的规章制度不谈，一般来说，它的确比 NIH 主任更加有趣和关键。在任期内，我招募了一大批杰出人才来运作各个研究所*，推行主任非终身制这样一个概念，建立了对主任一职每五年一次的外部评审机制，并重点强调了各研究所代表 NIH 与外部合作的机遇。我能够做到种种这些，得益于 NIH 在预算上的成功，尤其完满的是行政和立法双方的协作使得预算在五年内增长了一倍。此前的十年间，院外科学家们的资助申请成功率已经跌至五分之一，预算增长之后的比率回升到了一个合理的水平（约三分之一），这让他们

---

① 译者注：南极干谷位于麦克默多海峡以西的维多利亚陆地（Victoria Land），终年无雪，地貌奇特，与南极其他冰雪覆盖的区域截然不同，被喻为世界上最为贫瘠的地带之一。

② 译者注：欧内斯特·沙克尔顿（Ernest Shaskelton），伟大的英国南极探险家，在 20 世纪初的二十年里不屈不挠地进行南极探险活动。1909 年创纪录地抵达距南极点 97 英里处，因此被国王爱德华七世授予爵士称号。1921 年病逝于极地探险途中。

* 最引人注目的几位包括扎克·霍尔（Zach Hall）和加利·费西巴赫（Gerry Fischbach），两者先后担任国立神经系统疾病和卒中研究所（NINDS）主任，NCI 主任里克·克劳斯纳（Rick Klausner，正式地被唐娜·莎拉拉招聘，并由总统任命），NIDA 主任阿伦·莱西纳（Alan Leshner），国立耳聋与交流障碍研究所（National Institute of Deafness and Communications Disorders）主任吉姆·巴蒂（Jim Battey），国立糖尿病、消化和肾脏疾病研究所（National Institute of Diabetes，Digestive and Kidney Diseases）主任阿伦·斯彼格尔（Allen Spiegel）以及 NIMH 主任史蒂夫·海曼，连同其他几位主任、副主任和科技主管。

转忧为喜。在马克斯—卡塞尔报告的忠告下，院内研究项目也因管理改善而蓬勃发展起来，资助捐建的一些新楼也推动了院内项目的发展，特别是马克·哈菲尔临床研究中心、路易斯·斯托克斯研究楼（Louis B. Stokes Research Building）和代尔和贝蒂·庞博斯疫苗研究中心。

现在我已经另谋高就，担任纽约市的纪念斯隆—凯特琳癌症研究中心（MSKCC）总裁，任期比我做 NIH 主任的时间还要长，所以我被经常问到这两份工作的差异，哪个更轻松。从某些方面看，MSKCC 是个规模更小、更简单的机构。它运作的范围仅限于纽约大都会区，而非全世界；它的雇员数量不到 NIH 的一半，而且没有受资助者；和 NIH 的 27 个研究所和中心相比，它只有两个主要的机构（纪念医院（Memorial Hospital）和斯隆—凯特琳研究所（Sloan-Kettering Institute））；它的年预算额仅为 NIH 的十五分之一。MSKCC 的行政架构也比较简单，向我汇报工作的只有三位要员（医院和研究所负责人，行政高级副总裁），而在 NIH，我手下有所有 24 个研究所和中心的领导，几位副主任以及行政部门所有办公室的负责人。

但是从另一角度来看，我目前的工作却更为复杂。在 NIH，唯一的资金来源是国会的拨款，唯一的目标是在财年结束的前一天巧妙地花光所有的钱（当然此事知之非难，行之不易）。而在 MSKCC ，资金可以来自一年中的任何时候，通过多种途径（治疗费用，捐赠，多渠道的资助，专利权和特许使用费，投资回报），而且金额不固定，难以预测。开支的规划和目标同样五花八门，操作上拥有更多的独立性。在 NIH，我们总是谨记着自己工作在一个开放的舞台，受到公众的瞩目和媒体的拷问。我无时无刻地不承受着国会所有 535 位议员和众多政府高官（任何官阶高于卫生和公共服务部助理部长者，以及白宫、OMB 和 OSTP 的官员）的监督。

相反，MSKCC 的优点不仅在于它是一个私立非营利性机构，运作时不必受到联邦条例的约束，它也是一所独立的癌症中心，与基于大学的研究所不同，这里不存在与其他院系的协作。因此，除了要求高管们要为共同的目标而齐心协力之外，唯一的直接监管来自我们的监察和管理董事会(Board of Overseers and Managers)。该董事会由近60位大多富有、成功、睿智和人脉深厚的人士组成，他们加入董事会的目的是为了帮助研究中心实现救助癌症患者、研究生物系统、发现治疗和预防癌症的更好途径以及训练未来的临床医生和科学家等等宏图大志。相比之下，应付国会与政府的种种任务和抱负是一项充满着更多艰难险阻的工作。

从实践的角度来看，要问两份工作中我更喜欢哪一个，我没有一个简明的答案。但是类似于我从事的这种政府工作，其重要性、公开性、没完没了而且无法回避的矛盾冲突会把你压得透不过气来。为了写作此书，回头看看我在NIH超过三百个星期的工作日历，上面列出来的会议、讲话和旅行安排，仅此就能体会到这份工作带来的困惑、疲惫和（明显的）自得。

6年之后，我已经心生厌倦。我愿意兑现我对康妮的承诺：我们会留在她的家乡，而她却开始讨厌这个地方，就这么简单。8月份，报章披露了我已接受MSKCC总裁一职的消息，10月份任命被正式宣布。整个12月下旬都充满了庆祝的喧嚣：在NIH临床中心举行的欢送仪式；我的60岁生日宴会；曾在我的实验室受训的和过去的老同事们一起在冷泉港实验室重聚；在华盛顿的狂欢夜与朋友们一起庆祝2000年的来临。元旦伊始，我们就拔营起寨，奔向纽约、MSKCC和新千年。

# 第四部

# 持续着的争议

# 第 13 章　胚胎、克隆、干细胞和重新程序化的前途

类似于 20 世纪 90 年代的人类基因组计划（Human Genome Project）或者 70—80 年代的重组 DNA 研究和生物技术，在过去的十年里，干细胞（stem cells）研究已经成为生物科学的承诺中最明显和最有争议的表征。“干细胞”这个术语——这个具有争议性的人类胚胎干细胞的简称——现已广为人知，并成为国家和地方政府候选人的特定问题。

对一个生物学家来说，“干细胞”具有精确的定义，较引起政界注意的人类胚胎之类包含更多的意思。所有动物和人类的专门细胞是经过一个有次序的分裂和分化而最终建立起来的。在这个发展途径的起始是可以在分裂时生成两类子细胞（daughter cells）的未成熟细胞：其中一类子细胞与母细胞一模一样（并具有同样的能力），而另一类则向专门化前进一步。这些既可以自我更新又能产生分化了的后代的未成熟细胞，就被称作干细胞。居留在成年个体组织里的许多干细胞分化能力有限，并只能转变成几个特定器官比如皮肤、肝脏、大脑和血液系统的细胞。但远在动物成长的最早阶段——早期胚胎里，就有大量的具有更大分化潜力的干细胞。这些早期胚胎里的干细胞可以转化为成熟动物个体内形成组织和器官的所有细胞，因为具有多种潜能，它们亦被称作“多能干细胞”。

胚胎干细胞之所以如此令人瞩目，一部分原因是那些至今仍缺乏大量证据的希望——干细胞疗法可以改善多种人类的疾患。它们之所以受到争议，主要是由于这些细胞来自人类胚胎，人们因而把干细胞研究同历史上关于流产和胚胎、胎儿的法律及道德地位的争执联系在了一起。

目前关于干细胞的争议和指导使用它们的政策乃是受了我在 20 世纪

90 年代任职 NIH 主任时三个至关重要的事件的影响：其一是 NIH 小组在 1994 年对早期人类胚胎研究前景的预测性报告；其二是名叫多莉的羊羔的诞生，这是在 1997 年从成年细胞克隆出来的第一个动物；其三是在 1998 年从非常早期的人类胚胎中分离和培养出多能干细胞。为了理解这些争议的性质和历史，考虑一下这三个主题——胚胎研究、生殖克隆和胚胎干细胞如何同时在生物学与政治上相互交织在一起会大有帮助。另外，描述一些新颖的，比涉及胚胎的使用要少一些争议的，却也能生产出多能干细胞的方法也颇为重要。综上所述，这些发展改变了我们对于生物系统的观念，并使得关于科学的政治性讨论有了新的复杂性。

20 世纪 90 年代的这三个事件中的每一个都有其界定特征。那个 1994 年关于人类胚胎研究的报告，乃是受了主要来源于当时在小鼠胚胎上的新近工作所促成的科研良机的启发，而建议 NIH 在人类的细胞和胚胎上也创造许多（但不是所有的）类似的机会。这个报告同时也预见了在哺乳动物生物学上的重要进展将允许关于胚胎的研究，并使之有益于临床。尽管报告乃是为回应新的、可能宽松的政治环境而写，但政治气候的改变很快导致了禁令——继续限制大部分在报告中建议的研究。1997 年多莉羊的诞生是科学上的一个巨大成就，它彻底改变了生物学家关于控制动物细胞遗传信息的看法。它揭示了一种超出预想的“重新程序化”（reprogram）细胞的能力——让引导生长发育的遗传程序重新设置。但多莉的诞生也引发出对于人类生殖克隆的恐惧，并因此而限制了寻求一个有希望的办法来重构细胞而达到治疗的目的。最后，对于人类胚胎干细胞的研究，终于继 1998 年培育出第一批这类细胞而到来。它把关于应用人类胚胎在伦理上的争辩从深思熟虑推动至直接的务实，并明确地意味着这样的研究将在这个国家进行下去。

## /关于人类胚胎研究的思考/

任何对于胚胎研究、克隆和干细胞的叙述，都至少得从公布动物克隆和人类胚胎干细胞之前的几十年开始，并对其间的两个重要成就作一简单描绘：其一是 20 世纪 70 年代末在英国成功建立起来的体外受精（in vitro fertilization，IVF）技术；其二是 20 世纪 80 年代在实验小鼠上基因工程的成熟繁荣。

1978 年在英格兰诞生的路易斯·布朗（Louise Brown）——第一个由体外受精所孕育出来的孩子，彻底改变了社会对人类早期发育的看法。这种操纵生命的构想——在试管中让一个卵细胞被一个精子受精，并在数天后将这个微小的胚胎种植到受孕子宫内，曾经受到了预计中的阻挠。但这些起初的阻挠如今随着体外受精能够成功地治疗不孕不育，并让成千上万无法生育的夫妇享受孕育和生养孩子的满足而变得微不足道了。

在体外受精刚刚成功后的一些年头里，美国政府就明文规定在联邦基金能被用来支持科研之前，所有计划在人类受精、胚胎或者胎儿后期发育方面的研究都必须受到伦理顾问委员会的审查。从 1980 年到 1993 年，也就是罗纳德·里根（Ronald Reagan）和老布什（George H. W. Bush）时代，没有一个这样的委员会被组建起来，也没有联邦政府的基金被用作这样的研究。于是，这个国家里体外受精的大部分工作则局限于通常在私营部门开展的临床用途；而体外受精技术的改进亦大多来源于国外的研究。此外，没有任何联邦基金资助的科研来探索源于流产的胎儿或是未使用的早期胚胎的细胞和组织能否用来治疗人类的疾病，譬如说帕金森症（Parkinson's disease）就是由于大脑丧失了正常细胞而引起。

1993 年比尔·克林顿入主华盛顿重新开启了支持研究发展形态中的人——胚胎和胎儿的可能性。这位新总统的几个最先的举措之一是签署了新的 NIH 授权法案，来解除先前使用联邦资金研究人类胎儿组织和胚胎的限制。这之后不久，NIH 就开始资助胎儿组织的研究——比如，用胎儿的脑细胞治疗帕金森症——当然是根据已有的准则，并符合道德许可和胎儿组织的使用。*

但没有一个政府曾经考虑过使用在人体发育阶段中更为早期的材料——着床前的胚胎进行研究的前景。这个阶段始于一个卵细胞被一个精子受精后，形成称作合子（zygote）的单细胞胚胎。其后的10～14天里，合子分裂数次，这之后，胚胎就种植到了子宫壁上（着床）。从这刻起，胚胎就开始形成作为成熟器官内多种细胞前体的三个基本的组织层①，尽管尚无可以识别的神经系统和能被区分的其他器官。

多年来，为了给无法生育的夫妇提供后代，着床前人类胚胎通常由体外受精所得——一个捐赠卵细胞和精子在试管里的结合。几天后，可见的胚胎就会被放入到一个妇女的生殖道里，并希冀一个或多个胚胎能够种植到子宫壁，进而发育成一个正常的婴儿。然而，并不是所有经体外受精所产生的胚胎都被实际用来产生后代——可能因为胚胎看上去不正常，或者，更常见的是因为体外受精诊所制造了过多的胚胎来满足一对夫妇的生育目的。

因为无论在路易斯·布朗诞生之前还是之后，在美国从没有过在联邦基金支持下的关于体外受精及其产生的早期胚胎的研究，因而也就没有针对这些科研的准则和规定。这意味着在对各种胚胎的研究可以被仔细评估和相应的准则能被制定出来前，对人体胚胎研究在其任何一个方面（体外受精、合子的形成——受精卵、早期细胞分裂和这一小堆人体细胞的分化过程中的起先几步）的联邦资助都会被延迟。

有一些很好的理由来评估这些研究的前景。在过去的二三十年里，生物学家通过对小鼠这一使用最广泛的哺乳动物的胚胎早期发育的研究而获得了巨大的进展。从实验室的小鼠里较易获得受精卵，继而观察细胞的分

---

* 这些组织通常在怀孕2～4个月后，经由父母双方同意，并通过在有医护人员指导下的流产而得到。

① 译者注：这三个组织层被称作胚层。简单来说，外胚层形成表皮和神经组织，内胚层形成肠腔上皮和消化腺上皮，中胚层则形成骨骼、肌肉、血液、淋巴和其他的结缔组织。

裂，直至胚胎具有 50～100 个的细胞而适合种植到雌鼠的生殖道内。在这一阶段，如果培养得当，从小鼠胚胎分离出来的细胞就可以在培养皿里生长并无限分化。这些细胞也能发展成各种器官和组织。比如说，把它们注射到另一个完整的胚胎里，然后让胚胎发育成一个新生小鼠，那么那些干细胞的子代就能成为这个成熟小鼠体内的任何一部分。因此，那些细胞就符合多能干细胞的定义：它们可以产生和它们一样的子代（即“自我更新”），并能分化成各种不同的组织类型（即“多能”）。

在过去的几十年里，因为一些强大的新方法可以用来基因修饰小鼠的生殖细胞并对哺乳动物的基因功能进行严谨的分析，关于早期小鼠胚胎及其衍生的干细胞的研究因而得到了显著的增强。作为小鼠基因组计划的特征——DNA 制图和测序，定义了小鼠染色体的基因组成并识别出了参与特定组织的形成和功能的基因。那些控制正常发育和产生疾病的基因现在可以通过改变早期胚胎的基因构成而在小鼠身上被常规研究。可以采用如下两种方法：其一，可以在小鼠的生殖细胞内加入基因，然后直接放入受精卵，这样那些基因就会被传递给小鼠的后代。但在这样做之前，那些基因可以先被突变成类似于在人类疾病上所观测到的改变，或者改造成研究者所想要的。其二，培养的胚胎干细胞的任何基因都可以被特定地标靶来产生突变，并以此探索该基因的正常功能，或用来重现在人类疾病上所发现的突变。当然，通过正确的操作，这些突变可以进入到成熟小鼠的生殖细胞内。这两种方法对于研究哺乳动物的正常功能和许多疾病都极其重要，但是它们目前在用于人类方面被适当地禁止了。*

到 1993 年，在小鼠胚胎上的工作激发了许多令人兴奋和可被测试的想法来理解早期细胞是如何分化为成熟组织以及疾病又是如何引起的。这些想法与人类休戚相关，一部分原因是小鼠和人类在基因组、生化特性与细胞功能上极其相似。到 20 世纪 90 年代早期，一个被人们广为称道的消息

---

* 三位建立起标靶小鼠基因突变的科学家在 2007 年获得了诺贝尔生理学或医学奖。

说，许多冻存在美国和其他地方的体外受精诊所里的人体胚胎最终要被销毁，因为它们或者被冻存过久以致丧失了在子宫内的有效着床，或者精子和卵细胞的捐助者要么已经成为了父母，要么因为其他一些原因而放弃了生育的尝试。因此，许多人体胚胎上的工作，在不需要为科研而产生额外的胚胎下都变得可行（因为可以利用那些本打算被销毁的胚胎）。

但是什么样的工作才是应该去做的呢？1993 年后期，当联邦资助人体胚胎和胎儿组织的研究在法律限制上被放宽之后，我和我的 NIH 同事立即组织了一个团体来考虑这个问题。这个人体胚胎研究小组被要求调查在人体胚胎范围内进行研究的各种实验可能性，并基于科学价值、可能的医学用途和伦理意蕴*，推荐出在联邦资助下值得继续开展的研究项目。

我们很幸运地吸引了一批杰出人士，包括来自医学科学的不同领域、法律学和伦理学的人士来为这个小组服务。其主席史蒂芬·穆勒博士（Steven Muller），曾是约翰·霍普金斯大学的前任校长。这个团体在翌年以公开或非公开的方式频繁地举行了会议，在胚胎研究的几个伦理、医学和科学方面制定了报告，并对每一个决议进行了充满活力和智慧的辩论。** 最后按要求，这个小组提供了深思熟虑的评判，以决定什么样的研究应该被联邦基金支持，哪些不应该被支持，而哪些则应该被推迟——直到有更多的信息可被用来进行进一步的讨论。

今天带着我们在胚胎、克隆和干细胞方面更多的知识，再回头看小组冗长的报告时，我发现当时的预见实在令人惊叹。这个专门小组预见了若干年后的几个重大发展，包括从人类胚胎衍生的干细胞和利用克隆的手段

---

* 重要的是要注意这个小组并没有像在英国和欧洲以及亚洲的其他国家里那样，被要求去制定准则来决定一些实验是否需要开展。在那些国家，不管资助从何而来，规定研究的政策适用于所有的科研工作。而在美国，除了极个别的科学工作可能被取缔并遭受民事或刑事起诉，按照传统惯例，科学研究一般不被禁止或认为非法。相反地，有些争议性的工作被认为没有资格利用纳税人的钱——通常是联邦经费。但尽管有公共资金的限制，这些工作依然可以为私人基金或者不受禁止的公共资金所资助，正如最近在人体胚胎干细胞的研究上所发生的那样。

** 这个小组的成员和我也收到了几千张几乎一模一样的明信片，告诉我们不要鼓励对早期胚胎的研究，因为他们都是无辜的人。

进行胚胎研究。同时，它还预见了这些发展将如何为医学带来益处。特别是在 1994 年，这个小组预测了从早期胚胎生长培养人类干细胞的前景，尽管当时在实验室里还没有从任何灵长类胚胎培养出干细胞。从早期在小鼠上的工作，小组成员知道胚胎干细胞有潜能发展成许多特异的组织类型；果真如此，它们就能被用来修补破损的组织，或者用来治疗大脑或脊髓、内分泌器官（诸如胰岛）、肌肉、关节或其他组织的慢性退行性疾病。

但是小组也意识到治疗上可能遇到的生物学难题。比如说，从预先存在的胚胎里提取的干细胞很可能在遗传学上与接受胚胎干细胞治疗的病人的不同。如果是这样，病人的免疫系统就会被移植的细胞作为外来物而排斥。因为这个原因，小组曾讨论制造更能精确代表人类遗传多样性的胚胎或许在某些时候是可以被接受的。这可以通过体外受精——用不同人种的成年人所捐赠的精子和卵细胞来实现。从这些胚胎而来的干细胞应该会增加用于治疗的细胞和接受者（病人）之间良好匹配的可能性。但是通过这种方式而生成的免疫多样化也会突破小组的一些成员不愿逾越的伦理底线，即为生殖之外的理由制造人类胚胎——在这种情形下，指的是医学研究和治疗。

在想象如何在医学上利用人类干细胞，并考虑克服免疫排斥问题的其他解决方法时，该小组也讨论了一个非常有预见性的手段，它依赖于“重新程序化”成熟（成人）细胞内基因的可能性，而使得这些细胞因而变得像胚胎干细胞。这个手段是基于一个唯一的办法——当时被认为是“重新程序化”细胞到发展的早期阶段：体细胞核移植。这个后来被用作诞生多莉羊的方法，是将一个体细胞，比如成年个体的皮肤细胞内的包含整个个体 DNA 库的细胞核移植到一个去掉细胞核的未受精的卵细胞内。

核移植不是一个全新的构想，即便在 1994 年。大概在 30 多年前，当一些以牛津大学的约翰·格登（John Gurdon）为首的发育生物学家把成年蛙皮肤细胞内的核移植到去核蛙卵时，整个科学界即为之震惊不已。这个重构的细胞不断繁殖并最终形成了蝌蚪！这意味着那些包含在被移植的皮肤细胞核内的基因得到了“重新程序化”而能引导蛙在早期发育中的许多步骤。每只蛙就是一个克隆体，在遗传学上与获取皮肤细胞的那只蛙完全一样。但是成熟的个体——具有生殖功能的全面的蛙却没有在蝌蚪阶段之后出现过。或许那个重新程序化并不完全。在哺乳动物身上类似的实验几乎清一色地失败了，这使得许多生物学家开始认为靠核移植而达到真正的克隆动物所要求的基因重构似乎并不可能。

但即便在多莉羊到来的几年前，小组成员也已经意识到，如果能在哺乳动物身上进行核移植——即便只是开始，还不一定要产生出成熟的动物，那种影响也是巨大的。比如说，如果一个病人细胞的核可以被移植到卵细胞而生成可以衍生出干细胞的早期胚胎，那么那些干细胞就会具有和这个病人一模一样的遗传信息。如此，免疫排斥就很可能不会发生了。在没有任何证据显示哺乳动物的生殖克隆有可能产生出全面的子代时，小组只是简单地把核移植作为产生出克隆化的胚胎及有用于研究和治疗的干细胞的一种手段。这种手段现被叫做治疗性克隆。

这个小组也敏锐地注意到核移植不同于体外受精，而是一个无性生殖的过程——它生成了在遗传学上与核供体（未来的病人）并无二致的而非具有全新基因组合的胚胎和胚胎干细胞。这被合情合理地认为较通过体外受精而创造出新的胚胎，更容易在道德伦理上被接受。换句话说，核移植用的是已有的基因组合——这种组合存在于供体中，来生成早期胚胎并衍生出多能干细胞。相反地，产生具有多种遗传信息的胚胎和干细胞株则需要把来自不同配对的精子和卵细胞的基因混杂在一起，并生成具有独一无二的基因组合的胚胎——一个更值得道德关注的生物新个体。

这种思考造成了小组的最具争议性，也是在政治上非常困难的提议。在列举了潜在的临床好处后，小组同意（有少数持不同意见者，但也只限定在界定的条件、道德准则和认真监督下）在特殊情形下，可以利用联邦基金来资助以下两种有争议的办法，以获取可能有用于治疗的多能干细胞：其一是用体外受精来获取具有遗传多样性的胚胎，并衍生出干细胞；

其二是用体细胞核移植来达到重新程序化，并产生与预期患者免疫系统相容的多能干细胞。这个小组通过了这些提议，尽管既没有培养出人类胚胎干细胞，也没有在哺乳动物的核移植上取得成功。

## /人类胚胎研究小组的报告所造成的政治影响/

这个小组的报告，虽然在关注这项工作的科学家当中大受欢迎，却引发了政府的反对风暴——即便在克林顿统治的开明时期。在 1994 年 12 月初准备演讲小组的正式报告前，我数次赴旧行政办公大楼并向白宫工作人员做好了交代。在这些会议中，我解释了胚胎研究的方法和目标，展示了微小的早期人类胚胎无定形和未分化特征的图片，并概述了小组即将陈述的提议——其中的一些出乎意料地早在 8 月份就被刊登了出来。

尽管有我的努力，总统的高级顾问依然感到不安。我们曾计划在 12 月 2 日我的顾问委员会会议结束后正式公布这份报告，但是白宫因为民主党在一个月前的中期选举中同时丧失了国会两院的控制权而陷入巨大的震撼当中。全国的民主党人，特别是那些处在克林顿政府最高级别的人，都担心选民偏向纽特·金里奇的保守政策和他的共和党革命，并早就对 1996 年的总统大选忧心忡忡。

我还记得时任白宫办公厅主任的莱昂·帕内塔（Leon Panetta）给我打来的电话，告诉我他们希望我否决这个小组的一些建议，特别是任何允许使用联邦经费来为科研目的创造胚胎。我拒绝了去立即否决我们小组的提议。我并没有像帕内塔在电话里威胁的那样被解雇。但是在 12 月 2 日，在小组报告被我的顾问委员会批准并被正式公布的几个小时后，白宫签署了一份由总统签字的行政命令，禁止 NIH 支持任何旨在为科研而创造胚胎的研究。*

许多人当时都认为（现在也这么想）那个行政命令比之前的更具禁止

---

* 关于这个戏剧性事件的更详细的记录，可以参照著名的科学史学家史蒂芬·霍尔（Stephan S. Hall）的《不朽的贾商》(*Merchants of Immortality*)。

性，或许是因为它来得太突然，并且来自那么高的权威，也因为这之后由新的共和党国会制定了更为严厉的约束。但事实上，总统制定的没有资格获得联邦经费的科研只是这个小组的提议中很小的一部分，而且这个行政命令并没有反对支持胚胎研究中的大多数提议。最明显的是，它并没有限制利用起初为生殖原因而产生但现在却要被计划清除的捐赠的胚胎进行许多实验。比如说，我们有可能进行目前被称为干细胞研究的几乎所有的科研，包括衍生、研究和利用新的来自在体外受精诊所进行治疗的不育夫妇所捐赠的人类胚胎的干细胞。

现在，将近 14 年过去了，对于人类胚胎研究的联邦资助依然由于为期 12 年的国会禁令和乔治·布什总统为期 6 年的对 2001 年 8 月 9 日前所产生的人类胚胎干细胞进行研究资助的限制而裹足不前。所以用现在的眼光来看，克林顿在 1994 年所签署的行政命令其实要相对温和与宽松得多。但是，指令依旧有它很大的影响。我们接下来在 NIH 的审议中总带着些恐惧，唯恐任何对所允许的胚胎研究进行资助的行为都会导致新的强有力的共和党右翼分子的攻击，并因此对 NIH 的经费造成负面的影响——而这一直是 NIH 和它的成员的主要顾虑。行政部门当然没有敦促我们开展胚胎研究。而我们那些负责 NIH 政策的人员也被政府内和政府外的知识渊博的人强烈建议在这个颇有争议的领域里要如履薄冰。所以我们一直很谨慎：没有去制定任何准则，没有去征求经费申请，也没有拨款给任何类型的人类胚胎研究。

在这种环境下，渴望更广泛的约束的国会保守人员因为这个行政命令而壮了胆。事实上，几个月后，1995 年初，在为 1996 年 NIH 经费洽谈时，两位来自卫生及人道服务部（HHS）、劳工部和教育部的众议院拨款小组委员会（the House Appropriations Subcommittee）的共和党人——来自阿肯色州的杰伊·迪基（Jay Dickey）和密西西比州的罗杰·维克（Roger Wicker）起草了当年开支法案的修正案，以防止任何在委员会管辖范围内的经费被用于创造、损坏或者销毁人类胚胎的实验。这个禁令包括了许多在克林顿统治时期被接受的研究，诸如在捐赠胚胎上的工作，并在草案中尽可能地扩展了对于胚胎的定义。这个被称作迪基—维克的修正案之后便在每一个 NIH 的拨款法案中像“搭便车”一样被提及。它现在还禁止着联邦经费为各种形式的有关人类胚胎的工作提供资助。

## /多莉羊的诞生和人类生殖克隆的幽灵/

1997 年冬季的一个周末，当我正在准备众议院拨款小组委员会所要的关于 NIH 经费预算的年度听证会时，我被吉娜·科拉塔（Gina Kolata）撰写的刊登在周日版《纽约时报》封面上的一个故事惊呆了。她的文章描述了一个之后很快出现在《自然》杂志上的报道：在苏格兰罗斯林研究所（Roslin Institute）的伊恩·威尔姆特（Ian Wilmut）和他的同事宣布了多莉羊的诞生。这是首例证据确凿的从成熟个体中克隆出来的动物（一只芬兰多塞特羊）。

即使在我拿到《自然》杂志的真正报告前，我也能看到这个消息所具有的爆炸性。对那些熟悉生物研究的人来说，这个通过把成熟个体的细胞核移植到卵细胞并最终克隆出动物的壮举，将颠覆一个长期存在的推论，即完全“重新程序化”细胞是不可能的。人类胚胎研究小组曾经注意到约翰·格登将蛙皮肤细胞核重构的部分成功，并建议用核移植的方法来生成克隆化的人类干细胞。但是威尔姆特比格登走得更远。他的团队完全重新程序化了一个单一的、高度分化的、来自一头成年母羊乳腺组织的成熟细胞——使得这个细胞核能够引导形成一个完整的、具有各种成熟细胞的复杂生物体。对于普通大众来说，多莉的诞生提出了这样一个麻烦问题：人类克隆——制造出在基因组成上与为克隆过程提供细胞的个人完全一样的新个体，将会有什么样的前景？这种可能性也会产生关于现代生物研究在其目的、应用和伦理方面的诸多问题。

很快，所有这些问题在威尔姆特的文章发表后的几个星期内公开地出现在数不清的新闻报道、专栏和报刊信件中；而在白宫和国会听证会上，总统则要求他新成立的国家生物伦理咨询委员会（National Bioethics Advisory Commission，NBAC）来考虑这些新实验所包含的意义。对于这两者，我在 NIH 的筹资周期和其他时间里都有所准备。

在我们为总统对 1998 年 NIH 财政预算的决议进行通常的来回往复后不久，约翰·波特——拨款小组委员会的主席，就提到了最近来自苏格兰的消息，并指出这个消息“令科学家震惊，因为他们认为办不到”。波特然后问：“不管它是否是真实的科学，不管它是否会导致人体克隆，它的影响是什么？正面的和反面的？对于科学本身和对于整个社会的道德含义又是什么？”这是对一个消息灵通人士所思考的非常好的概括了。我问：“给我多少时间，波特先生？”他说，“你想要多久就多久。”

有了这个史无前例的自由，我就给予了史无前例的详尽回答——我几乎用了听证会发表谈话的整整 6 页纸。（在我结束后，波特说，“瓦穆斯博士，这或许是未被国会人员打断过的最详尽的回答了。”）我告诉了委员会格登在蛙细胞上核移植的经典实验；威尔姆特的早期工作——此项工作显示了从早期羊羔胚胎来的细胞核（还不是从成年绵羊的细胞而来）可以被移植到去核的绵羊卵细胞内，并当产生的胚胎着床到子宫后，能够最终成熟为一个全面的羊羔；最后，是威尔姆特最近的成功，实验方法一样，但细胞核分别来自较老的胚胎、胎儿以及令人惊叹的培养在细胞皿中的成年绵羊的乳腺细胞。

我并未就此打住。我随即谈到了克隆技术——这个用已有成年动物的细胞核来制造新动物的重要意义。在承认公众的注意力会不可避免地首先聚焦到耸人听闻的方面——克隆成年人类的可能后，我同时指出克隆动物或者制造克隆化的人类细胞可能给农业或医学带来的裨益。我着重强调了它可以让我们对生长发育有“更深的了解”，并有助于决定一个细胞究竟为什么会有像神经细胞或者肝脏细胞那样的行为。多莉羊的诞生，我说，阐述了“一个从成年绵羊乳腺来的细胞已经被重构……而变得全能……并能产生一个绵羊的每一个组成成分”。通过对这个重构法则的学习，我对委员会争辩道，就可以给医学带来预想不到的良机——诸如从病人的正常细胞开始来制造皮肤细胞、骨髓或者神经元，来分别治疗烧伤，替换被化疗所摧毁的血细胞，或者对抗退行性大脑疾病。

在我回答波特的最后部分，我总结了由 NIH 人类胚胎研究小组归纳的反对人类生殖克隆的意见。同时，我指出国会的限令（那个迪基—维克修正案）和克林顿总统的行政命令早已经不让动用联邦经费用于人类克隆了。在回答众议员妮塔·洛韦（Nita Lowey）的后续问题时，我说有理由“需要考虑在这个领域赶紧立法。我们有新的发现。它需要被吸收和探讨……这个国家生物伦理咨询委员会……非常适合……来讨论这些问题并提出建议”。

我的声明是中正合理的，但华盛顿和整个国家对多莉羊的反应却是一种政治冲动——用规劝、道德权威和立法来阻碍或者抵制克隆人类后代，尽管人类生殖克隆的可能性还至少有数年之遥。白宫很快签署了一个行政命令，通过禁止使用联邦经费并规劝有其他资助途径的科学家暂停克隆来降低人类克隆的可能性。

伴随着总统对新闻界宣布的这个新的行政命令，是一个下达给新成立的国家生物伦理咨询委员会的指令——要求它建议如何从长远上应对这些新的发展。在这个新闻事件之前，有一个简短的晤面。其间有哈罗德·夏皮罗（Harold Shapiro，国家生物伦理咨询委员会主席和当时普林斯顿大学的校长）、几个总统顾问，还有我。我当时紧坐在总统身旁。当讨论接近尾声，我开始向他解释为什么那个产生多莉羊的方法，即便让早期胚胎的生长不超过发生在培养皿里的非常初期的阶段，都潜在地具有让我们了解生物学的基本规律和制造具有治疗用途的细胞的重要性。因为这些原因，我坚持道，任何立法的努力都要慎之又慎，否则我们就会切断科学研究的可贵途径。

副总统阿尔·戈尔（Al Gore）无意中听到了我和克林顿总统的谈话，或许是觉得我试图削弱总统下达行政命令的决心，便插嘴说，他不想苛刻，但是时间有限，并且克隆问题需要紧急解决。然后，他令我大为惊愕地宣称，人类克隆似乎早已在其他地方进行了。当他还是白宫众议员的时候，他的一个委员会成员就听到过证词说在印度有成功的人类克隆。当时在众人面前让他为难既无必要，也不持重。但是在椭圆形办公室（Oval Office）为这个新闻重新短暂地聚会时，他走上前来，向我道歉在短会时的唐突，然后，因为意识到了我对他所宣称的关于在印度的人类克隆表示怀疑，他说他会让他的工作人员给我寄来听证会的副本。我当然对它们的从未到来丝毫都不觉得惊讶。

总统的新的行政命令和立法禁止人类克隆的努力，与其说是一种必要和有效的阻止手段，还不如说是一种安定民心的手段。我们在当时就知道从成年动物细胞进行生殖克隆是个小概率事件——多莉是报道的关于绵羊实验的 277 次尝试里唯一的成功。我们现在知道这个成功机率在其他物种里也很低（或许有时稍微高一点），而且通过克隆产生的动物很少是完全正常的（倘若有的话）：它们可能迅速衰老和死亡，而且它们的 DNA 里有克隆的印记。因此，立法禁止人类克隆的用处就显得不那么清楚了。负责任的科学家不会去进行人类生殖克隆，因为它的安全性、道德顾虑和困难性。顽固的法外悍将则会轻易地违法或到其他许多没有这些法律的地方。但是，依旧有许多科学家支持立法禁止（仍然没有在联邦法律的水平上），哪怕只是让这个论题搁置一下，以及显示对合理的道德立场的支持。

威尔姆特的文章和那个行政命令的直接后果是，几个国会委员会举行了听证会以显示立法顾虑，并且有许多伦理学家、公众人物和其他的话语权威将他们对人类克隆的焦虑心态填满了电波和报纸。恰巧在白宫拨款听证会（几天后宣布了多莉的诞生）举行的两星期后，参议员比尔·弗里斯特（Bill Frist）组织了有关健康和人类资源的参议院委员会的听证会，并利用伊恩·威尔姆特凑巧访问华盛顿的机会，来辩论这些新闻和讨论可能的立法。我作为威尔姆特见证人的身份出现，并递交了另一篇关于他的工作的生物学意义的长篇大论。为这一次场合，我花了足够的时间来准备阐述受精和早期发育的正常过程的绘画，并用放大了的照片来展示核移植的精细步骤和早期胚胎无定形的外观。再一次地，我重温了核移植和重新程序化的潜在用途，描述了早已具备的防止滥用这些新技术的保障措施，并敦促公众讨论要先于“在具有复杂问题的领域里立法的努力”。

然而我拖延立法的努力比起之后参议员汤姆·哈金在听证会上的演讲则是过于温和了。虽然我有时会与哈金在经费和忽视医学替代疗法的研究上有争论，但他始终是基础研究和 NIH 经费的支持者。在这一次的场合中，他以意想不到的另类方式作了他对科研的捍卫：

> 我并不认为对人类的知识有什么恰当的限制——根本没有……现在有些人让我们相信多莉是只“披着羊皮的狼”，但是我不这样想。我认为这类研究蕴涵着巨大的好处……那些像我的朋友——参议员邦德（Bond，他推出了一个高度限制的法案来禁止所有的人类核移植）和克林顿总统（他签署了行政命令来阻止为人类生殖克隆提供联邦资助，并要求私营机构暂停资助），他们说停止，说我们不能扮演上帝，好，我说，OK，好的。你们可以有你们的立场，但你们是与教皇保罗五世（Pope Paul Ⅴ）为伍，他在 1616 年试图阻止伽利略。

在他结束对自由科学的捍卫前，他将他的辩论提升到了另一个高度：

> 我在这里做一个声明。克隆将继续。人类的意识将为之继续追寻。人类克隆终将发生，并且将在我的有生之年发生。我一点都不害怕。我欢迎它！*

## /多莉的重要意义：基因重构/

多莉现已是历史上最有名的绵羊，而它的诞生也被认为是 20 世纪科学史上最具戏剧性的时刻之一。那些令它不快的已有的教条认为：一个复杂

---

* 这个不同寻常的时刻之后被整合到热门电视连续剧《X 档案》（*The X Files*）中的一季里。我的客串演出增强了我在 25 岁以下的朋友和亲戚中的地位。

生物体内的成熟（分化的）细胞不能被“重新程序化”后而具有和受精卵（合子）这一原始胚胎细胞一样的行为，即生长发育成一个完整的生物体。多莉的诞生说服了绝大多数科学家，即一个新的、原先存在的个体在遗传学上相同的生物体，可以从一个带有整套染色体的专门化的成熟细胞产生出来。在威尔姆特的实验里，引导一个细胞演变为乳腺上皮细胞的基因程序（genetic program）被替换成能够顺应卵细胞的细胞质信号的基因程序。通过这种方式，因核移植而产生的新细胞生成了子细胞，并最终形成了一个完整而复杂的生物体。

重新程序化到底是什么意思？在先前的章节里，我提到了这样一个概念，即单种细胞类型只是利用了基因组中的一小部分基因来生产 RNA 和蛋白质；这些被表达的基因所组成的模式经常被叫做程序。在正常的分化中——在胚胎的发育或者动物出生后专门化细胞的形成过程中——可以观察到接替出现的基因表达的模式。通常来说，这些模式发生的顺序只有一个方向。返祖到发育的早些阶段（“去分化”或者“重新程序化”）的可能性是一个多年的辩论话题。我们很早就认识到在生殖过程中发生了一个不需要任何实验干预的戏剧性的重新程序化，其间两个专门化的细胞，一个精子和一个卵细胞结合成合子——一个单一的细胞，并从中产生了构成一个有机体的所有细胞。那个叫做多莉的动物显示了如此戏剧性的重新程序化也可以通过将一个完全分化的细胞的胞核移植到一个全新的环境——卵细胞的细胞质里而发生。

那么究竟是什么样的分子事件控制着这个基因程序，并决定着 DNA 的一个片段——一个基因是保持沉默还是被表达出来去制造 RNA 以及之后的蛋白质呢？又是什么触发了那些分子事件呢？尽管我们离满意地、细致地知道这些问题的答案还很遥远，但已有蛛丝马迹可循。对任何一种类型的细胞，都有一个基因表达的特征性模式（或者说程序）——它的大约 22 000 基因中有些保持着沉默，有些在低水平上开启，有些则在高水平上表达。从一种细胞类型变成另外一种，将会有几千个基因的表达活性随之改变。这究竟如何发生尚不能被完全地理解，但是答案中的一部分会包括主控调节因子（master regulators）——一种影响许多基因行为的蛋白质，宛如一种等级现象。

为了设想这一切如何发生，我们可以想象在 12 键钢琴上敲击（“表达”）某些键的结果。一种组合产生一种和声，另一种组合产生另一个不同的声音。声音的改变要求在组合（“程序”）上要有所变化——这在这种简单钢琴上较易达到。但如果这个乐器的键要多得多，比如说几千个，那么设计一个等级制度——其中有些键是一大群其他键的调节者，来控制声音的改变就会有效率得多。如果调节键管理着部分重叠的而非完全不同的键群，那么这种情形就和在动物细胞里所发生的非常相像了。

我们现在知道一些调节基因是什么，我们也知道一些它们调节着什么基因，我们甚至还知道一点它们是如何调节自己的，特别是在正常发育的时候。多莉的诞生和其他实验告诉我们，即便不采用受精的通常过程，我们也有可能来重新设定程序——这些观测是如此地令人兴奋和富含可能性。但是卵细胞胞质里究竟是什么成分触发了基因表达的重要改变，使得乳腺细胞的胞核转化成了单细胞胚胎的胞核呢？同样的效果可以在成熟细胞里不费劲地通过将细胞核移植到新细胞而实现吗？或者，不需要卵细胞作为接受体？能否通过化学刺激（激素或药物）来实现？用某些物理休克或者通过输入几个主控调节因子到细胞内？

多莉的诞生还启发了其他的努力——成功率不断增加（尽管还相对低效）——来克隆其他类型的动物（小鼠、猫、狗、马、奶牛，甚至非人类的灵长类）。动物克隆的成功程度可以用当前在欧洲和美国关于将克隆动物用于食品的辩论来衡量。

这些成功也鼓励了用其他途径来实现重构。最为显著的是，一小部分实验室已经用携带调节基因的逆转录病毒来重新程序化成熟细胞——大多是来自小鼠，近来源于人类的皮肤细胞。这些被感染的、重构的细胞具有胚胎干细胞的许多特性，包括能够形成多种分化细胞，诸如肌肉和神经细胞的关键能力。这种“被诱导的多能干细胞”（induced pluripotent stem cells，iPS cells）开辟了一个崭新的理解和治疗疾病的前景。这在本章末尾将会被提及。

## /防止令核移植违规的立法/

人类克隆可能吗？安全吗？能在伦理上被认为合理吗？在回应这些关于人类生殖克隆的持续着的争议上，大多数科学家采取了保守的立场，并对立法禁止默然接受。这其中一部分的原因是基于被克隆的动物并非完全健康，一部分是因为这一步骤的低效和昂贵，另一部分则是因为生殖克隆所产生的复杂的伦理和政治问题。但是多莉的诞生同样提出了一个疑问，并让大多数科学家采取了一个与美国公共政策背道而驰的立场。政府是否应该支持治疗性克隆（therapeutic cloning），即通过核移植到一个卵细胞来产生胚胎干细胞，并用于严重疾病的治疗？

从这层意义上来看，对多莉诞生的宣布就变得具有特殊意味。多莉的存在显示这终究是可能的，正如人类胚胎研究小组所想到的“回拨生物时钟”——重构成年哺乳动物细胞的基因组程序，使之具有受精卵基因组的行为。这个新细胞就可以引导一个复杂有机体的完整的发育。但是核移植也可以是走向一个不同的、有益的但却少有争议的结局的第一步：产生出早期胚胎克隆，并以此衍生出多能干细胞。即便在1994年，这些细胞对胚胎研究小组来说也已经是显而易见的细胞治疗的最好的希望，同时也是研究正常和病态发育，理解疾病和筛选治疗疾病的新药的重要工具。

但是我们能够保留生殖性和治疗性干预的区别吗？我的同事和我希望任何禁止生殖性人类克隆的立法努力在让这一行为变成违法的同时，也能够有足够的弹性，允许用于创建克隆化多能干细胞的核移植。起初，国会里只有零星的几个人似乎对保留用核移植作为手段来重构人体细胞核并推动发现和治疗的选项表示关注。而胚胎研究小组的看法——用核移植从成年细胞核制造胚胎细胞是无性的，有利于治疗的，并在伦理上较体外受精更易被接受——也大体上被忽视了。在 1997 年由来自密苏里州的参议员基特·邦德（Kit Bond）提出并为参议员弗里斯特支持的法案（作为禁止人类克隆的一部分努力），几乎令核移植成为非法行为。在他们看来，这个技术是滑至生殖性克隆的第一步。但是通过科学家们所策划的游说和来自两党议员联盟的帮助——特别包括参议员沃林·哈奇、阿伦·斯佩克特和汤姆·哈金——这个法案终于被适度地搁浅了。这个努力显示了科学家如何能够在复杂问题的争议上给予有益的影响。

因为对公众作出的有关核移植的介绍发生在多莉诞生的时候，这个技术自然和最具戏剧性的克隆——制造克隆人不可分割地联系在了一起。我们强调了核移植只是可能导致生殖性克隆的精细方法中的一个早期步骤，却是达到更易被接受的治疗性克隆目的的关键，但这样的努力收效甚微。比如说，我们现在还没有可能利用联邦经费来支持在核移植方面的研究，因为这个方法被认为是创造胚胎的手段，因而对它的联邦资助就会违反迪基—维克修正案。*

并不奇怪的是，核移植在亚洲和欧洲的一些国家里被积极地研究着，特别在英国。美国科学家虽然有来自工商界、各州启动金和私人慈善基金对核移植工作的支持，但其进程不可避免地因为 NIH 的缺席而放慢。NIH 是科学研究和训练的最大的资助来源，并对美国的研究方向起着决定性的影响。但至今，人类核移植的可被重复的成功尚未在任何国家实现。另外，因为道德和医学原因，为这个操作而获取人类的卵细胞依旧困难。看来重构的新方法很有可能取代核移植作为首选的办法来制造克隆化的多能干细胞。

## /培养人类胚胎干细胞/

当多莉在 1997 年亮相时，尽管已能反复成功地培养小鼠胚胎干细胞，科学家尚不知道如何从早期人类胚胎中培养出胚胎干细胞。所以，核移植

* 如果用其他来源的经费在美国开展这些研究，就不会受到处罚。

和其他类型的人类胚胎研究之潜在的医学用途，在多莉诞生的头一两年里，只能是纸上谈兵。

但是在 1998 年末，因为威斯康星大学的杰米·汤姆森（Jamie Thomson）报道说从早期胚胎衍生出来的人类细胞在培养皿里能有更长的生长时间，于是关于克隆和胚胎研究的辩论便更加尖锐地聚焦于治疗人类疾病的前景上。对那些跟踪汤姆森工作的人来说，这一步乃在预料之中，因为几年前他就报道过一个培养非人类灵长类的胚胎多能干细胞的方法。但是对科学团体的大部分和广大民众来说，汤姆森关于人类胚胎干细胞的宣布是惊人的。

为了建立起他的胚胎干细胞系，汤姆森和他的同事分离了由体外受精诊所的精子和卵细胞供体们提供的早期胚胎干细胞。* 刹那间，通过简单的实验系统，我们开始有可能理解正常的人体发育的规律——那些用来开启尚未定向于任何组织类型的早期胚胎细胞，并使之演变成任何一种类型的专门化细胞的秘诀。它同样意味着医学科学家可以集中制造大量数目的分化的人类细胞，用于修补各种类型的受损或病变组织：诸如糖尿病人有缺陷的胰脏，帕金森症人脑中稀缺的制造多巴胺的细胞，以及充血性心力衰竭患者的精疲力竭的心脏肌肉细胞。

汤姆森在建立人类胚胎干细胞系上的成功，他对推广它们广泛使用的兴趣，以及在美国的其他地方和海外建立起来的相似的细胞株，都提供了在这方面研究的重要机会。现在，既然这些细胞株是在没有使用联邦经费的前提下被创建出来的，那么似乎不存在明显的障碍来使用联邦经费以资助对于这些细胞株本身的研究。既然在新创建的干细胞上的研究不存在对人体胚胎的进一步损害，那么就没有理由认为用联邦经费资助研究会违反

* 为了规避禁止利用联邦经费资助销毁人类胚胎的研究的迪基—维克修正案，汤姆森团体使用了两类非联邦经费的资助：威斯康星校友研究基金（Wisconsin Alumni Research Fund）和杰龙公司（Geron Corporation）。前者是由慈善机构和大学先前的科研成果的专利费组成的州基金；后者则是着重于衰老性疾病的私营公司。面对继续存在的对联邦经费资助人类胚胎和干细胞研究的严重限制，这些资助手段在当时预示了现今流行的方式，即通过慈善事业、商业投资、私人科研机构和州内预算来得到资助。

迪基—维克修正案。但是，当时依旧有理由担心用联邦经费来研究从破坏的胚胎衍生出来的干细胞会招致国会对 NIH 的强烈反对。

因为这个原因，在 1999 年初，我询问了哈里特·拉布（Harriet Rabb）——当时卫生及人道服务部门的总顾问（现为洛克菲勒大学法律事务的总负责人），询问关于此事详细的法律意见。在一个家喻户晓的短会上，她辩论道，既然干细胞本身不是胚胎，对于它们的研究就可以合理地为 NIH 经费所赞助。没有新的胚胎会被破坏，而破坏早已合法地通过非联邦经费完成。这提供了用 NIH 经费资助人类胚胎干细胞研究的依据。但是，我们还需要其他形式的保证。于是，我搭建了一个小组，由现任普林斯顿大学校长的分子生物学家及小鼠胚胎学家雪莉·蒂格曼（Shirley Tilghman）为首，来撰写一个指导纲要，并以此规范在 NIH 资助的科研中有道德地使用这些细胞。然而，在她的小组完成了报告，要求和回答了公众的意见，并公布了规范的时候，2000 年的总统竞选正已如火如荼地展开——对这个问题的政治敏感性再度变得严峻起来。（而我也在这个时候离开了 NIH。）

## /在小布什总统时代的干细胞/

无论出于什么解释，NIH 的经费都一直没有被用于人类胚胎干细胞的研究，直到小布什总统在 2001 年 8 月 9 日发表那次著名的演讲。这是一个干细胞的辩论在政治舞台上的重要时刻，是新总统在就任将近 8 个月后首次面向全国的电视讲话。这个演讲是写得很好，并且取悦诸方面的努力在想法上也很聪明，但那些显见的好处却注定是短暂的。* 布什并非像许多人

* 根据当时布什的政策顾问杰伊·莱夫科维茨（Jay Lefkowitz）撰写的刊登在 2008 年 1 月份《评论》杂志（*Commentary magazine*）上的一篇文章，总统在办公室的第一个月里花了大量的时间来和许多医生、科学家、伦理学家、病人拥护者以及其他人讨论这个问题。莱夫科维茨宣称我在耶鲁“坐在”布什旁边讨论干细胞是个夸大说法，并因而让我怀疑文章里其他声称的真实性。事实上，我在 2001 年耶鲁毕业典礼上遇到过总统，当时我们都被授予了荣誉学位。当我跟他说我要和他谈三件事，其中之一是干细胞时，他颇为惊讶并显得不安，然后招呼安德鲁·卡德（Andrew Card）——他的总负责人，“安迪，安迪，快来这边和这位医生谈谈！”卡德和我简短地聊了一会儿我的看法。我从未能坐在布什总统旁边来讨论干细胞或其他的东西。

所预料的那样要关闭为干细胞研究提供联邦资助的大门，而是同意资金可以被用来研究那些在他开始讲话的那晚 9 点之前已经存在的细胞株。那项政策得以让他向他的右翼支持者说明联邦经费不会用于从额外的胚胎所获取的额外的细胞株，也同时让他告诉医学科学家们他准许第一次地为已经存在的人类胚胎干细胞株的研究提供联邦资助。

这项布什政策毋庸置疑地首次允许了联邦经费对人类胚胎干细胞研究的支持。因为这项政策来自一位保守的总统，因而相比民主党的同样举措，它较少地受到了右翼的攻击。但仍然有很多他的支持者表达了失望。预料之中的，他的妥协很快越过了有用的界限。有资格得到资助的细胞株的数量永远比宣称存在的60 多株要少得多。这是正确的，一部分是因为讲话把两种细胞株混为一谈了：其一是真正建立起来的具有可靠特性的细胞株；其二则是分离的胚胎细胞的冻存标本，它们需要在培养皿里被验证具有可被重复的生长模式。另外，因为有些细胞株被递交了专利保护，所以由于许可证的规定很难得到。重要的是，没有一个现存的细胞株似乎能为最终的治疗目的所用，因为它们起初是在一层由小鼠细胞组成的“支持面”上被传播的，而这层小鼠细胞有可能产生对病人很危险的病毒。在此期间，新的和更好的细胞株已经通过非联邦资金，主要是霍华德·休斯医学研究所（Howard Hughes Medical Institute）、私人慈善机构、国外实验室和公司提供的资金被建立了起来。但是这些细胞株都不能用 NIH 经费来研究，除非立法扩大符合条件的细胞株能成为法律——立法已两次被美国国会通过，却两次被布什总统否决。看来这样的立法是不会发生了——除非在 2008 年大选之后。

在对布什干细胞政策进行调整的那些年头里，因为出现了有知识而又坚定的干细胞宣传团体，因为有对胚胎干细胞行为的重要发现，也因为有新的策略来让州政府和慈善家为干细胞研究出力，情况已经发生了改变。结果，并没有像一些人担心的那样，干细胞研究并未比其他国家相同的努力要落后很多，尽管进程还是由于立法和官僚的阻碍而受到了损害。在研究领域，美国科学政策的传统优势——一个集中、协调、公开竞争的从NIH 得到经费资助的程序——已经被不平衡的以州立经费和其他非政府资助机会拼凑而成的方式所替代。一些富有的学院可以通过慈善机构继续人类干细胞的研究，而很多其他的就没有这种经费来源。有些州已经对克隆和用来克隆的技术（比如体细胞核移植）颁布了禁令，而另一些州，最为著名的是加利福尼亚，则已经非常漂亮地通过了资助多种人类干细胞研究的措施。

在 2004 年支持将国家的债券计划用作干细胞研究的加州人数，比支持民主党总统候选人约翰·克里（John Kerry）的还多。这个法案将在 10 年里提供 30 亿美元的债券以作干细胞研究之用。尽管如此，那些立法异议者所抛出的路障和法律上的挑战都严重拖延了使用纳税人的资金。其他州，特别是康涅狄格、新泽西、威斯康星和密歇根州都逐步通过了资助干细胞研究的政策。2007 年，我所在的纽约州在艾略特·斯皮策（Eliot Spitzer）被选举为州长后，在没有招致明显的注意或者反对的情况下*，至少有 6 亿美金被拨款给了干细胞及其相关课题在今后 10 年里的研究。同时，私人基金，诸如来自斯塔尔基金会（Starr Foundation）的被用来支持在纪念斯隆—凯特琳癌症中心、洛克菲勒大学和威尔·康奈尔医学院（Weill Cornell Medical College）之间的干细胞合作研究的 5 000 万美元，正资助着许多美国领先的研究中心里（至少在那些幸运地拥有富有而开明的捐助者的地方）干细胞科学的各个方面。

然而，虽然有干细胞研究的其他资助途径，研究者依然得考虑清楚是否想要在这个资金混乱（尽管科学上令人兴奋）的领域里工作，如果是，则要考虑在哪里工作。举例来说，尽管只有少数科学家离开了美国而去海外继续他们的干细胞研究，但其他国家正在为我们的科学家提供诱人的条件。英国曾要求议会委员会来决定哪些研究应该被允许，并制定出了像

* 2007 年 9 月，我被任命为纽约干细胞研究项目拨款小组委员会专员。

1994年NIH胚胎研究小组的提议那样的指导纲要。其他欧洲国家和一些亚洲国家则积极地推动干细胞研究，因为感觉到这不仅是导致科学发现和医学进展的良好机会，也能因此领先还在这一舞台上困惑着的美国企业。这一点在韩国尤为明显：一个以黄禹锡（Woo-Suk Hwang）教授为首的庞大而又资金充足的团队，报道了他们已将体细胞核移植发展到了能从有伤病的患者的细胞核建立起胚胎干细胞并进行细胞治疗的阶段。遗憾的是，黄博士的很多工作现已被认为是杜撰的，并因此而严重玷污了整个领域的名声。

对于我和我的许多同事来说，我们的政府在对于胚胎和干细胞研究的巨大发展的处理方式上，体现了一些宗教团体在我们这个多样化的社会里对科学行为的过度影响。来自天主教堂和其他保守基督教徒的对于这个科学新领域的反对是如此的坚持不懈，并体现在一些立法和执法机关的首要人物上，其中包括总统布什、参议员萨姆·布朗巴克（Sam Brownback）和众议员戴夫·韦尔登（Dave Weldon），他们都提议或者支持了具有高度限制性的立法。有些异议可以被视作对医学科学家们的侮辱，诸如在我们辛苦地从本将被销毁的捐赠的人类胚胎中提取出干细胞，并为有益的、可能治病救人的目的所用时，他们竟然声称我们在道德上不负责任！

但我们同样有理由乐观。第一，这个国家在对待干细胞和克隆的争议上态度严肃，并有许多迹象表明对现有政策开明化的支持正在增加。第二，这些问题刺激了公众对于现代生物学及其对医学潜在用途的兴趣。第三，在日本和美国的最新工作也带来了乐观的理由：那些酷似胚胎干细胞的诱导多能干细胞（iPS cells），已经可以通过在成年细胞里加入“遗传鸡尾酒”来实现重构的办法被制造出来。*

---

* 在目前建立这些细胞重构的新方法的早期阶段，被引入的基因组合里有些具有致癌可能。此外，引入的方法是用逆转录病毒，即把前病毒基因插入到染色体上。但正如第二部分里描述的，这种方法有潜在的破坏效果。科学家们正在努力寻找用其他方式来重构细胞——比如用其他基因、其他的引入方式，以及用化学和物理信号来改变基因的表达，等等。

倘若对于细胞重构的研究能像它所预示的那样继续下去，那么这些对于研究和治疗最为理想的人类细胞将最终可以完全不通过胚胎和核移植的方式而获得。这将实现一个长期萦绕的梦想，即将成熟细胞调配得宛如胚胎细胞，并用这些细胞来治疗衍生出这些细胞的病人。但是在可以看到的将来，早期人类胚胎和从中衍生的细胞依然是研究的根本，并提供了重构细胞必须要对照的“金标准”。没有对胚胎和干细胞的绝对的禁止，就允许这样的研究在这个国度进行下去——即便不是以最佳的方式，即便有联邦经费的限制。因为有这些希望，胚胎干细胞已成为有益的政治领头羊，并保证了生物医学研究在公众面前的承诺。总而言之，这是个不错的结局。

# 第14章 全球科学和全球健康

科学可以帮助我们为饥饿者带来食物，为病痛者带来治疗，可以保护环境，提供工作的尊严，并创造享受自我表达的空间。但是……如果没有机会来掌握科学和新技术，就会加大贫富之间的差距。

——亚历山大图书馆主任伊斯梅尔·萨拉杰丁（Ismail Serageldin）

当我还是医学生的时候，我对被称作“热带医学”的领域颇感兴趣，并因此在北印度工作了几个月。我曾把第四年的选修选择在巴雷利的克拉拉·史怀恩教会医院（Clara Swain mission hospital）。巴雷利是北方邦（Uttar Pradesh）的一个大城镇，距德里（Delhi）约一百英里。我对印度医学的接触推翻了我早期以为我会喜欢在一个贫穷国家行医的信念。我同样因为那里差劲的医疗实践和偶尔麻木不仁的行为而丧气。尽管这个经历说服了我比较适合医学职业的其他方面，它也引起了我一个经久的关于贫富国家之间差距的忧虑。当我在多年后成为NIH的主任后，我的眼界较我作为医学生时大为开阔，并意识到了利用科学，包括在贫穷国家里的科学，来推动现在常被称作“全球健康”的可能性。

在过去的一些年里，对因发展中国家的疾病而引起的问题，世界给予了更多的关注。尽管依旧离最富裕国家里的医学和科学标准相差甚远，但现在即便在最贫穷的国度也可以期望建立有效的卫生系统，推动疫苗的广泛使用，引进现代药物或者制造它们自己的非专利药品，并参与关于区域性疾病的现代研究。我们这一代人当初认为在贫穷国家里与疾病作斗争是颇具牺牲精神的事业，就像是传教士们在非洲、亚洲和南美洲的丛林中工作在装备不足的诊所里。但我们现在已经从那个看法里走出来很久了。

有一些原因促成了这种转变。一个显著的原因是慈善个体和组织对"全球健康"积极与广泛宣传的兴趣，特别是比尔和美琳达·盖茨（Bill and Melinda Gates）所建立的基金会。来自娱乐界著名人士对这些努力的支持，比如U-2的波诺（Bono），也很重要。还有经济学家，可能最著名的要数杰弗里·萨克斯（Jeffrey Sachs）——哥伦比亚大学地球研究院院长，他认为健康的改善可以促进经济的发展，但更好的健康和卫生保健却不能看做仅仅是经济发展的结果。

在几乎同一时刻，全球流行的艾滋病，新出现的传染性疾病（比如埃博拉（Ebola）和非典（SARS）），那些历史上重要疾病的卷土重来和持续存在（诸如结核病和疟疾），以及对疾病大流行的恐慌（就像1918年大流感的重演），都让整个世界无论从自我防御还是利他主义出发，开始关注控制这些疾病的前景。现代医学的进展提供了更为有效的预防和治疗的可能，并激发了科学能够成功应对新旧灾难的希望。

但是，在发展中国家通向更为健康的途径依然没有被仔细地规划出来。同样地，为达到更健康这一目的的责任也没有被清晰地分派或者承担给不同的角色：那些贫穷国家自己在面对其他的，经常是对有限的资源有着惊人需求的同时，通常为这些问题仅奉献了它们年度预算里惊人的微小比例；发达的经济体经常说必须是损害它们国民的问题才会是它们首要考虑的内容；或者非政府部门经常能为这些问题全力服务，但是除了盖茨基金会，都没有政府规模的银行账户。因而，促进对全球健康更为关注的努力会不可避免地遭遇这些有关忽视、犹豫或者举措有限的辩解。

在这一章里，我讨论了在推动对全球健康的兴趣和扩大科学在世界穷苦地区的作用中我所作的一些努力。这些行为是被这样一个信念指引着，即我们可以利用在富裕国家里所建立起来的技术，在国外建立科学规划，并以此解决贫穷地区的问题。我的作用很微小，比起那些非常著名的人士所作出的巨大努力，我不时自惭形秽。但是我仍然希望那个带给我有限努力的视角，和我努力之后所得到的感受，能够激励他人在我们这个时代的其中一个大挑战中作出更大的贡献。

## /对非洲医学科学的思考/

当我在 1993 年抵达 NIH 时，我非常想知道这个机构为全球健康和科学在做些什么。我能找到的参与这些事项的地方是福格蒂国际中心（Fogarty International Center，FIC），一个用为 NIH 的经费在 20 世纪 40—50 年代的增长作出贡献的国会议员约翰·福格蒂（John E. Fogarty）的名字命名的 NIH 部门。不幸的是，FIC 的经费很少，只有 NIH 经费的 0.2%，并且它的小规模成员团体几乎没有直接的职责来指导科学项目。但 FIC 有许多行政责任——主办外国科学家在 NIH 的休假[①]（大多来自先进国家）；为成千上万在 NIH 的外国学生和学者获取签证（他们中的许多已经在他们母国的重要位置上被任命*）；为外国科学家到我们大学实验室工作提供资助；加强科学家们在美国和其他国家之间的合作——通常作为项目的一部分，并由其他较大的学院来资助。

承蒙来自 NIH 其他部门的研究资助，用于国际计划的经费通常接近 FIC 预算的 5 倍，尽管在 NIH 的整个分配中还是非常小的一个比例。当然，这个简单的算术低估了 NIH 为发展中世界的健康所作出的贡献，因为几乎任何一个用 NIH 的经费来研究的疾病既出现在富国也出现在穷国，并且有些疾病（比如艾滋病）还不成比例地影响着贫穷国家。然而，随着时间的推移，我认为 NIH 应该特别地为全球健康贡献出它资源中更大的一部分。

① 译者注：这里的休假指的是 sabbatical leave，经常被科学家用来到另一个地方学习和科研。

* 1994 年在首尔的第一个晚上，当我以新的 NIH 主任的身份被数以百计的韩国 NIH 校友会成员尊重和真诚问候的时候，我看到了 NIH 培训计划的好处。

FIC 通过它的召集力确实能够影响国外的研究。1995 年夏季的一天，在我作为 NIH 主任的任期相对较早的时候，FIC 赞助了一个一整天的会议来讨论促进非洲的生物医学科学的途径。这个会议有几个原因吸引了我，特别是我依然存在的顾虑，即难以提高发展中国家的科学和卫生保健水平，并使之接近于目前在发达国家中业已存在的标准。但是我也敏锐地意识到这样一个事实：许多为 NIH 资助的高尖、昂贵的科学——比如基因组、蛋白质结构和信息通路的工作——在今后的 10 年或 20 年里，对世界上发达国家患者的好处将远远超过对在非洲这样地方的病人的好处。但是世界上最大的疾病负荷却依旧在最贫穷的国家，在那里，超过 10 亿的人们生活在每天低于一美元的水平，并且对常见感染的日常保健除了富有的少数人之外几乎遥不可及。此外，那些国家通常几乎或者完全没有能力来做一些研究，以对抗在那里流行的疾病——这些疾病在富有的经济体里大多已经罕见，在科学发达的国家已经不是科研的主要课题，对知名公司来说，也不是借以促生药物或者疫苗的具有吸引力的目标。

## /聚焦疟疾/

我出席了关于非洲科学的 FIC 会议的大部分演讲和讨论，我也欣慰并惊奇地发现几个 NIH 研究院已经参与了在一些非洲国家的多种项目。在讨论的多个研究课题中（包括慢性病的遗传学和众多的感染），有一个凸显了出来：疟疾。这种疾病，即便在欧洲和北美洲的温带气候也曾流行，但由于诸如 DDT 的杀虫剂和抗疟疾药物的广泛使用，在二战之后，基本上被控制在了热带区域。但在这之后的 30 年里，由于减少了杀虫剂的使用，疟疾在非洲、东南亚和南美洲的大部分地区卷土重来。疟原虫开始对最便宜的和最经常使用的药物的耐药性不断增加，同时将疟原虫从一个病人带到另一个病人的昆虫载体——按蚊（Anopheles mosquito），也对许多杀虫剂产生了耐药性。在 20 世纪 90 年代，每年中每 200 万人里会有一人死于疟疾——主要在撒哈拉以南的非洲，通常是孩子。在全球范围内，则有超过3亿的人口被感染，许多成了长期的病患者而不能工作。

因为疟原虫复杂的生命周期，并在寄宿蚊子和人类的过程中又有许多形式和行为，我们就有许多可能的机会来干扰它的生长和发育。早在90年代，就有遗传学、生物化学和细胞生物学的新方法可被用来治疗这种疾病和攻击造成这种疾病的生物体，但是投入的人力和财力都太少。并且因为市场被认为太局限和太贫穷，新药物的发明和新疗法的开发都被滞后了。

我向FIC会议的参与者建议通过专注于这个疾病——强调它的医学重要性和能更详细地了解病原体及其载体的新机会，来努力扩大在非洲的研究，并在已有的基础上建立起强有力的科研基地。一些欧洲的供资机构，比如英国威康信托基金会（Britain's Wellcome Trust）及其医学研究理事会已经投资在非洲建立了实验室来进行疟疾的研究，而且它们还想做得更多。一些训练有素的非洲科学家在国外学成后已经回国加入了这些实验室和一些非洲的大学，来进行疟疾的研究工作。NIH自己也在马里（Mali）的巴马科（Bamako）建立了出色的疟疾研究中心——有在法国和美国接受过训练的马里科学家，有NIH的资助，并有来自NIH、杜兰大学和马里兰大学以及其他地方的优秀的美国科学家的合作。

为了讨论对付疟疾的更为激进的方法，1997年1月初，NIH和巴斯德研究院以及其他的组织，在塞内加尔（Senegal）的达喀尔（Dakar）组织了一个包括大约50个非洲科学家的相关会议。这个会议非同寻常。我们带着一个务实的目的来到了达喀尔——建议采取协调行动，因为它将有助于整个非洲和世界的实验室研究疟疾，并将发现用于预防和治疗的方式。非洲人、欧洲人和美国人，资金的资助者和接受者，围坐在一起，有着相同的说话权利，并最终在许多问题上达成了共识。在会议结束之前，几乎每个与会者都强烈支持组织一个叫做“疟疾多边启动项目”（Multilateral Initiative on Malaria，MIM）的研究财团，来协调来自多个机构的研究经费，并用于在许多国家的研究，特别是在非洲。

不幸的是，在非洲确立疟疾研究的目的不难，但为这个协调行动的努力找到新的支持就不容易了，特别是要求科研资助机构放弃一些自主权和决策权的时候。只有 NIH 和很少的组织愿意为这个国际上的努力作出资助上的承诺——加起来也就是几百万美金，是一个主要启动金需要的 5 000 万到 1 亿美元的很小的一部分。在 7 月初，就在荷兰海牙（Hague）召开的后续会议上，大多数未来的欧洲捐款者在能否把即使很小的资金交给一个集中控制的科学咨询委员会的想法上犹豫不决。令我惊讶的是，NIH，特别是我，被与非洲国家有更长久关系的欧洲机构当做了天真的不速之客而被攻击。NIH 的代表团因为其他机构没有认识到我们过去的努力形象（NIH 的其中一个学院，国立变态反应与感染性疾病研究所（National Institute of Allergy and Infectious Diseases）还是世界上疟疾研究的最大资助者），以及因为反对我们毋须与母国部长或是位于布鲁塞尔（Brussels）的欧盟总部进行冗长的咨询就能制定针对性的开支建议而深感失望。

尽管仅有很小规模的努力，MIM 最终有了足够的资金来提供小规模的资助，建立工作基地，以及组织小型管理系统来协调运作。10 年后，MIM 继续是受尊敬的会议召集者和小规模资金的赞助者，尽管没有得到足够的资源来实现它当初的宏伟计划。但即便如此，它依然是 20 世纪 90 年代关注疟疾问题的持久象征。这个关注使得疟疾在近些年世界卫生组织（WHO)、盖茨基金会、艾滋病—结核病—疟疾全球基金会和一些药物公司面前成绩斐然。在 2008 年，因为这个倡议所激发的行动开始得到了可被衡量的回报：疟疾的发病率和死亡率急剧下降。WHO 将这些进步主要归功于一个相对较新但现已广泛应用的药物青蒿素（artemisinins）的疗效①，以及杀虫剂浸泡蚊帐的预防效果。

## /WHO 宏观经济及健康委员会/

我建立 MIM 的经验告诉我：以平等的方式建立起来的良好的意图和

① 译者注：不少学者认为青蒿素是由中国首先研制成功的，但由于经营失误，目前被西方国家制药厂垄断。

计划，在为改善贫穷国家的健康而争取科研资助时是不够的。为了成功，必须要对花费和好处进行更为周到的分析，并且要有一个国际权威的支持。因为这个原因，在 2000 年离开 NIH 不久，我就接受了当时 WHO 的总干事格罗·哈莱姆·布伦特兰（Gro Harlem Brundtland）的邀请，加入了宏观经济及健康委员会。主席是经济学家杰弗里·萨克斯，当时在哈佛大学肯尼迪学院。

萨克斯出于经济学和人道主义的原因，对改善发展中国家贫穷人民的健康充满热情。我第一次见到他，是 1998 年 1 月在瑞士达沃斯召开的世界经济论坛上，他当时颇有眼光地站在主楼梯的坐落处。我马上因为他对贫穷世界里的疾病包括疟疾的知识，他想为它们做些什么的热情，以及他对疾病影响贫穷国家经济的颇有见地的分析而留下了深刻的印象。几年以后，作为委员会的负责人，他很有技巧地指挥了一个大型的研究队伍来制作相关性分析的数据表，其中关联了可被补救的主要健康威胁、补救措施的费用和捐赠国家为这些费用所作出的令人尴尬的微小贡献。举例来说，当把对外国的援助作为国内生产总值的一个分数进行排名时，美国在最先进的 22 个经济体里排名最末，而且我们的援助里仅有 1/8 被用于健康事业。

这个委员会的报告是基于这样一个论点：更好的健康将促使经济增长，但并非反之亦然——这虽然有它的合理性，却只是在最近才被接受。为了使贫穷国家的健康有明显而快速的改善，这个报告还提供了关于资助水平的具体建议——从 2001 年的大约 60 亿美元的外国援助，增加到 2007 年的 270 亿美元和 2015 年的 380 亿美元，并包括来自受赠国自身的相应的新贡献。对于这个相对较短的主要“杀手”清单（艾滋病、结核病、疟疾、产妇疾病、烟草导致的疾病和常见的感染）中的每一种疾病，我们都估计了改善保健所需的经费，以降低死亡率，提高工作能力和改善经济。举例来说，对贫穷国家的健康投资增加 3 倍，就可以预计恢复 3.3 亿年岁的无残障的生命，而因此增加的工作能力就能每年产生 3 600 亿美元的价值（直到2015年），这是5～10倍于投资的回报。这个报告还提出了对于全球健康的研究建议，对组织健康系统和提供更好的保健的针对性计划，以及为健康事业分配额外资金的有效策略。

因为WHO的受人尊敬，这个委员会的报告受到了许多国家的严肃对待，包括富裕的和贫穷的。有些国家，比如印度和马拉维，响应了报告中对国家的指示，建立起了它们自己的宏观经济及健康委员会。这些委员会表格化了区域性健康问题，并制定了符合自己国情的解决办法。这个报告频繁地被这样的团体所引用：它们或者设法在贫穷国家建立起改善健康的更强大的系统，或者意欲减轻其中任何一个委员会所研究的重大的健康威胁所带来的损失。通过强调健康系统而非简单地提及单一的疾病，比如疟疾，这个报告也期待目前仍在增长的兴趣能够使卫生保健有根本性的改变，并对发展中世界的健康发挥出长期的影响。

但是WHO也被资金所束缚。所以决心按照我们规划的方案来改善健康状态的发展中国家必须在其他地方寻求捐助者，或者重新安排它们自己的财政策略。或者它们必须为稀少的经费而竞争。这些经费来自现有的资助机构，或者新成立的国际资源，诸如艾滋病—结核病—疟疾联合国全球基金会。

## /建立全球科学团的提议/

在2001年12月，继恐怖分子在9月11日发动攻击3个月后，我被安排在斯德哥尔摩（Stockholm）的科学研讨会上做最后的演讲，以纪念1901年第一个诺贝尔奖的世纪庆典。因为有WHO委员会的发现和在我脑海里清晰浮现的恐怖主义的幽灵，我决定提及公众所听到的先进的生物医学科学与在世界许多地方的恶劣的健康状况之间的巨大鸿沟。毕竟，阿尔弗雷德·诺贝尔（Alfred Nobel）要求他的这个奖项应该授予这样的人——他们的科学发现为改善人类的生活作出了最大的贡献。一些诺贝尔生理学或医学奖，包括一些最早期的，被授予了那些在疟疾、结核病和其他贫穷国家里常见疾病上作出重大发现的人。为什么这些裨益没有变得更大？很显然有许多原因——政治的、教育的和经济的——最后促成了这种失败。但是，科学家们能够做些什么，来鼓励产生更大的进步呢？

我建议了几种补救措施——大多数非常显然，只有一些是新的。其中的一个新想法，即建立全球科学团（Global Science Corps，GSC），引起了很大关注。其中心思想是，鼓励先进国家的科学家到贫穷国家的实验室工作较长的一段时间，比如说1～2年，在带去新技术和观点的同时，了解当地健康或者其他领域里可以被科学解决的问题。我设想了几类科学家可能愿意作出这样的承诺：年轻人——刚刚结束训练，但还没有决定如何来利用他们的技术；中年教员——有资格获得长期的休假或请假，并希望多样化他们的科学见识；或者接近或已经退休的——希望到一个新的工作环境，以使得他们的知识或许能有特殊之用。最后一类人的榜样是著名的英国遗传学家霍尔丹（J. B. S. Haldane），他在生命的最后几年生活在印度农村，并在那里的一个遗传所工作。

诚然，如同所有改善科学和健康的提议，这样的合作同样需要行政监督和大量的财政资源来支付工资、旅行、生活费用以及研究材料。吉姆·沃尔芬森（Jim Wolfensohn）——当时世界银行的行长，碰巧也在斯德哥尔摩参加诺贝尔奖的庆祝活动。当为某件事而和他紧挨着排队的时候，我和他讲起了科学团的提议；作为交换，他告诉了我“新千年科学启动项目”（Millennium Science Initiative，MSI），一个不怎么出名的用来在不发达国家建立科学活动的努力。MSI由世界银行资助，并由普林斯顿高等研究院的一个小团体来进行管理，而沃尔芬森则是其中的主席。MSI已经在发展中国家，诸如墨西哥、智利和巴西组织了多次竞争，来选择不同领域里“卓越的科学中心”。

很明显，MSI中心可以被用作来自发达国家并愿意成为全球科学团成员的科学家们的东道主。为了达到这一目的，当我从斯德哥尔摩回来后即拜访了菲利普·格里菲斯（Phillip Griffiths），当时普林斯顿高等研究院的院长，现在仍是 MSI 的领导，来讨论我们共同的兴趣：如何提高科技落后国家的科学水平。结果是，我加入了他的队伍（现在叫做科学倡议小组(Science Initiative Group，SIG))，而 SIG 也担负起全球科学团的任务。我也帮助监督了在巴西和其他地区的 MSI，并在越南和一些非洲国家建立起了新的 MSI 计划。最为回报，SIG 也努力让全球科学团广为人知：它在贫穷和中下收入的国家确定了科学中心以作为具有吸引力的东道主学院，找到了有兴趣为全球科学团服务的科学家，并筹集了建立第一批队伍所要求的数目相当可观的资金（大概每人每年 10 万～20 万美元）。找到愿意的东道主和有动力的团体成员总是要比找到该项目可靠的财政支持要容易。所以，在我斯德哥尔摩提议的 6 年之后，全球科学团依然只是一个吸引人的构想——有支持却没有行动。

## /盖茨基金会和它在全球健康中的大挑战/

基于大多数政府对请求的利他行为反应迟缓，而大多数非政府组织又处于长期的现金短缺，解决最贫穷国家医学问题的新方法似乎越来越多地依赖于由少数超级富翁建立起来的基金会的良好愿望了。这其中最重要的要数比尔和美琳达·盖茨基金会。感谢沃伦·巴菲特（Warren Buffett）对这个基金会的盛大礼物，如今这个巨额的捐赠已上升到了大约 600 亿美元。它对改变科学和卫生保健方向的威力可以通过其中的一个著名项目“全球健康大挑战”（Grand Challenges in Global Health）来示例。这个项目吸引了新的科学家到这个全球健康的领域，刺激了新的想法，建立了科研合作，并提供了 4.3 亿美元来研究一些科学和技术上的难题，以改善发展中国家的健康。

这个大挑战计划据说是由比尔·盖茨自己，并配合里克·克劳斯纳 * ——当时盖茨基金会中全球健康计划的负责人而设想出来的。正如

* 克劳斯纳是一个卓越的科学家和极富精力的领导者。他在我 NIH 任职的大部分时间里担任了国家癌症研究所的主任。

盖茨在2003年达沃斯世界经济论坛上揭晓这个启动计划时曾谈到的，他和克劳斯纳旨在效仿100年前大卫·希尔伯特（David Hilbert）为数学界建立的“大挑战”。在1900年，希尔伯特定义了他所认为的数学界里23个最重要的尚未解答的问题——他的做法得到了最优秀的数学家们的关注，并使得在之后的数十年里，绝大部分的大挑战问题得到了解决。

盖茨基金会的理念与希尔伯特的极为相似，只是它最终需要有更多的参与者和更为复杂的决策过程。不像只是依靠一个像希尔伯特那样的天才就可以发现数学上的大问题，盖茨基金会（与NIH基金会配合）需要有组织的努力来发现在攻克那些不成比例地影响着生活在贫穷国家的人民的疾病进展中，有哪些在科学和技术上的主要障碍。这就需要在公共健康、科学团体和专家小组之间进行广泛的意见交换。并且，因为生物学和医学较老式的数学要昂贵得多，所以就需要大量的资金和多个审核小组来选择和资助那些最富有想象力的计划，以应对新的巨大挑战。

克劳斯纳邀请我成为这个资深科学家国际委员会的主席，并征求和选择可以成为“大挑战”的想法，然后监督资助的过程。这个“大挑战”的观念很快引起了全世界科学家的注意，包括直到那时都没有研究过发展中国家疾病的人。“大挑战”承诺的严肃性可以由起初宣称的用于计划的2 000万美元来体现：这个数目之后又由盖茨基金会翻了一倍，并因为来自加拿大健康研究学院和英国威康信托基金会的资金而再度增加。这个科学委员会收到了超过一千个关于“大挑战”构想的提议，在2003年夏末位于弗吉尼亚的艾尔利（Airelie）会议中心用了一个辛苦的周末来找出最好的想法并加以包装，以刺激与主要的健康目标挂钩的挑战。举例来说，为了改善儿童疫苗接种的计划，我们向科学界提出了挑战，即制造出只需单剂接种，不需针头注射，或者不需冷冻保存的疫苗来。又比如，为了控制昆虫成为诸如疟疾一类传染病的载体，我们向科学界发出挑战：发明出化学或遗传学的办法来使传播疾病的昆虫减少或者丧失能力。

同年 10 月，在刊登在《科学》杂志上的一篇文章里，我们公布了我们选择的 14 个大挑战，解释了筛选的过程，并为那些寻找经费来应对挑战的人描述了之后的步骤。反响是巨大的：大约有 1 500 个科学团体，包括来自几个国家或者几个学院的大团体，有非营利组织的，也有纯商业性质的，告诉我们他们有兴趣来解决其中的一个大挑战。我们在这些潜在的申请者中选择了大约 400 个，要求他们呈递完整的申请，并组建了半打评审团来评估这些申请，然后我们重新召开了科学委员会会议来作出资助的最终决定。当一切就绪时，大约有 43 份资助被拟定，其中每份达 1 000 万美金。

2007 年 10 月，“大挑战”计划的受资助者来到南非的开普敦（Cape Town）出席他们的第三次年度会议。令人高兴的是，在各个方面都有进展。譬如，有几个受资助者报告了不用注射的疫苗接种法，有些展示了用化学气味或者基因改造来改变昆虫行为的新方法。虽然在这个阶段的成果很少可被大规模使用，但是改变贫穷国家的医学实践和公众健康的前景还是令人鼓舞的。另外，组织起来的为“大挑战”计划而工作的国际队伍也表现不错，并且对付同一问题的多个团体也已建立起强有力的沟通途径。这种合作性的努力反驳了常有的对科学家们过分竞争和守口如瓶的错误观念。

## /斯诺关于贫穷的预言/

大约五十多年前，查尔斯·珀西·斯诺在他关于“两种文化”的里德讲座中就指出，只有科学和技术的文化，而非艺术的文化，才可“装备”来修复他所见到的对世界将来的最大威胁：富裕和贫穷国家之间不断增大的差异。若这种修复直到 2000 年依然没能成功，他用他的英国式的口吻说，“那就是因为心不在焉”。“一旦变得富裕的秘密被知道，就像现在一样，”他写道，“这个世界就不会是一半富裕、一半贫穷。”显然，我们没能在他的时间限定前达成目的；如果有差距，这一差距已经在过去的五十年里扩大，并且不易消除。

我在过去的十年里偶尔参与促进全球健康研究的心得，让我相信我们需要为低收入国家的科学，特别是能解决局部地区问题的科研多一些支持。这些问题影响了世界任何地方的生活的基本方面：健康、能源、环境和工业发展。贫穷国家有时候因为各种条件——内战或其他形式的政局不稳，政府的贪污腐败，差劲的教育系统以及本土有才干的人去了更先进的国家，而不能对改善他们科学的努力作出回应，并因此而雪上加霜。但是在科学发展计划有较小阻碍的国家，则经常会渴望来自国外的想法和人物，并愿意将科学带入文化，尽管起初可能只有很少的理解。

在这方面最让我记忆犹新的是十多年前由 NIH 和美国国际开发署（U. S. Agency for International Development，USAID）在马里的首都巴马科建立起来的疟疾研究和培训中心（Malaria Research and Training Center，MRTC）。马里是世界上最贫穷的国家之一，但是强烈的民族和部落的忠诚给它带回去了几个训练有素的健康工作者、昆虫学家和其他的科学家。这之所以发生，一部分原因是因为 MRTC 有一个现代装备的临床、昆虫和寄生虫研究的实验室，有互联网，有政府资助，甚至还有 NIH 的经费以及美国合作者。MRTC 现已成为整个非洲研究和训练的焦点，并举办了科学会议和实验室教学课程。当我在 1997 年结束达喀尔的疟疾会议后去巴马科参观时，马里总统阿尔法·奥马尔·科纳雷（A. O. Konare）——他自己是个人类学家，和领导国民大会的那个医生，因为对这个研究中心的人员和成就了如指掌，而给我留下了深刻的印象。他们也确认了在马里农村建立起来的研究据点给边远地区带来了关于疟疾的更好的医疗保健和知识，没有这些，就不会有对这个疾病的最好的预防和治疗。

## /全球化科学作为外交政策的一个手段/

在巴马科 MRTC 的例子上，我们可以看到扩大和改善我们与其他国家之间关系的途径。科学，特别是与健康以及其他有共同利益的目标相关的科学，可以成为外交政策的有效手段。科学上的方法和发现在本质上是普遍适用的，并且科学行为的方式——用同一种语言，有着同样的目的和价值，有着经常通过真正的合作而产生的共享的资源和信息，这些都对改善关系具有建设性的意义。

1997 年的一天，因为我近期访问了马里，我被国务院邀请与其他几个官员陪同赴美访问的科纳雷总统共进午餐。让我懊恼的是，交谈的大部分内容是关于他这次竞选中不幸出现的违规行为——玷污了马里作为一个非洲国家支持民主原则的记录。为什么谈话不能更有建设性一点？特别是在有管理能力的科学家在场的时候，给予一部分午餐讨论的时间来商议在马里建造其他实验室和培训中心的可能，以补充已经在疟疾方面作出的努力呢？

我们同样需要在其他地方作出这些努力。古巴，举个例子，与美国的关系依然冷漠和僵持，哈瓦那（Havana）建立了一个非常优秀的生物技术中心，其中大部分成员在欧洲和北美接受过训练。这个中心是中南美传统疫苗的重要供应者，并且制造了针对一类脑膜炎的新型疫苗。当我在 1993 年和康妮作为期一周的古巴短程观光，并在那里作一系列演讲时，我为那个中心的科学家所表现出来的适应能力以及渴望听到能使他们工作更有效的生物学上的进展而深感惊讶。难道我们不应该鼓励我们的科学家和那些在哈瓦那为改善当地健康而与逆境作斗争的科学家们建立起联系吗？

遗憾的是，在一个对恐怖主义的恐惧和小布什为首的极端保守的政府占主导地位的时代，我们没能抓住许多良好的机会利用科学来改善与他国的关系，包括许多我们传统上的盟友，以及那些对美国公开表示敌意的国家。我们越来越多的对移民的敌对态度，获取签证的费力步骤，一些引人注目的拒绝给著名科学家签证的实例*，以及我们给贫穷国家在教育、科

* 对来自班加罗尔（Bangalore）的著名印度化学家戈韦尔丹·梅塔（Goverdhan Mehta）在“9·11”事件过去很长时间后的 2006 年 2 月的拒签，是格外令人尴尬的，并引发了对美国的许多愤怒的评论——尽管在那时移民局已经改善了一些“9·11”事件之后的策略。后来，当国务院试图批准签证时，颇感沮丧和羞辱的梅塔拒绝了。

学和技术方面所给予的少得可怜的关注——所有这些都破坏了我们在这个自由世界的领导地位。

总算在我们不断错失良机的时候还有一线光彩：在小布什期间制定的防治艾滋病总统紧急救援计划（President's Emergency Program for AIDS Relief，PEPFAR）和艾滋病—结核病—疟疾全球基金。但是除非我们在不久的将来改变我们的行为，否则，这样一组善行终会因为不当的行为而被遗忘。

为贫穷国家的健康和科学提供合适需求的那种经济和政治上的援助实非易事，即便对于更加开明的政府而言。在我 NIH 任期的最后几年，即使经费上有快速的增加，也很难倡导资金投向在美国罕见却在世界的贫穷地方普遍的疾病。福格蒂国际中心，这个完全致力于国际健康和研究的 NIH 的分部，因为在传统上资金很少，在 20 世纪 90 年代末期确有可能注资加速其成长，但这似乎并不能对它的资源和活动产生很大的影响，一部分原因是它缺少建立大而复杂的研究计划所需的人员。

在克林顿统治时期，我们也错失了一些机会为推动全球健康作出更加协调一致的努力。但是这种错失不仅局限于 NIH。美国国际开发署，传统上负责为发展中国家的许多有价值的计划提供资助，在那些年里却失去了威望和经费。举个例子，令我诧异的是，这个机构竟然没有疟疾方面的资深专家，所以不能为我们建立疟疾多边启动项目的努力提供智力上或者经济上的支持。并且，尽管在 90 年代末美国经济有长足的进展，尽管政府自称对发展中国家表示同情，却没有出现规模明显增大的人道救援计划。

在 1998 年，当克林顿夫妇准备在早春对非洲进行多国访问旅行之际，总统和克林顿夫人邀请了我和托尼·福奇（Tony Fauci）①，当时国立变态反应与感染性疾病研究所的主任，给他们非正式地简短介绍一下非洲的健

① 译者注：英文名中，Tony 是 Anthony 的昵称。所以 Tony Fauci 名字的正规写法是 Anthony Fauci，译为安东尼·福奇。

康状况、卫生保健和健康研究。我们与他们进行了交谈，特别是给第一夫人详细地讲述了艾滋病、结核病、疟疾和其他的传染和非传染疾病，并建议克林顿夫妇可以借此行来鼓励在这些方面更多的关注——即便在非常贫穷的国家。当他们的行程和讲话出现在报刊上时，许多话题都被强调了：旅游业和贸易，人权和民主，环境，经济，教育，但是没有健康和科学。这些被传递的信息和旅游本身对我们和非洲国家的关系是值得的，也是有益的。但是我觉得这位前总统，现已是面向医学的克林顿基金会的负责人，应该会同意他失去了可以改善健康和科学的重要机会。

在药物价格上的生硬政策和被一些（但绝非全部）主要的药物公司所采用的知识产权也使贫穷国家对主要大国的态度没有一点转机。尽管一小部分公司最近开始着力开发主要对发展中国家有用的药物，但这样开明的态度却因为显而易见的经济原因而少之又少。* 作为回应，当计划研究当地的植物、动物或者微生物，以作为有用化合物的资源，或只是环境或流行病学调查的一部分时，许多贫穷国家就会以一种怀疑的眼光来看待健康产业和它们富裕的东道主国家。如果健康科学要在贫穷国家达到最大的收益，更多的信任必须在富、穷国家之间建立起来。

当然，错过机会来更好地利用全世界的知识，在人类历史中屡见不鲜。但是不管有多少失败，机会总是存在，特别是当世界因为电信、航空运输和互联网而变得更小及更有互动性的时候。当然，全球化科学包括健康科学的可能性，要远远超出本章所简要勾勒的几个例子。在世界的许多地方，科学在传统上被忽视，或者只有不均衡的成就记录，现在都有了成长和感兴趣的迹象，譬如：生物技术和信息技术公司在印度激增；教育和

---

* 我记得 1999 年在西弗吉尼亚奢华的绿蔷薇度假村（Greenbrier resort）召开药物公司上层人物的年度会议时，我曾提议鼓励更多的投资来为贫穷国家流行的疾病治疗进行药物开发。在关于 NIH 政策的演讲末尾，我建议工商界建立一个什一奉献的计划：所有的大公司都从重磅药物的巨额利润里拿出一小部分来购买为发展中国家研发新药的新公司的股票。这样，最差的结局是，这一小部分资金丢失了，但是会有良好的感觉产生（译者注：比如因为奉献和助人为乐）；最好的结局是，可能从这些新的治病救人的药物中得到利润。我的这个想法遭到了嘲笑、反对和沉默。

科技企业通过美国大学和波斯湾国家（卡塔尔、阿联酋和沙特阿拉伯）之间的合作而被建立起来；基础科研的设施和基金也在亚洲的一部分地区（特别是韩国、新加坡和中国）甚至非洲国家（比如南非和卢旺达）增长。在欧洲，传统上强有力的科学程序因为集中资源，诸如欧盟提供的额外资金而更为增强了，那些科学计划相对较弱的国家，比如葡萄牙和希腊也较原先改良许多。在塞浦路斯——一个依然被土耳其和希腊之间的冲突因素折磨的国家，一个新的研究型大学——塞浦路斯学院正被建立，它将以能源、环境、经济、考古学和健康等科学计划而为地中海盆地的东部地区服务。

这些是一个被能源短缺、环境恶化、气候变化、持久性疾病、低劣教育系统和在为所住居民提供水和食物上的艰难所困扰的世界里充满希望的迹象。没有轻易的方法可以摆脱这些困境。但是任何解决的方法都需要科学上更广泛的追求和应用。为了达到这个目的，整个世界都得参与科学。在全球化科学的进程中，这个世界很有可能变得更美好，缘由之一，只是简单地因为科学家们开始工作在了一起。

# 第 15 章　互联网时代的科学出版和科学图书馆

我想让一个贫穷的孩子如王国里最富有的人一样，有着同样的方式纵容他习得的好奇，跟随他理性的追求，咨询一样的权威，探究最复杂的疑问。

——大英博物馆第一任图书馆长安东尼奥·潘尼兹（Antonio Panizzi）于 1836 年

互联网和平面电脑改变了科学实践的几乎任何一个领域，生物医学也不例外。今天，大多数科学家用 20 或 30 年前无法想象的方式在获得、利用和产生信息。这些改变深刻而富有争议地影响了任何科学生涯中最核心的一个方面，即我们出版、传播、阅读、存储和检索科研文献。

在这一章里，我将描述这个日新月异的场景里最显著的两个特征——公共数字图书馆和“开放存取”出版（“open access” publishing）——二者都依赖于数字世界的非凡特征：文章的一个拷贝就足以通过电子化的方式，在不需要额外费用的情况下，迅疾地传递给在任何地方的任何人。这一章节也会揭示在将近十载的岁月里，我一直是这个新图书馆和新出版方式热情的支持者。因此，本章的记录也将反映出我在这些主题上的个人经验和激情。

科学公共数字图书馆是科研文章、期刊和书本的汇总。它们构成了出版物的“数据库”，并可以被有互联网链接的任何人飞快地搜索到。不同于由图书和期刊的纸张拷贝所组成的传统意义上的公共图书馆，由于它们被读者接触到的可能几乎是无限的，因而对依赖于图书销售和订阅的出版商构成了威胁。因为这种经济上的威胁，尽管近来有所改善，但我们依然与萃集开放数字图书馆并使其成为知识之仓廪的目标相去甚远。

开放存取出版的运动则需要在科学信息的发布方式上有更为彻底的改革。它的目标是将源于开放存取杂志的网站和公共数字图书馆的文章立即而免费地传送到所有人手中。比起传统出版商通过使用途径上的限制来盈利，以订阅纸张副本的方式来为他们的杂志融资和要求购买许可来阅读数字版本，开放存取出版社因为使科学信息能被更广泛和更快速地获取而显得更为有用。但是像基于订阅的出版商那样，开放存取出版社也需要支付一些实际的消耗，诸如杂志的审阅、编辑、制造和格式化。因为放弃了订阅收费，开放存取出版社就采取了另外一种商业模式：这些费用由作者来支付，或者更为常见的是，由支持这一行为的机构来资助。*

总体看来，公共数字图书馆与开放存取出版对科学和社会大有裨益：公平（能够普遍而不受约束地传递知识，主要是公众基金的产物）；更有效的科学实践；节约总开支。

每一个人都同意信息技术已经完全有能力完成为现有的生物医学文献建立起丰富的数据图书馆，并将出版行为转变成公开存取的模式所必需的任务。但是，正如本章将会显示的，巨大的障碍减缓了这些加强科学文献用途的方法的建立。传统的出版社担心数字图书馆和商业模式的改变会造成订阅收入的巨大损失——降低商业出版商的利润（现在他们的利润往往是超过30%），影响一些科学团体通过出版刊物来赞助其他有价值的活动或者支付工作人员薪水的能力。许多实验室科学家也曾抵制这个新发展，出于对现有期刊的忠诚、担心破坏支持他们事业成长的文化环境或者对于开放存取出版如何开展工作的误解。

---

* 开放存取出版的正式定义和特征在位于霍华德·休斯医学研究所总部召开的一次会议中达成了共识。与会者皆是对这一行为有兴趣的团体。会议在2003年春季马里兰的贝塞斯达召开。

## /成为新实践的倡议者/

早在 1999 年，我作为 NIH 主任的最后一年，我变成了一个创造和使用科学文献新方法的激进的执行者。我曾经和我的同事一样，对科学杂志社的工作和科学图书馆的演变漠不关心。我没有想过杂志社是如何发送它们的印刷物的，它们的薪水是怎么支付或者它们可以赚取多少利润，或者文章发表后谁有所属权。像我所在领域的每一个人，我为搜索科学文献诸多方面的改善而高兴。特别是，我学会了喜爱 PubMed，这是 NIH 旗下的国立医学图书馆（National Library of Medicine）为全世界每个人创建的免费网站。

PubMed 不是一个真正的图书馆——它没有全文。但是它提供了一个非常重要的图书馆工具——数字卡片目录，以允许任何人寻找作者和标题，并在大多数情况下有来源非常广泛的医学生物研究文献的摘要。这些目录因此是出版的科学和医学工作的非常便利的向导，并解释了为什么每天有数百万人——不只是科学家和医生——在使用 PubMed。此外，如果在向所需文章所属的杂志支付了订阅服务的学院工作，就可以通过该学院的图书馆连接到该杂志，并打印出全文——如果该文章有数字化版本。*

在我眼界未开，尚不能看到通过电子途径可以更广泛地接触到科学文献之前，我没有仔细考虑过现有的系统到底能为那些不隶属于主要学习中心，因而也不能接触到 PubMed 中所列文章之全文的人提供怎样的服务。我也没有考虑过创建出 PubMed 的计算上的进步能否被用来作出更为重大的改变，而使得我们出版、储存和传播科学报告的系统能够变得更有效与更公平。

我当然意识到期刊在所有科学家的生命中所具有的巨大意义。从我作

---

* 只有少数杂志社有在 1990 年前出版的文章的电子版。越来越多的印刷版本需要到图书档案馆里寻找，因为大多数学院的图书馆都大幅度地减少了它们可以存放印刷刊物的空间。也因为多数科学家现在懒得使用印刷版本，我们科学遗产中的大部分现在也鲜被光顾。

为一个实验室科学家的角度来看，我知道哪些期刊可能发表我所关心的文章——那些有较高的学术标准，良好的声誉，并专注于我的特殊兴趣，比如病毒学、肿瘤遗传学或者肿瘤细胞生物学的文章。毫不奇怪，这些是我每周或每月翻阅的期刊，以带给我新的信息，并常常为我自己的工作带来灵感。但是我很少思考过出版界赖以存在的根本原理或者它的操作。

这种态度并不是简单的自私。我的同事和我有很好的理由来尊重我们喜爱的期刊——因为它们出版的质量，也因为它们编辑过程中的严密性和美学。但是我们对这些期刊的忠诚也有自私的成分，而这种自私正阻碍我们思考如何来改进出版和分发的方式。对这些期刊接受并发表我们文章的感激，对以后的文章被接受的希望，以及成为科学界良好公民的传统观念，都让我们愿意以各种方式为期刊效力。举个例子，像我的大多数同事那样，我把我被接受的文章的版权毫不犹豫、毫无怨言地交给了出版社，我还大方地贡献了我的服务和时间来审阅与编辑其他人的文章。我把这些经常要每周花费几个小时或者更多的行为看成是对科学界应做的事（有些努力我们本身就有兴趣，有些则是指导受训者如何对新的工作进行评论性阅读）。我不认为我曾经为经常替股东（营利部门）或者科学界（非营利部门）挣大钱的期刊提供过免费的劳动。

偶尔，我也为出版中长时间的拖延，彩色照片或文章重印的要价过高，或者是昂贵的订阅费（尽管那些费用很多是由科研经费或学院图书馆来支付）而感到遗憾。但是我一直没有对科学家如何出版以及我们的学院如何来存储和分发那些出版物形成一个连贯的想法，直到1998年末，我在斯坦福大学的同事帕特·布朗（Pat Brown）[①] 促使我思考这些重要的问题：科学界是否在很好地利用互联网和新的计算工具来改善出版工作与文献的使用？电子公共图书馆能否比 PubMed 目录里所储存的题目和摘要提

① 译者注：Pat 是 Patrick 的昵称，所以正规的全名翻译应是帕特里克·布朗。他曾是本书作者和迈克尔·毕晓普在 UCSF 时的博士后。现为美国科学院院士，并以研制出 DNA 微阵列（DNA microarray）而广为人知。

供更多的内容——比如发表物的全文？如果从 DNA 测序所获得的信息，比如人类基因计划，可以在网络上自由而完全地得到，我们为什么不能以同样的方式对科学文献有所作为呢？

在帕特·布朗的指导下，我很快学会了新的出版方法和规划了建立公共数字图书馆的前景。当我还是 NIH 主任的时候，我就成为这些新方法的忠实倡议者，并帮助建立了生物医学科学的第一个公共数字图书馆——PubMed Central。自那以后，我开始着迷于扩大这类图书馆和创建开放存取刊物的目标。现在，八年多过去了，我每周继续花很大一部分时间倡导着这样的图书馆和出版行为，以使得世界上的科学文献变成更加强大和更容易被触及的资源。特别是，我依然深入地参与着一个叫做科学公共图书馆（Public Library of Science，PLoS）的组织的监督工作。PLoS 是一个包括我在内的三个群体在七年多前建立起来的开放存取出版团体，目前正欣欣向荣。

在这一章里，我会描述我的转变是如何发生的，为什么关于出版行为的战斗会如此艰难，还有 PLoS 想实现怎样的目标。但是首先我需要解释为什么这个问题对科学家那么重要，又为什么它对其他人也同样的休戚相关。

## /科学家如何被出版行为所影响/

正如适当的资金是一个联邦机构的“命脉”，发表文章则是工作中的科学家在事业上的“命脉”。发表是研究者告诉他或者她的同事，通常是整个世界以及后人，通过一系列实验，他或者她发现了什么，并且这些发现在预先存在的知识之光下可以怎样被解释。通过发表文章，一个个人的（或者，更常见的，一个团体的）实验工作和想法就会成为科学结构的一部分——是可以被谈及、被争论、被羡慕、被在其上建立、被批评甚至被忽视的东西（但是在更多的时机中可能被再发现）。

这些书写的记录从深入务实的角度讲，对一个科学家事业的成长也很重要。这是一个科学家在每一个阶段被他人评估时最具决定性的方式——在事业的早期阶段，当寻找博士后和第一份工作时；在事业中期，当需要被决定升职和接受终身制时；在后期，当一个研究者可能是奖项的候选人或是被选举进入科学院时。

在一个理想的世界里，所有的科学家都可以通过仔细阅读所有其他科学家的工作，或者至少所有同一领域里科学家的工作而增长他们的知识。这在生物医学科学领域曾经有可能，特别在20世纪前，即便在最近的20世纪60年代——当时的生物学和医学领域用现在的标准来说还相对较小。但是我们的科学界成长得过于庞大，单就生物医学来说，仅在遗传学或者发育生物学或者肿瘤学领域，每年所发表的文章数目对任何一个人来说都太大，以致只能抽样来阅读，借此希望能够发现对自己的工作最重要和最有用的东西。

在这种情形下，面临着需要有选择性地阅读，我们都寻找着方法来提高有效阅读的机率。一个历史悠久的方法是浏览——阅读我们从个人经验里学到的最有可能包含我们认为有价值的文章的期刊的目录。这样的扫描旨在确保我们能遇到广袤的生物医学研究中几乎每一个极其重要的内容，以及在我们特别感兴趣的领域里大多数有显著意义的东西。浏览经常通过订阅大概一打精挑细选的期刊——有些涉及面广泛，另一些则是特殊领域内的翘楚——通过阅读每一期文章的题目、作者及相关的摘要，最后是仔细而评论性地阅读一小部分文章。

另一种接近科学文献的方法是通过搜索——利用任何可用的工具来系统地查询一群大得多的期刊，来发现探讨一个感兴趣的特殊主题的文章。20或30年前，是通过使用“医学索引”（Index Medicus）——一本印刷出来的大部头书，其中按照题目和作者列出所有的文章。当我们需要学习一个不熟悉的主题的最新信息，或是不想忽略主题熟悉的文章发表在不熟悉的杂志上，像我这样的人就需要定期赴我们学院的图书馆去查询“索引”。现在，当然，个人电脑和数字化数据库已经改变了我们的习惯。在至少过去的 10 年里，搜索生物医学研究文献的文章已经可以通过使用（特别是）PubMed——这一关于题目、作者和摘要的 NIH 网络档案，而做得更为容易和彻底。

## /PubMed：优点和局限/

PubMed 数据库汇集了过去几十年里发表在合法的生物医学研究期刊上的所有文章的题目、作者和摘要。每天都有几百万人，并不只有科学家，在使用它。（其他人包括学生、教师、记者、生物技术和药物公司的观察员、科学政策分析师、病人及其家庭以及疾病宣传组。）使用的方法很简单：输入一些关键词或者是一个或两个作者的名字，搜索引擎就会马上输出一个列有作者、题目和刊物引用的长单，其中大多数项目还有摘要。

但是如果使用者想看整篇文章，而不只是摘要的时候，就会颇感懊丧。直到 2000 年初，要看到整篇文章，只有当使用者有自己的用户账号，或是在一个订阅了发表这篇文章的期刊的学院内工作时，他或她才可以通过学院的图书馆链接到期刊的网站阅读全文。最近，正如我会在下面详细描述的，这种情形由于 NIH 的叫做 PubMed Central 的全文公共数字档案的建立而开始有了改善。但是，对于大多数提供给 PubMed 使用者的标题，登录全文要么会被拒绝，要么在支付给出版社费用后才会被允许（大约每篇文章在 20～30 美元范围内）。

毫不奇怪，这些障碍会让许多人恼火——特别是那些意识到研究的很大一部分是由他们的税收收入资助的，那些文章又是由学术科学家免费撰写和审阅的，并且费用和使用限制又是出版商向那些已经无辜地放弃了版权的作者强加的人们。在著名研究机构的科学家当发现在家里或在旅途中试图从不属于学院网络的电脑终端搜索 PubMed，却不能看到全文时也会感到懊丧（同时对没有很好网络链接的个人产生同情）。

## /为什么科学家钟情特定的期刊/

尽管有搜索全部文献的重要性和吸引力，我们几乎全都保持着对一些特定期刊的忠诚和订阅。这些期刊通常有非常高质量和趣味性的文章，特别是诸如《科学》和《自然》这样的期刊还包含论文、书评、政治故事和评论、讣告及其他的特征。对这些医学研究里数以千计的期刊中的一小部分的忠诚，也体现了建立在文章引用频率上的期刊的等级制度。这种期刊的排名现在已经对科学文化和高等教育产生了深刻却令人反感的影响。在那些最著名和经常被引用的期刊上发表，已经经常被作为一种目标和优势，而没人顾及个别文章的质量了。因为文章被诸如《科学》、《细胞》（*Cell*）和《自然》等杂志接受，或者甚至被这些"旗舰"期刊的下属杂志（诸如《分子细胞》（*Molecular Cell*）或者《自然之生物技术》（*Nature Biotechnology*））所接受而被赋予的地位，都在一个教员的招聘和晋升中具有无可争辩的影响。

对期刊的所谓影响力的追踪——通过对文章被引用次数的测量——现已形成被称为"文献计量学"（bibliometrics）的小型产业。其中最有名的（或者说最臭名昭著的）指标之一——"影响因子"（impact factor），是基于每年一种期刊被其他文章引用的平均频率。对这种"假科学"的过分关注，特别是在欧洲和世界的其他部分，已经对科学家的招聘和晋升评估造成了恶劣的影响。这种指标当然并非与期刊的总体质量毫不相关，但它们只是一个平均值，因而就不能适用于所有的文章。并且，这些数目还受其他因素的影响，包括在一个科学领域所发表的文章的数量。（如果在某个特定领域发表的文章较其他领域多，那么对这个特定领域里文章的引用次数也会相应地高些。）*

看好谁的文章发表在特定期刊的倾向——最著名的要数《自然》、《科学》和《细胞》——已经造成了对研究生和博士后的不健康的强制行为，

* 打破这种以期刊等级制度和影响因子占主导地位的最好的方法是，一个学院领导能够说：在对一个候选人进行任命和晋升的评估时，必须对该候选人的最好的文章进行评论性的阅读，而不只是对发表在顶级杂志上的文章数进行算术运算。在纪念斯隆—凯特琳癌症中心，我们达到这一目的的做法是：要求那些被推荐为顶尖教员的人员描述在过去的几年里，他们最好的5篇科学文章的重要性，并要求晋升委员会阅读和评价那些文章。

而他们要发表在这些期刊上的努力又进一步地强化了这种等级制度。因为这些压力，一旦选定了发表的地方，期刊之所以合理的其他方面（审阅过程和标准，允许的文章长度，分发和访问的策略，图片的编辑和介绍）就会在很大程度上被忽略。这就对新的期刊造成了困难，特别是具有更有效或更开明政策的期刊，包括闯入等级制度的开放存取的出版方式。

## /科学出版的简史/

事情为什么会变成这样？在300多年前，至少从第一个被认为具有真正意义的科学杂志《哲学会报》（*Philosophical Transactions*）的第一期开始，英国伦敦皇家学会就在1665年采用了文章印刷——科学的书写记录，并将文章分发给订阅者或是存储在私人、学院和公共的图书馆里。相比较在科学精英会议上宣布和展示发现，并由各个作者记录在一个大部头书里的系统，创建作为科学短文之简编的科学期刊，并每年出版几期，是一个令科学民主化且扶植科学发现之相互交流的大事。同时因为由科研同事贡献的审阅过程（同行评审）的建立，质量就得到了一定的保证。订阅费维持了科学界的出版，并最终为商业出版社带来了利润——特别是当科学家和研究机构的数目增长的时候。

这个系统在几百年里运营得相当不错——只要国际科学团体还相对较小，期刊的数目相对有限，以及想阅读最新发现的人群能足够接触到出版的期刊。另外，在当时也没有明显的替代方法。但是，我们现在生活在一个完全不同的世界。今天，在生物医学领域就有超过6 000种的期刊和无数的专论。几乎所有这些都是由一些庞大的营利出版公司（大多数是跨国的）和一小撮非营利的科学团体及学院出版的。科学和医学被认为在我们的社会中起着重要的作用，并且除了科学家和医生之外，还有许许多多的人想接触新的信息。科学也越来越成为一种全球行为，而非只是局限在大多数发达国家的学术机构和工商界。所以靠纸张来发布信息的传统做法再也不能很好地完成有效地传递给潜在读者的任务。但是，最重要的是，我们社会利用和传播信息的方法已经被计算机科学与互联网根本地改变，尽管信息技术对科学出版的影响才刚刚被触及。

### /科学出版的商业/

出版科学杂志的经济学非常特殊，并与出版业其他部门的很不相同，大部分是因为作者——不计稿酬地为出版社撰写文章的科学家——求名而非求利。* 当写完稿子，并对评论性审读（通常也是其他科学家提供给期刊的免费工作）作出相应的修改后，这些科学家作者就会庆祝文章被接受——通过将他们理应保留的版权转让给出版社，而不是像大多数职业作家所期望的签署关于报酬的合同。此外，不少出版社还会要求作者以“按页收费”的形式，或者因为加印和诸如彩照等特殊服务支付费用。然后，出版社就会把那些期刊卖给个人（大多数是科学家，其中很多也经常是作者）和学院（那些作者工作和阅读的地方），通常有超过30%的高利润。这些费用中的大部分——特别是出版费和学院订阅费——则由政府和承诺资助科学工作的资助机构来承担。总括起来，这代表了出版界一个较大的津贴补助，现在每年大概由NIH资助10亿美金——要么通过出版费用和从各自的科研经费拨款给订阅费的方式直接支付，要么通过对研究学院图书馆订阅费的支持来间接支付。从资助机构的角度看，这些费用是合理和必需的。它们只代表了科研费用中相对较小的一部分、一个小比例；而且，除非发表了，否则科学工作就不会为人所知，也对知识的增长无关。但科研资助者同样有兴趣来控制出版的费用和增强对所有发表的工作的访问。

因为每一个科学报告都有它独到的特征和独特的发现，又因为科学家对他们新发现的原始描述只发表一次，因而，所有的科学期刊都包含了没有在其他地方发表过的文章。从这个意义上讲，它们具有天生的垄断性——对

* 尽管科学家从未因为撰写原始研究报告而得到稿酬，他们却可以因为撰写综述或者短文来得到补助，并且因为写书，特别是在中学和大学课程里被广泛用到的教科书而经常获得丰厚的报酬。比如，我当然也期望通过写作此书得到一点即便不算丰厚的报酬！

同一内容没有可以相互竞争的期刊。因此，如果是需要的信息，而又不能从其他地方得到，这个杂志就可以向订阅者索取高价，特别是对那些学术研究机构——因为依赖科学家去获得政府的经费，并且觉得有义务要满足科学家们对这些期刊的需求——尽管它们极其昂贵。（比如在纪念斯隆—凯特琳癌症中心的图书馆，我们订阅的 20 种期刊的年费用要超过 5 000美元。）当大型商业出版社出版质量和需要量不均衡的期刊时，它们有时候就会采取“捆绑式”的销售办法，特别对学院而言，为了得到非常需要的产品，就会被要求在适度降低费用的情况下订阅可以说是上百种无关的期刊。*

不用说，这样的买卖对诸如里德·爱思唯尔（Reed-Elsevier）这样的大公司的股东来说自然是收益颇丰。这个欧洲集团引起了像我这样的人的愤怒。它拥有在科学、医学和工程学方面的数千种期刊，有些是值得尊敬的（譬如《细胞》和它的姊妹杂志），但很多服务于非常专门的领域却颇为平庸，也很少被引用。通过结合学院的昂贵订阅费、捆绑手段和其他的商业行为，这些公司可以赚得盆满钵盈，正如投资公司贝尔·斯登（Bear Stearns）描述的：“股东们梦想成真。”

许多科学学会也开始依靠期刊超过生产成本的订阅收入来支持它们的其他善举，比如组织会议和为科学家的事业提供帮助。一些学会还宣称它们通过给予期刊订阅费的折扣来吸引新会员。** 这些学会中的大部分对任何有助于更好的访问的运动都高度抵制，甚至到了与国会指令（为诸如 PubMed Central 的公共图书馆作贡献）争斗的地步，并对作些许改变的测试都犹豫不决——即便是那些私人机构都曾设想过的改变，譬如让作者支付开放存取的选项服务。这些僵化的政策大多数被学会工作人员所拥护。

* 在过去的几年里，对里德·爱思唯尔集团之类采用这种方法的学术抗议改善了签约合同，但这种行为依然存在。

** 尽管这种办法会随着学会转变成开放存取出版而消失，它们依然可以通过降低会员的作者费用来达到同样的目的。

他们（不同于每年更换的来自科学界的学会负责人）有长期的任命，依赖于学会的收入付给他们薪水，知道财政方案历来如何运作，并通常有可以理解的对他们杂志传统特点的忠诚。但尽管如此，并非所有的学会都这样运作。有一些，像美国细胞生物学会（American Society of Cell Biology），并不依赖它们的期刊作为收入的来源，而是通过会员费和会议费来得到它们收入中的大部分，这就允许它们从科学家和公众的角度来考虑它们的出版行为。

如果订阅费没有严重限制整个世界对那些期刊的访问，科学期刊出版商所挣得的利润也就会遭到较少的反对。即便在美国和其他领先的经济体（科学工作大部分通过公共资金得以进行），如果不是一个隶属于富有的学术机构的教员或者培训者，或者受雇于开展科学工作的大公司，要想看到这些期刊中的大多数并非易事。在这些发达国家以外，几乎不可能访问这些期刊，除了由富裕国家的科学家捐赠的拷贝（通常是过期的）或者是一些出版商免费提供给只有少数科学家的最贫穷国家的电子版本。

科学期刊价格上涨的第二个不幸结局最近在学术部门表现明显。那里，期刊需求量最大，并且科学家（带来大多数经费的人）对图书馆的决策又有不成比例的影响。因为现金短缺，图书馆必须通过削减在其他领域里期刊和专著的购买——诸如文学、历史和社会科学，以补偿在科学期刊里的费用。正如历史学家和图书馆馆长罗伯特·达恩顿（Robert Darnton）在几年前所指出的，学术图书馆购买力的丧失将影响大学出版社出版人文和社会科学方面的学术著作。

## /我的转变：一个基本的决策/

近10年前，我忘记了还有可能性去改变科学发现的传播途径。像其他的科学家一样，我期待在我认为最好的期刊发表我的工作成果，我订阅了我钟爱的杂志，并且我工作在订阅了其他我可能会用到的期刊的学院里。

我为像 PubMed 那样的电子索引喝彩。（1997 年当副总统向公众揭幕 PubMed 时，我正以 NIH 主任的身份在场。）并且，我不断意识到一些出版社提供给订阅者的电子版文章的便利。

但是我的见识突然在 1998 年 12 月的一个早晨与帕特·布朗喝咖啡的时候开阔了。那个咖啡馆之前是颇有名气的塔萨嘉瑞面包店（Tassajara Bakery），坐落在科尔（Cole）街和帕拿苏斯（Parnassus）街的交接处。当时我正走访旧金山。帕特是斯坦福大学一个卓越非凡的医学科学家，曾在 20 世纪 80 年代和迈克尔·毕晓普以及我一起工作过，并首次证明了逆转录病毒可以正确地将它们的 DNA 整合到试管中（并非只在完整的细胞里）的另一个 DNA 分子中。* 在我们共进咖啡的几个礼拜前，帕特学到了在洛斯阿拉莫斯（Los Alamos）的物理学家保罗·金斯帕格（Paul Ginsparg）和他的同事用来允许物理学家和数学家通过互联网共享工作成果的方法。他们通过在可以被公开访问的网站（被称作 LanX 或者 arXiv）张贴“预印本”（文章尚未递送或者尚未被出版社接受）来让任何人阅读和批评。帕特向他自己实验室的团体演示过这些做法。之后的讨论促使他思考将生物医学的科学著作发表在网络上的可能性。考虑到我们领域的巨大规模以及和物理学的许多文化差异，我们或许需要一个和物理学家所使用的方法不太相同的模式。

起初，我只能倾听。但是我足够知道用数字化方式来介绍文章的好处和用搜索数据库来找到完整文章的优点，另外，出版的费用也让我意识到帕特的想法值得更多的关注。当我回到我在 NIH 的办公室，我看了金斯帕格的网站，以电子邮件继续着和帕特的交谈，然后开始思考基于互联网的生物医学研究文章的分发和存储如何能够让我们已有的方式发生翻天覆地的变化。

---

* 后来，在位于斯坦福的他自己的实验室，帕特·布朗建立了一些在选择的细胞类型或组织里观察几千个基因活性（即转录成信使 RNA）的首创方法。这些被称为高通量阵列的方法改革了分子生物学的研究行为。帕特也因为他具有想象力的工作而得到了公正的各种方式的嘉奖。

## /注意到这个问题：电子化生物医学（E-Biomed）/

我越思考这个问题，越认为对生物医学研究报告在出版、传递、存储和使用方法上的根本性的重塑是可能而且有益的。因为一种热情和政治上的天真，我写了一篇很长的声明，提议创建一个由 NIH 资助的称为 E-biomed 的网络系统。

这个网络系统主要的目标是创建一个科学报告的中央存储库，以使所有的互联网使用者都能立即进行数字化搜索和浏览。许多文章只是现有期刊的简单的网络版，它们由编辑委员会经过传统的同行评审后被接受发表。另一些文章则呈递给在 E-biomed 系统发表的新的网络期刊的编辑委员会，并由他们进行审核。但是 E-biomed 也会在一个单独的栏目中刊登没有经过传统方式的同行审评的报告，包括在通常情况下根本不会被发表的文章，比如那些描述一个新方法或新想法的，或者报道来自实验或临床试验的阴性结果。建立和维护这个电子平台与软件的费用由 NIH 承担，但是审阅、编辑和出版的费用则由编辑部和组建他们的组织来支付。一个国际理事会将监督运营并制定规则。

当我把我的 E-biomed 展示给一些朋友和 NIH 所长们后，在 1999 年 5 月初，我又大着胆子把它寄给了许多科学家和新闻记者，并把它张贴在 NIH 主任的网站上。它的确引来了关注：好几打文章出现在了主要的报纸和领先的科学杂志上，而且我也收到了来自世界各地的科学家们和其他评论员的几百个回应。除了许多鼓励外，也至少有同样多的批评、顾虑和麻烦的问题。6 个星期后，我在原先 E-biomed 的声明上张贴了一个补遗，来试图作出回应。有一些比较容易回答：NIH 并不是要试图取代传统的出版业；未经同行评审的内容会和那些经过传统方法审阅的文章作出明确的界定；内容会被正确地归档；诸如此类。但是其他的问题就比较难以对付。最重要的是，我没有解释在一个订阅费即使没有完全取消却也肯定会减少的系统里，如何来支付期刊出版的费用。

回过头来看，我明白我当初失败于没能提议一个清晰的金融计划来运作我们现在被称作开放存取的出版模式。我只是假定科学家在发表文章上有强烈的忠诚，而我则想用一个具有吸引力的、改变科学出版并促进更好的访问和利用的提议来说服他们接受数字化出版的优点。但事实上，大多数科学家都对他们喜爱的期刊比文章本身更珍爱。他们寻求向一个日益电子化的世界更温和的过渡，一种不会威胁那些期刊可行性的过渡。科学家的其他成员，包括愿意接纳这些观念的人则担心：E-biomed 会破坏同行评审；那些多彩、多层次的优秀期刊会被灰色单调的政府式报告所代替；NIH（从而联邦政府）会控制科学出版的各个方面；他们专业学会和传统上被喜爱的期刊会被这个网络主宰所破坏。这些顾虑中的一些可以被回答，另一些则促使我在形式和内容上对提议进行修改。

令人失望的是，最尖锐的反对来自许多受人尊敬的科学和医学学会的成员，其中包括一些（诸如美国生物化学和分子生物学学会（American Society of Biochemistry and Molecular Biology））在各自的期刊里率先为科技文章采用电子格式的先锋（比如《生物化学杂志》（*Journal of Biological Chemistry*））。他们说我是在贬低他们过去和现在为改善出版行为而作出的努力，并威胁将撤销对其他公益活动的支持。其他学会则欢迎这个传播科学工作的新构想，特别是美国细胞生物学会，最终令它的期刊《细胞的分子生物学》（*Molecular Biology of the Cell*）基本上是开放存取的。

那些营利出版社也很不高兴，并且派遣出他们的超级说客——前国会女议员帕特·施罗德（Pat Schroeder）来到国会山（Capitol Hill）与我拨款小组委员会的成员进行交谈。即便是我在国会里最有力的支持者约翰·波特也因为她的拜访而深有顾虑地让我到他的办公室解释我的意图——这是令我们俩都觉得不舒服的一次谈话。据他所说，施罗德宣称我试图通过让 NIH 变成一个联邦出版公司，来破坏自由的企业制度。一些来自施罗德和其他人的警告旨在呼吁他对自由市场的信仰，尽管我并没有企图要消除出版商对读者或者对作者的竞争。必须承认，如果 E-biomed 采用了它原初的模式，许多参与的期刊将会有收入损失。这个提议缺少可以信服的商业计划。但是在那个阶段也没有必须要参与的义务。

## /E-biomed 如何变成公共图书馆：PubMed Central 的诞生/

尽管有来自各方面对 E-biomed 经久的反对，但到 1999 年底，我准备离开 NIH 去纪念斯隆—凯特琳癌症中心时，我的确实现了一个值得指出来的重要成绩：开放了生物医学报告的全文数字图书馆。在对 E-biomed 提议的讨论和后续的修改过程中，我得到了大卫·李普曼（David Lipman）很多明智和具有高度信息量的建议。大卫是 NIH 在国立医学图书馆的计算机科学部门的负责人和站在 PubMed 后面的天才。他比我更早地意识到 E-biomed 提议中最引人注目并可以实现的特征并不是复杂的基于网络的出版计划——出版行为上的改变需要更多的辩论，最好是在 NIH 的管辖范围之外，以能被科学界接受。

但是大卫看到了实现 E-biomed 的另一方面却“近在咫尺”，即建立起全文公共数字化图书馆。他意识到这类数据库能被创建起来——尽管有意料之中的来自出版商的阻力，但如果文章的存放发生在出版时间的几个月之后，那么期刊赖以存在的订阅制度就不会受到严重的侵蚀。*

到 1999 年 8 月末，主要是因为大卫的努力，我们颁布了一项公告：“一个 NIH 运营的用来电子化发布生命科学研究报告的网站”——称作 PubMed Central，已闪亮登场。正如 8 月份发布公告时所设想的，PubMed Central 将比 E-biomed 的雄心要小。它将在产生期刊中没有作用甚至是间接的作用。但是这个新的存储库将按照原先 E-biomed 提议里对存储库的描写那样来进行组织，包括一类报告是“筛选却未经正式的同行评审的”。当 PubMed Central 在 12 月底启动时，那些提议里富有争议的部

* 图书馆研究显示绝大多数订阅者仅浏览发表之后几个月内的文章；之后，他们则通过搜索来找到他们感兴趣的文章。所以，推迟 6 个月让文章在网络上可以被免费访问，将会阻止大多数读者取消订阅。所以，这种做法不会对订阅制度造成很大的冲击。

分也被废除了。

保留在 PubMed Central 计划里的似乎是实用和可被实现的。这个新的数字化图书馆将让所有的互联网使用者都能访问陈列在 PubMed 里的，由各新老期刊自愿提供的经过同行审评的文章——最好是在发表后的 6 个月内的。重要的是，PubMed Central 将和 PubMed——这一早已被尊重和经过时间考验的 NIH 服务作出便利的整合。版权可以被期刊保留，而不需要像 E-biomed 提议的那样为作者所拥有（现在对开放存取出版也是如此）。

我们天真地以为会有许多期刊愿意参加。出版和存放之间的间隔将保护它们的订阅机制。让文章更容易被访问将提高它们的声誉并能为公众服务。而且科学家们也会感激这种访问（别人对他们的工作和他们对别人的工作）的增强。但起初，PubMed Central 几乎是空的。大卫、帕特·布朗和我说服了几家出版社来捐献他们的资料作为一个试验——《美国国家科学院学报》（*the Proceedings of the National Academy of Sciences*，PNAS）是我们最大的成功——但是几乎所有基于订阅服务的杂志社都非常紧张，如果不是反对的话，并担心众所周知的滑坡效应，即随着出版和提交间隔的缩短，订阅人数便会减少。一个在伦敦有创新意识的商业出版家维特克·特拉茨（Vitek Tracz），充分相信免费提供科学报告的优点，于是他创建了一个新的组织，叫做 BioMed Central，来建立一个开放存取的数字化期刊——其收入来自作者的费用和广告费。这个名字显然是对 PubMed Central 的尊敬，而 BioMed Central 的文章在发表时即存放在数字图书馆，并在早期构成了 PubMed Central 内容的很大一部分。

为了让 PubMed Central 能够兴盛起来，并让科学家们体验到它的优势，必须要让更多现有的期刊——特别是最有名望的那些，来提供它们的文章。建议的发表和存放之间的间隔也从 6 个月被延长到了 1 年，以希望会有更多数量的期刊参与进来。到 2000 年，我已不是 NIH 的主任了，但仍被国立医学图书馆邀请成为 PubMed Central 的咨询委员会的成员，其中还有帕特·布朗和保罗·金斯帕格（物理学预印本网络档案的发明者）。

我们当中那些新公共图书馆的坚定倡议者认为出版社的不情愿参与是不可接受的阻挠——毕竟，那些出版社依赖于被公共基金资助的科学家来提供免费的服务，并产生它们的期刊，可它们却不愿意为了那些科学家们的工作而改善公共访问，即便在提交前有一年的延迟——而这并不会对它们的订阅费产生很大的影响。

## /科学公共图书馆的诞生：从倡议到开放存取出版/

帕特和我决定采取政治手段。在这样做的时候，迈克尔·埃森（Mike Eisen），一个年轻的特别聪明的计算生物学家加入了进来。他在结束斯坦福帕特的博士后研究后，最近成为加州大学伯克利分校的教员。在2000年后期，帕特、迈克尔和我写了一个有目的的简短声明——我们叫它誓言，出版商则称它为抵制——其中我们说，从现在起一年后，签字者将不再向拒绝把文章存放到PubMed Central上的期刊提交文章，提供审阅或编辑服务，或者购买个人订阅。我们将我们的宣传活动称为打造“科学公共图书馆”（PLoS），来表示我们要建立一个向所有人开放的科学图书馆。

来自100多个国家的3万多位科学家在这个誓言上签了名。这场运动引起了科学出版社的关注，并在我的同事中间激发了讨论。但是，在接下去的一年，在生物医学科学的大约6 000种期刊里，仅有少于100种的期刊同意参加，其中没有多少是排名突出的。这个可怜的参与程度使得我们的誓言很难被执行，因为受训者和羽翼已丰的科学家都有可以理解的需要来将他们最好的工作发表在最有威望的期刊上，以利于事业的发展和重要工作的正确传播。只有极少数最坚定的签名者（当然，包括我们这几个撰写了誓言的人）觉得有义务要对这个誓言履行诺言。但即使对于我们来说，当实验室的其他成员和我们的实验合作者想要在不合作的期刊上发表共同撰写的文章时，这样的处境也会令人举步维艰。

尽管开始缓慢，PubMed Central在过去的几年里还是稳步发展。这样，到1997年中期，它已经包含了将近100万篇全文。那个时候，大约已经有 300 种期刊参与了进来，其中包括颇为知名的期刊，比如《美国国家科学院学报》和一些由美国微生物学会（American Society of Microbiology）出版的期刊——它们提供了很多年的内容，有些甚至从期刊的创建时候起。然而，这依然只占了我们领域的期刊中的 5%，并且许多拒绝参与的期刊都是最有名和最常被引用的。*

## /PLoS 成为开放存取期刊的出版者/

到 2002 年，帕特、迈克尔·埃森和我意识到即使有对 PLoS 誓言的广泛支持也不能说服大多数出版社来参与 PubMed Central。于是，我们决定寻求更强大的办法来改变科学出版和显示访问增强的好处，并决定由我们自己来出版开放存取的期刊。当然，我们并非第一个这样做——BioMed Central 已经出版了一些，还有传统上基于订阅的期刊，比如《临床研究杂志》（*Journal of Clinical Investigation*）已经免费把内容放在了他们的网站上——但是我们设想着更大的改变。

我们期望产生出具有最高水准的开放存取期刊——可以与传统上最强大的，诸如《细胞》或者《新英格兰医学杂志》（*New England Journal of Medicine*）来共同竞争令人兴奋的文章；能够产生吸引高端作者的高影响因子；并且能够向尚在狐疑的科学界证明：更好的访问，甚至是真正的开放存取，是一个可行的目标，而不是不成熟的幻想。

为了做到这些，我们为保留了我们倡议小组的名字——PLoS 的开放存取网络出版社拟定了一个章程，并说服了戈登与贝蒂摩尔基金会（Gordon and Betty Moore Foundation）① 的董事来支持这一想法。等到我们有了一个合理的商业计划，这个基金就给了我们足够的钱——900 万美金——来资

* 正如在本章末尾将会谈到的，这种情况因为 2008 年拨款法案中的国会指令而发生了显著的改观。指令要求由 NIH 资助的作者撰写的文章必须要存放在 PubMed Central 里。

① 译者注：戈登·摩尔（Gordon Moore），英特尔（Intel）公司的创始人之一，并以 IT 业第一定律——摩尔定律而为人称道。

助出版计划——原则上可以让我们在五年里自给自足。* 这个商业计划的特点是利用作者的钱来支付出版费用，我们估计在 1 000～3 000 美元的范围内。我们认为这样的费用是合理的，它们占了完成一篇文章所需的 NIH 资助的平均科研费用的 1%。此外，我们认为出版费应该被作为研究费用的一部分——如果不发表，这项工作的价值就微不足道了。

我们计划的核心部分是创建两个杰出的、可以被称为“旗舰”的期刊：《PLoS 生物学》（*PLoS Biology*）和《PLoS 医学》（*PLoS Medicine*），它们二者都范围广泛且有足够的选择性，并将有威望和在这些大领域的传统上基于订阅的最好的期刊相竞争。这之后不久，我们将利用 PLoS 这个品牌来建立一系列期刊以针对这些领域里最重要的学科，诸如遗传学、全球健康、计算生物学、传染病学，等等。最后，不管受到重视与否，我们都将建立一个达到了可靠技术标准的、关于所有生物学和医学报告的、广泛的、百科全书式的出版网站。有两个原因使得这最后的一步很有必要：其一，大量的出版和较少的编辑费用将有助于支付更具选择性、更有威望也更昂贵的期刊；其二，这个广泛的存储库可以为电子出版中的许多测试提供一个平台，包括出版后读者和作者之间的交流。

收入的主要来源将是当文章经过同行评审并被接受后由作者支付的出版费，通常来自他们的经费。** 我们也希望在期刊的网站上能够卖出广告位置，并征求各种慈善资助：可以包括基金会经费，比如摩尔所给予我们的；学院和个人的会员费，就同全国公共广播电台提供的那种服务并无二致；以及开放存取出版的朋友们提供的赞助，包括科学家和非科学家。

因为传统出版界雇用了很多非常具有才能却又对现有体系不满的科学家编辑，我们就能从最好的杂志，诸如《细胞》、《自然》和《柳叶刀》

* 现在，离开始出版刚好过去了五年。在来自桑德勒基金会（Sandler Foundation）和其他额外的慈善机构的帮助下，我们的经费显示我们距离自给自足还有两年。对一个新成立的企业来说是个不错的纪录。

** 从一开始，我们就意识到有些作者可能支付不起这些费用，所以决定颇受好评的文章不应该因为这个理由而被拒绝。实际操作中，超过 90% 的 PLoS 作者支付了他们的费用。

(*Lancet*)招聘几个著名的编辑。这些编辑的“叛乱”行为马上改变了许多权威科学家对我们努力的支持。我们和新的编辑组建了一个技术团体，在旧金山和英国剑桥租赁了办公室，招聘了一批学术编辑来帮助审阅稿子，并说服了大约十位杰出人物——包括保罗·金斯帕格，物理学预印本网站LanX的创始人；劳伦斯·莱斯格（Larry Lessig）[①]，创意共享（Creative Commons）的奠基人；以及艾伦·高斯顿（Allan Golston），当时盖茨基金会的首席财务官——来加盟董事会。当所有人都到位的时候，在2003年10月，我们发布了我们的第一个期刊——《PLoS生物学》，涵盖了我们声称的“所有的生物学，从分子到生态系统”。

从第一期特写了大脑刺激器可以控制机械肢体运动的报告起，PLoS就非常成功。它具有很多杰出的文章，频繁地在报刊中露脸，并且期刊的网站也吸引了巨大数目的访问者。期刊在影响因子——这一有问题，却也是密切关注的指标的第一次测定中就得分较高。这一高分也毫无疑问地为文章提交量作出了显著贡献——现在已经上升到每个月有两百多篇的文稿。[*]

《PLoS生物学》的成功也影响了其他开放存取出版的接受度，同时也受到它们的影响，譬如：来自许多资助机构的支持；维特克·特拉茨的BioMed Central的继续成长；在一些著名的基于订阅的期刊里，为单篇文章引入的“开放存取”选项——特别是《美国国家科学院学报》。同时，PLoS自己也根据原先的计划进行了扩展：2004年10月启动了《PLoS医学》，之后是团体期刊（《PLoS病源学》(*PLoS Pathogen*)、《PLoS计算生物学》(*PLoS Computational Biology*)，《PLoS遗传学》(*PLoS Genetics*)、《PLoS被忽视的热带医学》(*PLoS Neglected Tropical Diseases*))，

① 译者注：英文全名为Lawrence Lessig，斯坦福大学法学院教授，被《纽约人》杂志称为“互联网时代最重要的知识产权思想家”。

* 既然《PLoS生物学》通常每个月只发表少于20篇的文章，它的拒绝率就很高。这个因素确保了威信，但同时也促使了费用的增加，因为高报酬的职业编辑必须像监督被接受的文章的评审过程那样对待被拒绝的文章。

然后是百科全书式的大容量出版网站，叫做“PLoS ONE”。*

我们希望PLoS ONE成为一个对科学的特定方面感兴趣的一群科学家或其他人用来在发表后继续交谈的全新的平台。在这个模式里，PLoS将和有特殊兴趣（一个疾病、一个分支学科或一个生物现象）的团体来合作建立“枢纽”或“门户”——其中包括最新相关的公共开放的文章目录、公共活动的信息和通向严肃的博客与网站以及开放论坛的链接。我们想象会有这么一个时刻，大多人对科学的某一领域感兴趣的人们，会以登录到一个或多个PLoS“枢纽”来获得新消息的方式开始他们的一天——哦，互动出版的最美妙时刻！

PLoS在坚持它的理念的时候完成了上述的事情，并继续壮大着。在不到5年的时间里，它已经成为被高度重视的科学出版社。同时，作为一个开放存取的出版商和公共图书馆的倡议者，它拓宽了大众对科学文献的访问。

## /研究资助者对开放存取的支持/

在一两年前出现的支持拓宽大众对科学文献访问的政治和文化潮流，鼓励我们对PLoS——普遍意义上的开放存取期刊——和公共数字图书馆的未来充满了信心。这种转变也反映了一种共同兴趣上的结盟。研究的资助者——政府机构和非营利学院都想知晓它们所支持的工作的出版物有最大可能的传播和影响，而这只有在访问那些文章变得尽可能容易的时候才能出现。因为学院订阅费的上涨（一个月出版一次或两次的期刊可以让费用增加2万美元左右）而现金短缺的图书馆馆长们，都希望有更多的期刊可以通过开放存取的方式或者数字化公共图书馆而获得。许多科学家也开始感受到访问增强的好处，包括文章被更多地阅读和引用的激励人心的方面。

* 当然，所有的这些期刊都可以被任何人阅读和使用，在任何时候通过访问 www. plos. org。

来自研究资助者的言论和行为格外重要，因为科学家们对资助者的注意甚至比发表他们作品的期刊还多。著名的霍华德·休斯医学研究所是最先鼓励研究者在开放存取期刊发表文章的支持者之一，它提供了补充资金来支付作者的费用，并且最近（2007 年夏季）坚持他们所有的作品必须在发表后 6 个月内出现在 PubMed Central。在进行最近这一步时，霍华德·休斯医学研究所是跟随了威康信托基金会这个英国最大的医学研究资助者的领导。威康信托基金会在 2006 年允许它的受资助者可以用研究基金来支付开放存取期刊的作者费用，并且他们的工作无论在何种情况下，都必须在出版的 6 个月内出现在公共数据图书馆。在这种鼓励下，并且进一步被来自英国下议院（UK House of Commons）的一个开放存取的有利报告和来自英国研究理事会（UK Research Councils）及其他资助者的支持声明所激发，一群英国学院建立了世界上第二个生命科学研究的公共数字图书馆——英国 PubMed Central。这个事件不仅具有重要的象征意义——象征着走向更好的访问的国际精神，也具有令人放心的务实——在技术失败或财政不确定性的情况下，电子图书馆具有备份功能。欧洲其他的资金来源——在法国、德国和其他地方，以及最近的欧洲研究理事会都对增强公众访问表达了热情的支持。并且，2008 年初，哈佛大学的艺术和科学学院一致表决要求其成员将他们全部的学术文章张贴在一个开放存取的大学网站上。*

尽管在 1999 年，NIH 是第一个建立起公共数据图书馆的机构，但是近来美国在推动更大访问上的领导地位已经被英国和欧洲其他国家所取代。虽说国会的一些成员认为联邦资助的科研文章应该出现在 PubMed Central，但鼓励这种想法的第一个立法努力却流产了。在 2005 年，拨款法案中的一项声明授权 NIH 制定一个公共存取政策。但是在来自出版商的

---

* 这个政策要求作者们与期刊谈判以给予大学一个许可。这是一些期刊可能不愿意走出的一步。为了防止惩罚一定要在这些期刊发表文章的教员，这个政策也提供了一个“退出”条款。但是哈佛教员必须意识到这些期刊是多么地需要他们。帕特·施罗德的声明“一些期刊将会对发表哈佛教授的文章减少热情”是一个空洞的威胁。

压力下，制定的政策在本质上是微弱的——“请求”而不是“要求”（或即便是鼓励）受资助者将 NIH 资助的科研文章在发表后一年内存储到 PubMed Central。一些顽固的学会出版社，譬如美国血液学会（American Society of Hematology）和美国癌症研究学会（American Association for Cancer Research）告诉它们的成员和作者：它们没有义务去完成这项请求；这个存储过程可能比较困难；它们不会提供帮助；张贴在 PubMed Cental 上的文章可能和发表在学会期刊上的不同；诸如此类。毫不奇怪，对这个政策的服从很差——只有大概 4%的 NIH 资助的报告被研究人员张贴了出来（这不包括已经将内容提供给数字图书馆的 5%的期刊）。

针对这一低效的结果，在 2007 年一个由国会的有关人员、图书馆馆长、开放存取出版社（包括 PLoS）和一些科学界的领导人组成的联盟同心协力制定了一项更强硬的政策，要求所有 NIH 资助的科研报告存储到 PubMed Central。尽管来自商业和学会出版社的抵制试图将最长的延迟从发表后的 6 个月延长到了一年，这项新措施终于还是在经过长期的辩论后，通过了审议并被保留在了拨款法案里。

2007 年 12 月 26 日，在小布什总统为 2008 财政年度签署这项具有高度争议性的拨款法案时，NIH 公共访问的新政策终于成为这个国家的法律，并由 NIH 在 2008 年 4 月 7 日起实施。这是一个庄严的时刻——对于开放存取的运动，对于 PLoS，对于 PubMed Central，对于 NIH，也对于我个人。所有的期刊现在都必须接受这样一个观念：至少它们其中的一部分文章，那些描述 NIH 资助的工作的文章，将出现在公共图书馆。倘若不遵守，期刊就会面临难以接受的风险，即无法吸引来自 NIH 资助下的研究人员的稿件。PubMed Central 的扩展将为此倾注热情。大多数期刊只会损失很少的订阅者，而期刊出版商也会意识到将他们期刊的内容，包括那些旧的，放在公共图书馆所能带给他们和公众的好处。支持开放存取的普遍行为也将增加真正的开放存取期刊（通常将文章在发表的时候就放在了公共图书馆）的吸引力。

## /关于出版实践的结束语/

从我和帕特·布朗在旧金山一家咖啡馆的意义深远的谈话起，人们已经在更公平、有效和有用地发表与发布科学工作的报告上取得了巨大的进步。尽管我个人的叙述会造成这样或那样的印象，迈向更好访问的运动却并非从我们开始，而且倘若没有成千上万人来从事这项事业也就不会产生这样的效果。这些人当中，有些来自基层一线的科学界——那些想让他们的工作容易被发现、被阅读和被经常利用与引用的研究人员；有些来自资助机构，并意识到现有的行为会阻碍大众有兴趣访问他们所资助的工作*；更多的科学同盟则来自资助较少的学术学院、小型商业实验室、低收入国家和其他地方因为资金缺乏而不能订阅期刊，并因此限制了对发表的工作（主要由大众来资助）的访问。** 而更多的支持者则来自非科学家团体——卫生保健工作者、病人及他们的代言人、教师及学生、记者和他们的读者，他们因为被阻碍看到他们想看的资料而懊丧，并且作为一个纳税公民，觉得应该有访问的权利。

如果下结论说我们赢得了这场战争，那也是错误的。开放存取出版是被接受了，但离它理应具有的广泛传播还有不少差距。公共数字图书馆已经被很好地建立起来，并在迅速扩展，但即便有资助者的最新公告和NIH新的公共访问政策，现今工作的很大一部分也尚未被包括其中。此外，更早期的工作——值得联邦政府和其他资助机构支持研究的价值数十亿的遗产，却因为版权限制，只能继续以原初平装期刊的方式被大量存放在仓库里，而不是存储在数字化图书馆。

我是从我个人的经历意识到这个缺陷的。有一天晚上在准备现代癌症

---

* 有一个重要的顿悟：当时威康信托基金会的新主管马克·沃尔伯特（Mark Walport）在一次旅途中，发现不能通过他的个人电脑来访问一篇文章的电子版本，而这篇文章正是描述了他自己机构资助的一项工作。这种时刻会让人发生改变。

** 想象一下你若是在这些地方，当你意识到在富有研究机构里的你的同事可以访问到你们领域里所有最需要的期刊时，你会意识到你在这个竞争激烈的领域里已经处于非常不利的境地。

研究史的课程时，我试图在《自然》杂志中找到那篇描述我们发现 c-src[①]基因文章的电子拷贝。这项工作被认为是我们在 1989 年获得诺贝尔奖的基础。我搜索了 PubMed，但只找到作者和题目，甚至没有摘要。这篇文章也没有被存放在 PubMed Central。我最终是通过搜索 Google Scholar 才发现了一个拷贝。一个在中西部的教授为了他的讲课提供了一个劣质的扫描副本，而最终被 Google 搜索到了。显然，这不是对待我们科学遗产的好办法。如何增强整个世界对我们所拥有的遗产和我们正在创建的财富的访问，将是在未来很长一段时间内一个重要的课题。

① 译者注：一种逆转录病毒癌基因。c-src 中的 c 指的是 cellular（细胞的），src 是 sarcoma（肉瘤）的缩写。与其相对应的 v-src 则来源于病毒。c-src 的发现改变了人们对于癌症起源的认识：原先认为必须由外来因素（比如病毒的）造成，c-src 的发现让我们认识到细胞本身（所以这里以 c-来表示）含有的癌基因可以导致癌症。

# 后　记

## 科学的一生

科学……若没有科学家的团体就不会存在。

——乔舒亚·莱德伯格（Joshua Lederberg）

《科学、技术和政府之对于变化中的世界》

科学本身就是一项矛盾的活动。几乎所有伟大的思想都来自个人的头脑，且往往先由一个人通过实验进行测试。但是，验证和接受新的信息却需要交流、会议并建立共识等涉及社会团体的活动。在许多方面，正是这种个人的想象力与社会的信念之间的平衡，使得科学变得格外有趣和令人满足。科学家们可能以个人方式进行工作和竞争，但这种竞争性的努力却最终定向于一个共同大厦的建设，即对自然界的理解。很少有其他领域能够具有这种强烈的独立性，并同时以一种透明的共享方式很好地为公众服务。

本书的读者应该会了解到我的社会活动倾向。从我年轻时在阿默斯特校报上的刺激经历，到近期作为国家卫生研究院、纪念斯隆—凯特琳癌症中心以及公共科学图书馆的领导人而有的更大乐趣，我一直喜欢作为群体的一部分而有所作为。我的科学工作也是一项共享的事业——起初与帕尔曼和帕斯坦，之后与毕晓普、福格特和西海岸肿瘤病毒联盟，以及近来与肺癌肿瘤基因组团体，并且总是和学生、博士后以及技术员一起共事。此外，一些我在科学的政治决策方面最热衷的职务也具有社会团体的性质：比如，建立更好的科学信息的共享方法，培养科学在国外的发展，以及提倡联邦政府关于资助或干细胞的政策，以推动生物医学研究和普遍地改善科学界。

这些循环往复的主题证明了我对科学界的关注，但我们最终肯定在私下里都是科学家，以自己的方式，有着自己参与科学的历史，有着自己对于科学之威力和愉悦的信念。尽管我在这里或那里自称为科学家，我却从未相信我是在遗传上或者文化上注定会成为其中的一员。我只是碰巧具备了对一个科学家来说有用的素质——智力上的资质，对定量方法的兴趣，以及敢于怀疑的思想体系。但这些素质也可以帮助我在其他领域，诸如新闻业、商业和政策研究等方面有所发展。

然而，依然有普遍的观念认为科学家是天生而非造就的，并且决定在科学上取得成就的因素主要是遗传的。每当我的新朋友知道我的两个儿子都从事艺术（雅各布——爵士小号；克里斯托弗——戏剧和写作）时，经常会大感惊讶，并时常说他们肯定得到了他们母亲的基因（康妮是记者和园艺家）。

我希望在我讲述如何成为一名科学家的过程中，已经消除了一些这种误导观念。我们在美国所享受的对事业推迟抉择的宽容，让我得以比在其他地方有更多的许可来探索更多的可能性。之后是几次与激发灵感的人物和思想的幸运碰撞，才最终让我越来越倾向于关于病毒和基因的基础研究。在我讲述一个现在看起来有一定逻辑的故事时，我并非想掩饰机缘对结局的影响程度。

我希望通过本书来表明我所认为的科学家应该是怎样的，并反映我对于科学的态度——关于它的优点和局限。用最广义的术语，科学是一个让我们认识事物的过程，并且有时也让我们理解它们——通过观察，通过用实验来验证假说，也通过对发现的逻辑性思考。我认为这些原则适用于几乎所有领域的学习，包括人文和社会科学，而不仅仅是那些经常使用“科学”这一术语的自然科学。

我们生活在一个前所未有的技术时代。既然自然科学上的进步通常依赖于更强大的测量方法的建立，那么就不奇怪我们可以拥有关于自然世界的非凡知识，并且可以继续扩大我们合理问题的种类。作为科学家，我们已经完成的和马上可以实践的，即便对上一代人来说都是无法想象的。

然而，科学依然不可避免地是一个不完整的过程，而我们关于自然世界的几乎所有方面的知识都离“完整”相去甚远。比如说在癌症研究上，我们还必须知道驱动一个正常细胞获取恶性行为的所有事件，或者识别大多数癌症细胞上可以被作为最佳干预目标的改变。此外，除非采取其他政治和实用的措施，否则我们的知识并不能改善我们所生活其中的社会。这意味着，在癌症研究这个事例上，除非我们能够找到治疗和预防癌症更有效的办法，并能以公平的方式提供这些新的好处，否则我们在致癌机制上的发现对公众的作用将微不足道。

最后，一些人类最深层的问题——关于宇宙的起源和生命的目的——依然在科学的把握之外，并且现今只能为属于宗教的信仰来探讨。尽管宗教在文化上有无可否认的重要性，但它们对我来说，既没有提供理解的途径，也没有提供信仰的依据。我承认宇宙对我来说充满神秘，我为生命即使出现一次而惊叹，并为它经常发展成令我愉悦的形式而感到无比的满足。法国遗传学家和哲学家贾克·莫诺，通过与弗朗索瓦·雅各布在乳糖操纵子上的工作而成为基因调控研究的先驱，他曾经描述过我们所有人——科学家和非科学家在寻找我们起源时很可能经历过的感触：“就像刚刚获得百万大奖的人，我们对我们的境况依旧感到不可思议。”

基于我们在宇宙中的存在没有显而易见的目的，我时常惊叹于人类观察和推理的能力竟能实际上启示我们关于这些宏大主题的一些深奥内容。在我自己的一生中，这种启示性科学里最具威力和审美满足的例子来源于两个科学分支：天体物理学描述了我们宇宙的规模、特征和年龄；分子生物学显示了地球上所有类型的生命都遵循着相同的法则来编码和传递信息，这意味着这些形式都起源于一个单一的、快乐的机缘。当然，没有一种发现告诉我们这个宇宙或是地球上生命的目的。但无论怎样，在我们的知识中能有这样的认知维度已是非同寻常。通过科学能够领悟到这些，便是我所知道的在这个神秘莫测的宇宙里最好的生活方式。

# 照　片

△ 1942 年，我的父母，弗兰克和比阿特丽斯，以及我，住在佛罗里达温特帕克的一个靠湖地带。几年以后，我的妹妹埃伦加入了进来，而我也长得超出了水手装的尺码。

△ 我在阿默斯特的同班同学阿特·兰迪（右）赢得了学院的奖赏而去参加1961 年 8 月在莫斯科的国际生物化学会议。而我则应邀跟随着他。照片显示我们在列宁格勒观光。

◁ 佩顿·劳斯，洛克菲勒研究院的医学家，在将近一个世纪以前分离出了同名的小鸡肿瘤病毒——劳氏肉瘤病毒。

▷ 霍华德·特明，这个特立独行的病毒学家提出了“前病毒”的假说，并于1970年发现了逆转录病毒。

▷ 大卫·巴尔的摩（右），摄于30年后在冷泉港实验室我60岁生日宴会时。他也发现了逆转录病毒，照片中他正与艾拉·帕斯坦交谈。艾拉是20世纪60年代末我在NIH时的导师。

◁ 彼得·福格特，这个与我和迈克尔·毕晓普合作了多年的病毒遗传学家，在1990年UCSF的毕晓普—瓦穆斯团队的团聚活动上和苏珊·奥迪斯在一起。苏珊在超过30年的时间里一直是我在UCSF、NIH和纪念斯隆—凯特琳癌症中心的实验室主管。

▷迈克尔·毕晓普（左）和我于 1978 年 5 月在冷泉港共同组织了 RNA 肿瘤病毒年会。

◁1978—1979 年间我在伦敦休假。康妮和我住在伊斯灵顿十字街 35 号。其时还有雅各布——当时 5 岁，和非常幼小的克里斯托弗。

BAY AREA WORLD SERIES

GIANTS WIN PENNANT

San Francisco Chronicle

Clark's Hit Beats Cubs

City Celebrates Victory

Cancer Gene Studies

UCSF Scientists Win the Nobel In Medicine

▷我们获诺贝尔奖的公告被重点刊登在《旧金山纪事》的首页，但采用的字号却比同时刊登的旧金山巨人队在全国冠军联赛系列中获胜的消息要稍小些。

◁几天后，我们在 UCSF 翻新过的实验室里摆 Pose。十年前我们在那里完成了让我们获得诺贝尔奖的工作。

△在这张“讣告”般的照片里，我正从瑞典国王卡尔·古斯塔夫（Carl Gustaf）那里接受诺贝尔奖。这是在 1989 年 12 月 10 日，斯德哥尔摩音乐厅。

△ 20 世纪 90 年代初期，在一年一度的毕晓普—瓦穆斯垒球比赛之后，两个实验室的同事们聚集在一起。迈克尔和我穿着我们旧金山巨人队的正规制服。

△ 在 1992 年总统大选后，UCSF 的“四人团伙”——布鲁斯·艾伯茨，我，马克·基兰斯纳(Marc Kirschner)（站立的，从左到右）和迈克尔·毕晓普，就联邦科学政策给克林顿—戈尔新政府写了一封公开信。

△ 1993 年 11 月，在等待参议员的确认消息时，我为来自《纽约时报》的一位摄影师在 NIH 一号楼前骑车拍照。

△ 15 年前，富兰克林·罗斯福在贝塞斯达为扩建的 NIH 举行落成仪式（请注意建筑檐口上单数形式的“学院”）[1]。

◁ 1997 年春，NIH 的安东尼·福奇在椭圆形办公室就人类免疫缺陷病毒（HIV）和艾滋病（AIDS）[2] 向比尔·克林顿和阿尔·戈尔作了简短的报告（左下角的秃头是我）。报告后与总统的闲谈促进了 NIH 疫苗研究中心的计划的开展。

---

① 译者注：图片中是单数形式的“学院”（Institute），而如今 NIH 的全称已是 National Insitutes of Health。注意现在的称谓已是复数形式——意味着现在的 NIH 较之前已有相当规模的扩展。

② 译者注：HIV 和 AIDS 是两个不同的概念。AIDS 可以为 HIV 引起，但 AIDS 一般是指 HIV 感染后的晚期出现的免疫缺陷的综合症状。HIV 受染者可以在很多年里都没有症状——这时候就不能以 AIDS 冠以其名。

▷1998年1月27日，比尔·克林顿在国情咨文中宣布了一个前所未有的为NIH预算增加10亿美金的拨款请求。其时我站在第一夫人和蒂珀·戈尔中间。

◁1994年10月3日，为已故的众议院拨款主席威廉·那切尔的半身像揭幕。他是一个知名的NIH的拥护者。揭幕在以他的名字命名的新会议中心举行。其他拉绳子的人（揭幕者）都是NIH的“忠实信徒”，他们是：卫生及人道服务部的秘书唐娜·莎拉拉，众议员约翰·波特和大卫·欧贝（David Obey），以及卫生署助理秘书菲尔·李（Phil Lee）。

▷1996年1月，美国宇航局（NASA）首席科学家弗朗斯·科尔多瓦（France Cordova，左）和我在考察南极的美国科学工作的旅程中，于南极标记处作了必要的停留。

◁ 1997 年 1 月，我参观了马里巴马科的由 NIH 赞助的疟疾研究和培训中心的班库马纳（Bancoumana）站。该中心的主任——奥构巴拉·窦姆巴（Ogobara Doumba），正和他的同事以及受训者坐在一起（前排左侧）。

△ 一种愉快的筹款方式：在一次“为治愈划行”的年度活动中，我和前琼斯海滩救生员里克·夏尔沃伊（Rick Shalvoy）坐在救生艇里，在曼哈顿下城沿着东河划向 13 号码头。

△ 2008 年 5 月，在庆祝拉尔夫·劳伦（Ralph Lauren）癌症护理和预防中心在哈莱姆（Harlem）开张五周年之际，我和设计师拉尔夫·劳伦（中间），中心的主任和外科医生哈罗德·弗里曼（Harold Freeman，拉尔夫左边），自行车手和癌症幸存者兰斯·阿姆斯特朗（Lance Armstrong，拉尔夫右边），以及公共健康倡导者及纽约市市长迈克尔·布隆伯格（Mike Bloomb-erg①，最右边）一起合影。

① 译者注：又被译成迈克·彭博。

# 鸣 谢

我要感谢两组人员，他们对于本书的最后完成扮演着不同的角色：有几个协助我在2004年举办诺顿讲座和由此而来的本书的产生。我要在此描述的更多的一群人，则是对我的生活和职业生涯有着重要影响的人员。

如果没有琼·斯特劳斯（Jean Strouse）的邀请让我举办诺顿讲座的话，这本书可能不会存在。而且，如果没有她的建议和鼓励，以及慷慨地帮我做文字编辑，在此后四年的准备过程中，缓慢地扩充本书的长度，我的这本书的篇幅将大为缩小。我要感谢诺顿出版社的几位人员提供的帮助，特别是诺顿出版社的总裁和我的编辑德雷克·麦克菲利（Drake McFeely），他对本书的结构和风格提出重要建议；他的助手凯尔·弗里西纳（Kyle Frisina）帮助照片插图的排版，以及奥托·桑塔格（Otto Sonntag）对本书的正文进行严格的一丝不苟的编辑改进。纪念斯隆—凯特琳癌症中心的苏·韦尔（Sue Weil）和索尔克研究所的杰米·西蒙（Jamie Simon）绘制了卡通漫画插入在正文中，NIH法律办公室的马克·斯莫隆斯基（Marc Smolonsky）和洛克菲勒大学档案馆的雷妮·马斯特若可（Renee Mastrocco）提供了难以获得的文献档案。最后，我要感激我的朋友和大学同学彼得·贝雷克（Peter Berek），他愿意在整个文稿即将完成的最后阶段，在获得通知后的短时间内，快速地将它通读一遍，并且提出了极为精明的评论，进而促成尾声一章的写作。

我的一生——希望远没有结束——已经是漫长和复杂的。要对所有曾经对我提供过指导、帮助和友谊的人都进行正式的鸣谢，这个任务是非常困难的。在这个鸣谢名单当中，第一位是我心爱的妻子康斯坦斯·凯西（Constance Casey）；我希望我已经约束自己不要说太多，以便满足她的关键的口头禅：“等他们要求你说的时候再说！”我的儿子，雅各布（Jacob）和克里斯托弗（Christopher），他们的幽默感和在艺术方面的天赋促进了我对事物的洞察能力。我的第一家庭成员，我的父母，弗兰克（Frank）和比阿（Bea），及我的妹妹埃伦（Ellen），他们在许多方面，尤其是他们强烈的社会价值影响着我的生活。

我在阿默斯特学院的丰富生活来自和众多的同学及教职员保持紧密的关系。他们中间有我的文学老师比尔·普理查德（Bill Pritchard）、本·狄莫特（Ben DeMott）和罗杰·塞尔（Roger Sale），他们鼓励我思考新的专业方向。彼得·贝雷克和斯蒂夫·阿金（Steve Arkin）是我的同学，他们成为我在其他专业领域中的终生朋友。我要感谢我的同班同学阿特·兰迪（Art Landy），他邀请我一起到莫斯科去作一次来之不易的旅行和探索科学的未来。我在哈佛研究生院的短暂时间也是可以忍受的，因为我受到过几位优秀老师的关爱，特别是已故的比尔·阿尔弗雷德（Bill Alfred）和安妮·菲雷（Anne Ferry）；还由于我的室友彼得·贝雷克和鲍伯·希尔施（Bob Hirsch）的搞笑古怪举动。在医学院的时候，我从文学和精神病学重新定向到学术医学和科学，则是由于保罗·马克斯（Paul Marks）和已故的唐·塔普利（Don Tapley）的教诲所促成的；这种鼓励还来自其他许多人，以及源自和我的同学乔治·斯图尔特（George Stewart）的密切联系发展而来的一项重要的长期友谊。

60年代后期在国家卫生研究院（NIH）的时候，我从艾拉·帕斯坦（Ira Pastan），他的同事——尤其是鲍伯·帕尔曼（Bob Perlman）和伯努瓦·德克伦伯如格（Benoit DeCrumbrugghe），以及他的夫人琳达（Linda）那儿所获得的指导，对于我初次进入科学的生活，有着极大的影响。

我在UCSF的23年，始于迈克尔·毕晓普（Mike Bishop）、莱昂·莱文棠（Leon Levintow）和沃伦·莱文森（Warren Levinson）的关键性的让我加入他们的团队的邀请。如果没有思维方面的刺激和我从同迈克尔的长期伙伴关系所获得的实质性利益，我在UCSF这么多年的结果将会有根本性的不同。这些年也是多产和令人愉快的，因为与太多的人有密切的交往，包括教职员、研究员、学生和研究辅助员，他们每一个人都是值得称赞的。但是其中有几位特别值得注意：四人组里的另外两个教员，马克·基兰斯纳（Marc Kirschner）和布鲁斯·艾伯茨（Bruce Alberts），他们培育了我对科学的政治性方面的兴趣；我的合作伙伴和军师，扎克·霍尔（Zach Hall）；学员们（特别提到，但没有按顺序）包括：提蒂·德朗热（Titia Delange）、泰勒·杰克斯（Tyler Jacks）、罗尔·努瑟（Roel Nusse）、彼得·珀若西克（Peter Pryciak）、格雷格·佩恩（Greg Payne）、阿特·莱文森（Art Levinson）、史蒂夫·休斯（Steve Hughes）、罗昂·斯旺斯特洛姆（Ron Swanstrom）、约翰·梅杰斯（John Majors）、唐·伽涅姆（Don Ganem）、约翰·杨（John Young）、帕特·布朗（Pat Brown）和已故的理查德·帕克（Richard Parker），我们保持着联系，维持好朋友的关系，在UCSF孵化之后，变成了尊贵的同事；以及一些踏实工作多年的实验室工作人员，他们对毕晓普—瓦穆斯（Bishop-Varmus）企业的成功起着至关重要作用，这些人包括：苏珊·奥迪斯（Suzanne Ortiz）、南希·昆特雷尔（Nancy Quintrell）、琼·杰克逊（Jean Jackson）、凯伦·史密斯（Karen Smith），和已故的露易斯·凡希尔（Lois Fanshier）及露易斯·瑟克斯纳（Lois Serxner）。

作为美国国家卫生研究院主任的生活给我带来了非常有才华的一批人，我只能在此提几个。唐娜·莎拉拉（Donna Shalala）把工作交代给我，对我非常不错。我每天的生活则要依赖于维达·比文（Vida Beaven），她担任我的生活组织者，工作非常努力。还有露丝·基尔希斯坦（Ruth Kirschstein），她是副主任，承担了许多令人不甚愉快的事，如果没有她的话，这些事情就会落在我的头上。我的“小幕僚”中的各位成员以及许多研究所和中心的主任们对于我在任期中所取得的成就均是至关重要的。他们所完成的业绩，一部分，但肯定不是全部，已经在本书中叙述了。苏珊·奥迪斯、帕姆·施瓦茨贝（Pam Schwartzberg）、埃里克·荷兰（Eric Holland）和其他人的努力，使得我的实验室工作能够在困难的条件下得以持续。

在纪念斯隆—凯特琳癌症中心，我享受到来自各方面的支持关系，他们是以桑迪·华纳（Sandy Warner）、露·格斯特纳（Lou Gerstner）和迪克·比蒂（Dick Beattie）为首的杰出的董事会，癌症中心的其他三位主要领导人，汤姆·凯利（Tom Kelly）、鲍伯·万士（Bob Wines）和约翰·关恩（John Gunn），以及苏珊·奥迪斯和维达·比文，她们对我的实验室和办公室提供了持续与重要的关心。

在我的整个科学生涯中，我很幸运遇见在别的研究机构中的许多优秀非凡的同行，他们愿意与我合作、撰写、编辑，或者直接跟我谈话；以下是一个不完整的列表，必须包括的人员有：彼得·福格特（Peter Vogt）、鲍伯·温伯格（Bob Weinberg）、大卫·巴尔的摩（David Baltimore）、已故的霍华德·特明（Howard Temin）、欧文·韦斯曼（Irv Weissman）、埃里克·兰德（Eric Lander）、迈克·弗里德（Mike Fried）、约翰·怀克（John Wyke）、史蒂夫和盖尔·马丁（Steve and Gail Martin）、罗宾·魏斯（Robin Weiss）、阿诺德·莱文（Arnold Levine）、英德尔·韦尔马（Inder Verma）、约翰·科芬（John Coffin）、史蒂夫·休斯（Steve Hughes）、霍华德·夏克曼（Howard Schachman）、大卫·赫斯基（David Hirsch）、大卫·凯斯勒（David Kessler，他听了我在迈克尔·毕晓普的生日庆典上作的有关谈话之后，建议我在本书中加入一个有关科学伙伴关系的章节）和埃利亚斯·泽古尼（Elias Zerhouni，他是我在国家卫生研究院的继任者），我在公共科学图书馆的同事们（特别是另外两个创始人，帕特·布朗（Pat Brown）和迈克尔·埃森（Mike Eisen）），在国家医学图书馆和公众医学网站中心的大卫·李普曼（David Lipman），在科学倡议集团的菲利普·格里菲斯（Philip Griffiths）和阿伦·黑斯廷斯（Arlen Hastings），以及在宏观经济与卫生委员会的杰夫·萨克斯（Jeff Sachs），他们使得我的业余活动取得卓著成果。

像我之前的许多作者一样，我想在此强调，如果本书以及它所描述的职业生涯中存有任何缺点，不能归咎于任何在此提及的人员名单，而要归咎于它的讲述人（即作者本人）。

**图书在版编目（CIP）数据**

科学中的艺术与政治/（美）瓦穆斯著；章俊，徐志东，焦俊芳译 .—北京：中国人民大学出版社，2013.4

（妙趣横生的通识读本）

ISBN 978-7-300-17044-2

Ⅰ.①科… Ⅱ.①瓦… ②章… ③徐… ④焦… Ⅲ.①科学-关系-艺术-通俗读物 ②科学-关系-政治-通俗读物 Ⅳ.①G301-05

中国版本图书馆 CIP 数据核字（2013）第 022834 号

妙趣横生的通识读本

**科学中的艺术与政治**

哈罗德·瓦穆斯　著

章俊　徐志东　焦俊芳　译

Kexuezhong de Yishu yu Zhengzhi

---

| | | | |
|---|---|---|---|
| **出版发行** | 中国人民大学出版社 | | |
| **社　　址** | 北京中关村大街 31 号 | **邮政编码** | 100080 |
| **电　　话** | 010－62511242（总编室） | | 010－62511398（质管部） |
| | 010－82501766（邮购部） | | 010－62514148（门市部） |
| | 010－62515195（发行公司） | | 010－62515275（盗版举报） |
| **网　　址** | http://www.crup.com.cn | | |
| | http://www.ttrnet.com(人大教研网) | | |
| **经　　销** | 新华书店 | | |
| **印　　刷** | 北京中印联印务有限公司 | | |
| **规　　格** | 160 mm×235 mm　16 开本 | **版　　次** | 2013 年 4 月第 1 版 |
| **印　　张** | 18.25 插页 1 | **印　　次** | 2013 年 4 月第 1 次印刷 |
| **字　　数** | 245 000 | **定　　价** | 39.00 元 |